Christoph Kühnhanss

BeWerben ist Werben

Die ultimativen Tipps & Tricks zu BeWerbung, Stellensuche und Selbstmanagement

W0176717

Econ

Econ ist ein Verlag der Ullstein Buchverlage GmbH

ISBN 978-3-430-20063-9

© 4., überarbeitete Auflage Ullstein Buchverlage GmbH, Berlin 2008
Alle Rechte vorbehalten.

© Christoph Kühnhanss © Die ersten beiden Auflagen erschienen 2003
und 2004 im Verlag NAVIGAS AG

Umschlagfoto: gettyimages

Gesetzt aus der 9/11 pt Frutiger Light

Druck und Bindung: CPI – Clausen & Bosse, Leck

Printed in Germany

Inhaltsverzeichnis

• Die drei Gehirne in unserer Birne • Nervosität: Der gekonnte Umgang mit dem eigenen Zittern • Selbsttherapie statt Roche, Novartis, Aventis & Co. • Der erste Eindruck oder Der berühmte Primacy Effect • Von Accessoires bis Händedruck

Vom Käptn und vom Schorsch • Dein innerer Werbefilm • Todesanzeige: Und am Ende? Wie soll's aussehen, Jungs & Mädels? • Timeline Training zum Mount Everest • Ziele setzen, die unter die Haut gehen • Meine Pianobar in Sydney

Wo steh' ich – wo geht's hin? • Horizonterweiterung

Du bist genau der Mensch, der du bist

Vorwort
zur 4. Auflage

Sich beWerben ist ein unternehmerisches Projekt, das Projekt eines Kleinunternehmens, der Sie selber sind! Es gehorcht in vielen Bereichen den Gesetzen des Marktes. Der ›Manager‹ dieses kleinen und sehr feinen Unternehmens, der sind Sie. Niemand kann Ihnen diese Aufgabe abnehmen.

Genau darum geht es in diesem Buch: BeWerben heißt nichts anderes, als sich selbst und seine Berufslaufbahn wie ein richtiger Unternehmer zu führen und das Beste daraus zu machen.

Sich Bewerben ist genau dann am Erfolgreichsten, wenn man mit Kraft, Elan und Überzeugung, mit Abenteuerlust, Pioniergeist und Schaffenskraft an die Gestaltung der eigenen Zukunft geht. Wie ein Profi, wie ein Entdecker, wie Christoph Kolumbus, der hinter dem grenzenlosen Ozean das Paradies erahnte und Amerika entdeckte.

Wer heute auf graue Maus, armes Opfer oder Handaufhalter macht, geht gnadenlos unter!

Drei Dinge dürfen Sie deshalb von diesem Buch erwarten:

- Motivation & Power: »BeWerben ist Werben« ist so locker, humorvoll und motivierend wie möglich geschrieben, um der Stellensucherei den schädlichen Ernst und die Schwere anderer Ratgeber zu nehmen, die aus der BeWerberei eine Art Beerdigung machen.

- Umfassende Informationen: Das Buch ist vollgepackt mit Know-How, 1000-fach bewährten Tipps & Tricks, Beispielen und Dos & Dont's aus dem professionellen BeWerbungsgeschäft.

- Insiderwissen: »BeWerben ist Werben« wirft mit Ihnen wertvolle Blicke hinter die Bühne des Personalgeschäfts, räumt mit einigen Klischees übers BeWerben auf und legt schonungslos offen, worauf es wirklich ankommt.

Meinen Lesern lege ich ans Herz, die Stellensuche gelassen, spielerisch, mutig, zuversichtlich, ja genießerisch anzugehen, dann haben Sie mehr Erfolg!

Christoph Kühnhanss

Bern, Berlin, Mai 2008

Hightlights & Feedbacks
»BeWerben ist Werben«

Top 20 Businessbücher 2003

- www.getabstract.com, die weltweit größte Online-Bibliothek von Wirtschaftsbuch-Zusammenfassungen, hat »BeWerben ist Werben« in die Top 20 der besten Wirtschaftsbücher 2003 gewählt!

  »Eines der eigenwilligsten und besten Bücher zum Thema Bewerbung und Stellensuche. Wir empfehlen es wärmstens allen Berufseinsteigern, Jobsuchenden und Wechselwilligen.«

BILANZ-Bestseller

- Von November 2003 bis Dezember 2004 stand »BeWerben ist Werben« ununterbrochen in der Bestsellerliste des führenden Schweizer Wirtschaftsmagazins BILANZ.

Ein paar Rezensionen und Feedbacks (gekürzt)

- Ein absolutes Muss für alle, die arbeiten! Ein Klassebuch, humorvoll, kurzweilig und spannend zugleich. Ich habe selten ein Fachbuch so schnell und komplett »aufgefressen« und wirklich verinnerlicht. Ein Buch, das mir genau erklärt, wie ein Personaler tickt, wie ich ihn verstehe und auf ihn eingehe. Ein Muss für alle, die an der Arbeitswelt teilhaben! Rezensent aus Offenburg.

- Christoph Kühnhanss weiß, wie es richtig geht. Ein Bewerbungs-Ass, wie man es sonst nicht antrifft. Echt stark! Rezensent aus München.

- Perfekt gelungenes Buch zum Thema Bewerben. Personaler-Tipp 2004: »BeWerben ist Werben« ist genau richtig!

- Das Praliné für Ihre BeWerbung! Wer nicht weiß, was er immer falsch macht bei seinen Bewerbungen, für den ist dieses Buch genau das Richtige! Rezensent aus Freising.

- Unbedingt zu empfehlen und nicht nur bei akuter Jobsuche! Tipps für Selbstmanagement und Horizonterweiterung werden gleich mitgeliefert. Praxisorientiert, kenntnisreich, humorvoll und flott geschrieben, ein nachhaltiges Lesevergnügen! Rezensent aus Freiburg i.Br.

- Motivation pur! Endlich ein Buch, das mir ein Gefühl dafür gibt, warum meine Bewerbungen nicht erfolgreich sind. Endlich ein Buch, das das Thema Bewerbungen ein bisschen humorvoll aufnimmt und sehr positiv verarbeitet. Mir hat es sehr geholfen. Ich habe oft laut gelacht – Bewerbungen geschrieben und war schnell und effektiv erfolgreich. SUPER! Rezensent aus Köln.

- Unbedingt lesen!!! Ein Superbuch, professionell, witzig und sehr erfrischend zu lesen. Mit vielen praktischen Beispielen. Ein »Muss« nicht nur für Stellensuchende! Rezensent aus Bern.

- Top und seiner Zeit voraus! Wäre schön, wenn es weniger verkrustete und viel mehr lockere dieser Spezies geben würde. Rezensent aus Wernberg/Österreich.

- Fit für die Bewerbung und das mit Spaß! Genau so habe ich mir das vorgestellt! Ich finde auf jede Frage eine Antwort, eine Antwort, die mich zum Schmunzeln bringt und auch gleich zum Nachdenken anregt. Einfach stark! Rezensent aus Bern.

- Die Tipps & Tricks sind das Erfrischendste und Nützlichste, was ich auf diesem Gebiet bisher gelesen habe. H.V. uvm.

Um was es hier eigentlich geht

Dies hier ist ein eher unkonventionelles Buch über erfolgreiches BeWerben und Stellensuchen, über Karriereplanung und Selbstmanagement! Das Motto des Buches heißt *BeWerben ist Werben!* Wenn Sie die wichtigsten Erkenntnisse aus diesem Buch anwenden, dann werden Sie ein elefantöses Schwergewicht im BeWerbungsgeschäft. Sie werden – nicht übertrieben – viel mehr Erfolg bei der Stellensuche, aber auch mehr Spaß und Erfolg im Leben haben. Das beweisen tausende von Feedbacks, die wir auf unsere Tipps & Tricks im Internet erhalten haben.

BEWERBEN IST WERBEN

Sie bekommen hier genüsslich servierte und bewährte Profitipps von einem kritischen Personalberater, der in den letzten 16 Jahren mehrere hundert Stellen besetzt, 4.000 Vorstellungsgespräche geführt und rund 40.000 BeWerbungsdossiers mit jeweils mindestens zehn Seiten (macht 450.000 Seiten, uff!) geprüft hat. Darüber hat er zwar graue Haare gekriegt und schier den Verstand, nicht aber den Spaß verloren. Und er weiß jetzt wirklich langsam, um was es geht im BeWerbungsgeschäft.

Sich BeWerben ist zwar eine schrecklich seriöse Sache, noch schrecklicher seriös sind all die Bücher, die's darüber gibt, und am schrecklichsten seriös die Berater, die durchweg mit erhobenem Zeigefinger in ernster Pose verkünden:»Du sollst dies tun und jenes unterlassen, nur so ist's richtig und so ist's falsch«, bis Sie vor lauter gescheiten Ratschlägen völlig wirr im Kopf werden und das Wesentliche aus den Augen verlieren.

Take it ernst, aber easy, Jungs und Mädels: Sich BeWerben hat nichts, aber auch gar nichts mit der besten Krawattenbindetechnik oder der idealen Wirbelsäulen-Haltung im Vorstellungsgespräch zu tun:

Sie sind ein Kleinunternehmer mit einem wichtigen Job, nämlich Ihr Leben zu managen. Sie sind der Boss Ihrer kleinen Firma, und deshalb erfahren Sie hier, was Sie brauchen, um Ihren schönen Betrieb auf Erfolgskurs zu halten. Wir werden uns dabei nicht in spröden Details und finsterer Ernsthaftigkeit verlieren, sondern die Sache spielerisch angehen und immer wieder ein paar philosophische Ausflüge hinauf auf Aussichtpunkte machen, von wo aus wir klarer sehen, worauf es im Leben wirklich ankommt.

In jedem der sieben Kapitel zu *Werbung, BeWerbungen, Internet & Telefon, Stellen, Vorstellungsgespräch, Coach Yourself* und *Karriereplanung* finden Sie:

• Geballtes Know-how aus der BeWerbungspraxis
• Zusammenfassende DOs & DON'Ts
• Beispiele aus dem realen BeWerbungsgeschäft

Außerdem bieten wir Ihnen mit www.kuehnhanss.com eine Internet-Plattform rund ums Thema BeWerben:

• Auszüge aus dem Buch
• Profi-Antworten auf die häufigsten Fragen (FAQs)
• Weitere Artikel und Beispiele zum BeWerbungs-Geschäft

Haben Sie Lust darauf? Na dann los! Wir reden nebenbei im ganzen Buch von Personalmenschen (PMs), weil das so menschlich klingt, und nicht von Personalchefinnen, denn dann würden die Personalchefs beleidigt sein und alle andern, die Leute einstellen, aber keine Chefinnen sind, alles klar? Also: Mit Personalmenschen sind alle gemeint, die mit Personalfragen zu tun haben und für Personaleinstellungen verantwortlich sind, OK? Jetzt aber wirklich los!

Bern, Mai 2008

Was Sie über Werbung wissen sollten

Das grundlegend Wichtigste an der ganzen BeWerbungsgeschichte wird meistens zu wenig klar gesehen:

Sich BeWerben ist Werben!

Sich BeWerben ist Verkaufen!

Deshalb machen wir Sie hier zu einem Werbe- und Verkaufsprofi. Aber keine Angst: Sie werden nicht so einer, der dem armen Eskimo den berüchtigten Kühlschrank aufschwatzt. Wir werden Ihnen die wichtigsten Werkzeuge mitgeben, mit denen Sie sofort was anfangen können, um einfach erfolgreicher zu sein, wenn Sie eine neue Stelle suchen. In diesem Kapitel finden Sie unsere Erkenntnisse zum Thema:

- Wie läuft's auf dem Arbeitsmarkt wirklich.
- Wie werde ich zum Werbeprofi: Eine einfache, aber erprobte Kurzformel für einschlägige Werbung.
- Man kann alles verkaufen, man muss nur wissen, wie!
- Wie perfid Direct Marketing funktioniert und wie Sie das für Ihre BeWerbung einsetzen.
- Werbung hat Dezibel: Wie Sie den Lautstärkeregler Ihrer BeWerbung richtig einstellen.

Sie merken's vielleicht schon jetzt: Wir bieten Ihnen hier Knowhow an, das man üblicherweise nur aus der Unternehmensfachsprache kennt. Aber machen Sie sich klar, dass Sie auf dem Arbeitsmarkt eben ein richtiger Kleinunternehmer sind, der alle Jobs in der Firma auf einmal machen muss.

Schauen wir uns das an:

Wie läuft das auf dem Arbeitsmarkt?

Wenn Sie sich leicht verunsichern lassen, fangen Sie weiter unten an. Sonst könnte Sie der erste Abschnitt zur Depression treiben, und das wollen wir auf gar keinen Fall!

BLOSS NICHT DEPRESSIV WERDEN, WENN SIE DAS LESEN!

Fast 4 Millionen Arbeitslose in Deutschland

Knapp 100.000 in der Schweiz

Tendenz wieder steigend!

2007 war wieder mal ein ganz trauriges Rekordjahr. So ist es! Und es wird immer schlimmer. Wenn Sie die Zeitungen lesen, wissen Sie's: 500 hier entlassen, 3.000 dort wegrationalisiert, Konkurs von x und Liquidation von y. Banken- und sonstige Manager verkünden mit Sunny-Lächeln Fusionen, erhöhen den Shareholder-Value bis zur Bilanzfälschung und nutzen Synergien, was auf richtig Deutsch heißt, sie schmeißen ihre MitarbeiterInnen raus. Traurig, traurig, das alles. Und da wollen Sie auch noch einen neuen Job! Und vielleicht noch einen mit Selbstverwirklichung und so was?

VERZWEIFLUNG IST DAS EINZIG RICHTIGE

Wenn Sie also einen Job suchen oder sogar brauchen, dann ist Verzweiflung das einzig Richtige. Heutzutage ist das einfach aussichtslos! Die Weltbank ist schuld und der Schröder und die EU. Und die Schweizer verkommen ohnehin zur hoffnungslosen, folkloristischen Randgruppe. Und dann noch die Gentechnik, die Umweltzerstörung, das Bevölkerungswachstum, die entfesselten Finanzmärkte, das Ende des Sozialstaates und Schreck und Graus und ach und herrje und – fast vergessen – die Brutalität an den Schulen und die Kinderschänder usw. Die Liste ist übrigens unendlich lang! Aber wir sind auch so schon ganz fertig.

Wie schön war's doch früher. Die Welt geht eh zugrunde. Lassen wir also die Schultern hängen, machen wir ein trauriges und eingeschnapptes Gesicht und legen die entkräfteten Hände in ebensolchen Schoß. Auch ich kann Ihnen nur raten: Geben Sie auf, lassen Sie Ihre sinnlosen Bemühungen, es hat keinen Wert! Sie finden nie einen guten Job. Besser resigniert vor den Fernseher! Bringt ja

eh nix! Na, wie fühlen Sie sich? Miserabel, stimmt's? Ja, so geht das mit dem Katastrophen-Denken, eine ganz üble Angewohnheit v.a. von uns MitteleuropäerInnen. Und wir Schweizerlis gehören zu den WeltmeisterInnen. (Noch vor den Deutschen und Österreichern …) Wie wir die miesen Gefühle hegen und pflegen und kultivieren, als gäb's nichts Schöneres!

Aber haben Sie schon mal Folgendes gelesen?

4 Millionen Arbeitsverträge abgeschlossen
2007 war wieder mal ein Superjahr

Das ist doch eine seltene Schlagzeile. Aber sie ist wahr. Man liest das nur nie. Tatsächlich wurden in Deutschland 2007 wohl um die 4 Millionen Arbeitsverträge abgeschlossen. Bei über 40 Millionen Erwerbspersonen und einer geschätzten Personalfluktuation von ca. 10 Prozent kommt das in etwa hin. In Österreich und in der Schweiz dürften es zwischen 300.000 und 400.000 gewesen sein. Da läuft also was auf diesem Arbeitsmarkt. Und da sind die ganzen Freelancer- und Temporär-Jobs noch nicht mal mitgerechnet. Für Sie geht's also nur darum, dazuzugehören und einen von diesen zigtausend Arbeitsverträgen zu ergattern. Das dürfte doch easy sein!

Und? Wie fühlen Sie sich jetzt? Doch eher etwas zuversichtlicher, oder nicht? So wenig gute Neuigkeiten braucht's, um uns mit Energie aufzuladen. Mit der wieder volleren Batterie können wir getrost anfangen mit einem eher unangenehmen Teil der ganzen BeWerbungsgeschichte, der natürlich trotz aller Unangenehmheit (was für ein gediegenes Wort!) nicht weniger wahr ist:

Der Arbeitsmarkt ist ein Markt

Und zwar ein ziemlich knallharter! Das ist zwar nicht schön. Ich find's auch nicht so toll. Aber es ist so! Kein Mensch wird auf diesem Markt Erfolg haben, der diese Tatsache ignoriert. Und wie jeder Markt wird auch der Arbeitsmarkt regiert von Angebot und Nachfrage. Das Rennen macht das bessere Produkt, die bessere Werbung, der bessere Verkauf und die bessere Dienstleistung. Und wenn wir gerade vom Verkauf reden:

Die VerkäuferIn, die sind Sie!

Als Stellensuchende müssen Sie sich verkaufen, und das fällt den meisten Menschen ganz schön schwer. Vor allem wir Schweizerlis haben die größte Mühe, uns selbst zu beweihräuchern und in den Himmel zu loben. In Deutschland – sorry! – sieht das eher ein bisschen umgekehrt aus.

Das war jetzt natürlich unfair, aber es geht mir um Folgendes: Die meisten Normalsterblichen stehen mehr auf Zurückhaltung und Understatement! Aber das ist auf dem Arbeitsmarkt das Allerschlechteste, denn schüchterne Verkäufer haben keine Chance auf Erfolg. Hinzu kommt:

Das Produkt, das sind auch Sie!

DAS LEBEN IST SO SCHÖN, WEIL ES SO VIELSEITIG IST

Sie haben also einen nicht eben einfachen Job zu machen. Sie müssen ein Produkt managen, nämlich sich selbst (Product Management); Sie müssen Ihre BeWerbungsunterlagen aufpeppen (Werbung); Ihr Anschreiben sollte nicht im Papierkorb landen, sondern zu einem Vorstellungsgespräch führen (Direct Marketing); Sie müssen die richtigen Abnehmer, sprich Arbeitgeber, finden (Marketing); Sie müssen gekonnt telefonieren (Telefonmarketing); Sie müssen sich vorstellen (Verkauf); Sie sollten sich weiterbilden (Produktentwicklung, Life Cycle Management); und Sie sollten selbst bei Absagen cool und überhaupt immer in Bombenstimmung bleiben und sich selbst ständig weiterentwickeln (Coach Yourself). Ganz schön viel auf einmal. Aber easy, das kriegen wir schon hin!

Jetzt haben Sie's deutlich gemerkt: Sie sind der Boss eines Kleinunternehmens! Wenn wir das wissen, dann können wir uns all das clevere Manager-Wissen über Werbung, Marketing, Produkt-management, Verkauf etc. für die Stellensuche nutzbar machen. Wir bieten Ihnen hier also ein Werbe-, Verkaufs-, Marketing- etc. Training! Aber keine Angst, wir bleiben auf dem Teppich und halten uns an die KISSS-Methode:

Keep it short, simple and stupid!

Halt es kurz, einfach und doof! Wir konzentrieren uns auf's Wesentliche, auf's Brauchbare. Schauen wir uns also dieses Knowhow mal genauer an.

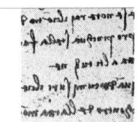

So werden Sie zum Werbeprofi & Texter

Eines muss Ihnen ganz klar bewusst sein: Mit Ihrem BeWerbungsschreiben und Ihren Unterlagen machen Sie Werbung, nichts anderes. Eine BeWerbung ist kein Hilfegesuch, kein Spendenappell, keine Büttenrede. Sie wirkt nur, wenn Sie gekonnt Werbung für sich machen. Also tun Sie's: Hier ist der hocheffiziente Leitsatz für Ihren Werbeerfolg:

Werbeerfolg =

+ Verstärker
– Langeweiler
– Filter

Das ist erklärungsbedürftig, aber trotzdem einfach.

Die Kraft der Verstärker

Man kann über alles so denken, sprechen und schreiben, dass es eine wahre Freude ist, oder so, dass es einem fast zuwider ist! Woran liegt das? Es liegt an der Art von Gedanken, Ausdrücken und Wörtern, die wir brauchen. Stellen Sie sich zum Beispiel vor:

Sie liegen an einem weißen Strand, Sie blicken hinaus in die ruhige Weite des tiefblauen Meeres, die Sonne scheint angenehm warm auf Ihre Haut, die Wellen rauschen beruhigend, der laue Wind streicht leise durch die Palmwedel und trägt den würzigen, salzigen Duft des Meeres zu Ihnen, Sie halten einen schaumigen Kokosnuss-Cocktail in der einen Hand und im andern Arm liegt, na, was könnte da liegen? Sagen wir mal, ein Buch über die Schönheit dieser wunderbaren Welt.

SONNE, MOND UND GLITZERNDE STERNELEIN

Haben Sie's gemerkt? Sie haben sich mit Sicherheit wohler gefühlt, als Sie das lasen, Ferienstimmung kam auf, Erinnerungen an die

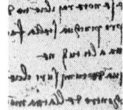

besten Tage. Mit jedem Wort hat sich Ihr positives Gefühl verstärkt. Sie haben angefangen zu lächeln, zu tagträumen, haben sich beruhigt, der Puls ging langsamer und Friede, Freude, Eierkuchen kamen auf. Dabei habe ich Sie durch meine kleine Story knallhart manipuliert. Denn das war von mir gesteuert – ganz bewusst.

Sehen wir uns nur mal die fantastischen Wörter an, von der die Story lebt. Es gibt eben wunderbare Wörter, die lösen schöne Assoziationen, gute Gefühle und Wohlwollen in uns aus. Wir fühlen uns hervorragend, denken an etwas Gutes und sagen intuitiv JA dazu. Das sind Wörter wie *erfrischend, lebendig, kraftvoll, zauberhaft, Blume, Liebe, Duft, Meeresrauschen, Sonne, Erfolg, Lebenskraft.* Spüren Sie, wie angenehm diese Wörter wirken! Haben Sie auch die vielen wohltuenden Bilder und warmen Gefühle wahrgenommen, die Ihnen durch den Kopf und das Herz gingen?

Das sind so genannte Verstärker. Sie verstärken die Akzeptanz einer Botschaft beim Empfänger, ganz einfach, weil Sie Wohlwollen verbreiten und ein großes JA auslösen. Und dann dieses:

Die brutalen Filter

Denken Sie jetzt doch einmal an das schmerzverzerrte Gesicht eines irakischen Kindes, das gerade auf eine Tretmine läuft. Stellen Sie sich vor, mit welcher Wucht das arme unschuldige Menschlein in Fetzen durch die Luft fliegt. Das viele Blut, der unerträgliche Schmerz, die schrecklichen Schreie, die Ohnmachtsgefühle und das aussichtslose Leben ohne Beine, ohne Arme. Na? Wie haben Sie sich jetzt gefühlt? Wohl ein bisschen geschockt, denke ich. Auch das war Absicht, auch wenn das Beispiel zugebenermaßen geschmacklos, aber leider brutal wahr und sehr aktuell ist.

Es gibt eben auch Wörter, Ausdrücke, Geschichten und Gedanken, da sträubt sich alles in uns, wir bekommen ein hundsmiserables Gefühl dabei, wir sagen intuitiv NEIN. Sie haben's wohl gemerkt eben. Aber denken Sie auch nur an harmlosere Wörter wie *Dreck, Tschernobyl, schlecht, hässlich, grässlich, furchtbar, Fäulnis, Hass, Gemeinheit, Blocher (unser kleiner Schweizer Le Pen).* Spüren Sie, wie Sie innerlich die Nase rümpfen und auf Abwehr gehen? Das sind die *Filter.*

Die öden Langweiler

Es gibt natürlich auch noch Wörter und Ausdrücke, die lassen uns kalt, sie sind gefühlsneutral. Nichts passiert, wenn wir sie lesen. Sie

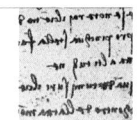

bringen uns höchstens zum Gähnen. Denken Sie etwa an Wörter wie *Straße, Tram, Fensterscheibe, Nahrung, Team, dynamisch, Schweizer* (Sorry!). Oder denken Sie an fade Witze, an Menschen, die Ihnen immer die gleichen lahmen Geschichten erzählen. Das sind *Langweiler*. Langweiler sind, wenn sie wirklich langweilig sind, natürlich auch Gift für den Werbeerfolg und wirken wie Filter.

Das ist eigentlich schon der ganze Trick aller Werbung. Gute Werbung ist knallvoll mit Verstärkern. Für die erfolgreiche Stellensuche heißt das: Bauen Sie in Ihre BeWerbung so viele Verstärker ein wie irgend möglich, verwenden Sie ansprechende Wörter und Ausdrücke, schreiben Sie über die guten Dinge Ihres Lebens nach dem Motto: *Do good things and talk about them!* Werfen Sie alle Langweiler und Filter unerbittlich raus!

TUE GUTES UND SPRICH DAVON!

Übrigens nicht nur aus Ihrer BeWerbung, sondern auch aus Ihrem Kopf und Ihrem Herzen! Die haben hier wie dort absolut nichts zu suchen. Machen Sie die Probe und zählen Sie alle Verstärker, Langweiler und Filter in Ihrer BeWerbung. Das ergibt Ihren Erfolgsfaktor! Denken Sie nicht nur an die Wörter, sondern gehen Sie ins letzte Detail bis hin zum Papier, zur Schrift, zum Couvert. Seien Sie dabei total pingelig. Das sind Werbeprofis auch. Die wissen, warum. Das Ergebnis ist die direkte Maßzahl für den Erfolg Ihrer BeWerbungen. Schauen Sie sich einmal Werbung an und suchen Sie nach Langweilern oder Filtern. Sie werden keine finden! Keine, nicht einen einzigen!

Vielleicht werden Ihnen jetzt spontan die Benetton-Reklamen als Gegenargument einfallen oder die Zigarettenpackung mit dem Totenschädel drauf. Aber was beweist das schon. Höchstens, dass Sie selbst sehr kritisch sind und reflexartig immer erst nach Gründen suchen, warum etwas falsch oder schlecht sein könnte. Aufgepasst! Ich habe Sie vielleicht gerade als Miesepeter enttarnt. Suchen Sie lieber nach Gründen, warum Sie's glauben und einfach mal ausprobieren sollten. Das motiviert mehr und erhöht Ihren Erfolg. Versprochen!

MIESE WERBUNG IST AUCH WERBUNG – ABER EINE MIESE BEWERBUNG IST DEIN ENDE!

Wie wichtig das Spielchen ist, sehen Sie hier: Schon ein einziger dicker Filter kann jeden Werbeerfolg killen:

Denken Sie nochmal an den warmen Strand und die wiegenden Palmen und den säuselnden Wind. Schwelgen Sie noch einmal in den guten Gefühlen. Und denken Sie jetzt...

...an die eklige, schwarze Stechmücke, die Sie ständig umschwirrt und Ihnen das Leben zur Hölle macht. Sie frisst Sie auf mit Haut und Haaren und saugt Ihr Blut aus Ihrem geschändeten Körper.

WIE DIE MÜCKE ZUM ELEFANTEN WERDEN KANN

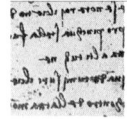

Sehen Sie: Schon ein einziger, kleiner Mickey-Mouse-Filter, eine winzig kleine, fiese Mücke, und schon ist alles futsch. Ach ja, da fällt mir was Wichtiges ein:

Kleiner philosophischer Ausflug...

DU BIST,
WAS DU DENKST,
UND DU WIRST,
WAS DU ERWARTEST.

Was auf der Wortebene stimmt, stimmt erst recht für unsere Gedanken. Wir denken in Verstärkern, Langweilern oder in Filtern. Je nachdem geht es uns gut, lahm oder schlecht, haben wir Erfolg oder nicht. Beobachten Sie Ihren inneren Dialog. Was läuft da ab? Woran denken Sie am meisten? Ihre Zukunft oder Ihre Vergangenheit? Machen Sie sich eher Pläne oder Sorgen? Sind Sie eher fantasievoll-kreativ oder ängstlich-destruktiv?

Die Art und Weise, wie und über was Sie nachdenken, ist entscheidend für Ihre Lebensqualität und Ihren Lebenserfolg. Gewöhnen Sie sich langsam und sukzessive das Denken und Fantasieren in Verstärkern an. Also nicht: »Das kann ich nicht, ich bin zu alt, zu jung, zu hässlich, zu dick, zu dumm und der Personalchef ist ein Ungeheuer.«

Sondern »Ich bin gut, genau so wie ich bin; ich habe ein gutes Leben gehabt und eine tolle Zukunft vor mir, ich weiß viel und kann etwas und die Personalchefin ist eine wohlgesonnene Frau. Wir werden ein Supergespräch zusammen haben!«

Probieren Sie's aus. Es wirkt Wunder! Natürlich ist das Leben nicht ganz so einfach, aber fast. Davon mehr im Kapitel *Coach Yourself*. Zurück zu unserer zauberhaften Formel. Dass diese Formel wirklich funktioniert, das will ich Ihnen an ein paar Beispielen zeigen:

Sogar Cola kann man verkaufen

Wie das mit Verstärkern, Langweilern und Filtern funktioniert, werden Sie gleich merken. Sie haben eben die Erfolgsformel der Werbung kennen gelernt. Wenn ich darauf so herumreite, dann hat das seinen Grund: Wenn es darum geht, aus BeWerbungen werbewirksame Volltreffer zu machen, hören wir in unseren Seminaren für Stellensuchende immer wieder dasselbe: »Ich bin doch nicht gut genug. Ich kann doch nichts, für das man Werbung machen könnte. Ich darf doch nicht lügen!« Ich sage Ihnen, das ist Ansichtssache:

Beispiel 1: Cola

Es war einmal – und ist leider immer noch – eine schwarze Flüssigkeit, deren Namen ich hier nicht nennen darf. Das Zeug ist unansehnlich braun-schwarz, sieht eigentlich aus wie Jauche; wenn sie warm ist, ist sie kaum zum Trinken; wenn man das Gebräu wider bessere Intuition doch trinkt, ist es so widerlich süß, dass es einem schlecht wird, bevor es noch richtig unten ist. Zurück bleibt ein pelziger Filz auf den Zähnen. Man muss zur Zahnbürste greifen, um nicht Spontan-Karies zu kriegen. Wenn man über Nacht ein Stückchen Fleisch hineinwirft, sieht's am nächsten Morgen ziemlich zerfressen aus.

DIE JAUCHE AUS DEM TRINKHALM

Kennen Sie dieses Getränk? Kaum! Jedenfalls nicht in dieser Fassung. Die Cola-Werbefachleute haben es jedoch geschafft, aus dieser schrecklichen Lauge das meistgetrunkene Getränk aller Zeiten zu machen. Sie haben es glatt fertig gebracht, aus dieser Brühe einen Genuss zu machen und mit dieser undefinierbar-ekligen Suppe ein Frischegefühl zu verbinden, um das keiner mehr herumkommt. Und die haben auch mich überzeugt, dass eine eisgekühlte Cola wirklich eine gute Sache ist.

Das liegt an der konsequenten Verwendung von Verstärkern und der bedingungslosen Vermeidung von Langweilern und Filtern in jeglicher Werbung. Wer einmal im Cola-Tempel in Atlanta war, weiß,

was ich meine. Glauben Sie, dass sich jemals auch nur eine einzige Dose Cola verkauft hätte, wenn der Werbe-Slogan geheißen hätte:

Cola ist ein unansehnliches Getränk, sorry. Wir haben ein paar sehr ungesunde Ingredienzen zusammengemixt, aber es schmeckt nicht so schlecht, wie es aussieht, manchmal. Aber nur, wenn Sie's saukalt servieren und mit einem Zitronen- schnitz den Geschmack verändern! Vielleicht könnten Sie mal 'ne kleine Dose versuchen, bloß 'ne kleine? Wir brauchen den Umsatz, bitte!

Sie spüren es: Das wäre mit Sicherheit schief gegangen. Denn jeder merkt: Hier glaubt jemand nicht an sich und sein Produkt, und er muss ein bisschen winseln, weil's offenbar nicht so gut läuft!

Beispiel 2: Macs

Es gibt ein unansehnliches, übereinander getürmtes, rundli- ches Ekel-Sandwich mit süßlichem Papp, fettiger Sauce und, man munkelt, mit Rindfleisch drin. Weil's so unförmig ist, muss man ein Maul haben wie ein Krokodil, wenn man ein Stück abbeißen will. Oder man drückt es zusammen, aber dann quillt überall eine schmierige, gelbliche Pomade hervor. Serviert wird das Ding nicht auf einem Teller mit Besteck, son- dern in einem billigen Styroporkistchen ohne was. Man muss mit den Händen essen wie ein Vieh und bekleckert sich überall, wenn man nicht ein begnadeter Jongleur ist. Wer mehr als eins isst, fällt ins Koma.

DAS SCHEUSSLICHSTE FIX & FOXI-MENU ALLER ZEITEN

Sie wissen, um was für ein Ding es geht. Das eigentlich scheuß- lichste und ungesündeste Fix & Foxi-Menü aller Zeiten! Aber das Ding ist ein Jahrhundert-Kassenschlager geworden. Nicht, weil es so gut wäre, nein, beileibe nicht. Sondern weil die Werbefachleute nicht so wie ich eben darüber geredet, sondern das grausig' Ding mit einem Lebensgefühl verbunden haben, mit Frische, Produkt- qualität, family feeling, ja sogar mit ökologischer Ressourcenscho- nung, was wohl die krasseste Lüge aller Zeiten darstellt. Sogar in Bern gibt's mittlerweile vier so Rööstaurants, auch wir Schweizer wollen halt so schön fett werden wie die Amis.

Weitere Beispiele gefällig? Denken Sie an die Packung der Marl- boro Gold. Stellen Sie sich vor, das Gold wäre Schwarz und die Marke hieße Marlboro Schwarz. Ob das wohl so wirken würde? Gold ist edel, wertvoll und gut, ein Verstärker pur, Schwarz ist fins-

ter, dunkel, Pech und Krebs. Klar? Oder stellen Sie sich vor, unsere Schweizer Toblerone wäre nicht so schön dreieckig, länglich und gerippt, sondern einfach nur ein Klumpen Schokolade. Der Erfolg wäre null. Noch klarer?

Sie sehen, man kann fast alles richtig verkaufen, man muss es nur in die richtige Form und Farbe bringen und richtig drüber reden. Merken Sie sich also:

Wofür man Werbung machen will, darüber darf man nur und ausschließlich Gutes sagen, also mit Verstärkern sprechen, und kein Sterbenswörtchen vom Schlechten, also keine Filter erwähnen und auch auf Langweiler verzichten. Vergessen Sie den Werbespruch »Auch schlechte Werbung ist Werbung.« Das mag ganz selten mal stimmen (siehe Benetton, hahaha!), im Falle von BeWerbungen ist er klipp und klar falsch, falsch und nochmal falsch!!!

SPRICH ÜBER DICH
MIT ENGELSZUNGEN

Ach ja, da fällt mir noch ein...

Kleiner philosophischer Ausflug

Das Üble an der Werbung ist, dass sie unser Bewusstsein oft direkt erreicht, ob wir wollen oder nicht: Sie laufen durch die Straßen und sehen Zeitungsaushänge am Kiosk mit den Schlagzeilen des Tages. Nur ein flüchtiger Blick, und schon haben Sie's gelesen: Vater erschießt Familie, 150.000 auf der Straße, 12-mal vergewaltigt, 5 Millionen ohne Job, Diana tot, Deutschland unter Wasser.

Ob Sie wollen oder nicht, Sie haben es gelesen, noch bevor Sie was gedacht, geschweige denn gewählt haben. Perfide, denn das entzieht Ihnen die Freiheit, zu entscheiden, woran Sie denken, was Sie wissen, was Sie fühlen wollen. Jemand anderes tut das für Sie, und mit unguten, nämlich manipulierenden Absichten. Das ist eine ganz üble Tatsache. Die meiste Werbung trifft Sie in den tiefsten Ecken Ihrer sehnsüchtigen Seele und diktiert die Themen Ihres Denkens, die Qualität Ihrer Gefühle, Ihre Sichtweise auf die Welt. Ganz, ganz übel! Denken Sie mal drüber nach!

Das wirft allgemeinere Fragen auf: Wer bestimmt die Themen Ihres Lebens? Wer bestimmt, womit Sie sich beschäftigen, worüber Sie nachdenken, diskutieren, was Ihnen wichtig ist? Wer besetzt Ihre Aufmerksamkeit und Ihre Gefühle? Wer zeichnet Ihr Weltbild, woher kommen Ihre Wertvorstellungen? Wer übt hier die Macht aus? Wo sind Sie? Kommen Sie überhaupt vor in Ihrem Leben? Anders gefragt: Was ist Ihrer Lebenszeit würdig? Was bringt Sie weiter? Weshalb tun Sie, was Sie tun, und weshalb so, wie Sie's tun?

WO KOMMEN IHRE
GEDANKEN UND IHRE
MEINUNGEN HER

Oh Gott, hab' ich zuviel gefragt? OK, sorry! Aber wenn es im Kapitel *Coach Yourself* darum geht, wo denn Ihre Lebensreise überhaupt hingehen soll, werden diese Fragen außerordentlich wichtig.

Werbung und Medien haben eine beängstigende, manipulierende, lebensbestimmende und gar gesellschaftsdefinierende Macht.

Immerhin können wir dabei für die BeWerbung tüchtig was lernen, z.b. weshalb und wie Direct Marketing funktioniert:

Wie perfid
Direct Marketing
funktioniert

Wenn Sie jetzt daran gehen, Ihre BeWerbung aufzurüsten, sollten Sie auch noch etwas über Direct Marketing wissen. Denn genau das machen Sie, wenn Sie Ihre BeWerbung verschicken. Welche Macht Sie über die Gedanken der PersonalchefInnen haben, das können Sie sich jetzt noch kaum vorstellen. Deshalb Folgendes:

Jeden zweiten Tag gewinne ich eine Million! Ein Brief kommt und es steht schon auf dem Couvert schwarz auf weiß:

»Herr Kühnhanss, Sie haben eine Million gewonnen!!!

Fast jedenfalls! Sie müssen nur noch...«. Solche Briefe haben Sie sicher auch schon im Briefkasten gehabt. Und Hand auf's Herz: Die ersten paar Male haben Sie das Couvert aufgerissen, Sie haben zittrige Hände gekriegt, Sie haben schon von der Südsee und dem Dolcefarniente geträumt. Und dann haben Sie aufmerksam gelesen: Das ganze *package* Papier, den Brief, Sie haben am Los herumgerubbelt, die Glückszahl verglichen und sich gefreut, weil Sie tatsächlich mit der Gewinn-Nummer übereinstimmte, den Produktekatalog haben Sie durchgewälzt, die Teilnahmebedingungen usw. Nur um zu merken, was Sie eigentlich ohnehin schon längst wussten: Sie haben nix gewonnen!

Aber der Effekt ist dennoch da: Sie als intelligenter Mensch haben den ganzen Quatsch gelesen und einige Minuten Ihres wertvollen Lebens dem geopfert, was ein anderer sich gut ausgedacht hat. Das ist die geplante Steuerung der Aufmerksamkeit intelligenter Menschen, eigentlich gegen Ihren Willen. So funktioniert Direct Marketing und die ganze Werbung!

MENSCHEN SIND WACHS
IN DEN HÄNDEN
DER WERBER

Jetzt fragen Sie sich, was hat das mit Stellensuche zu tun? Ganz einfach: Bei der BeWerbung läuft das genauso! Auch wir haben die Macht – und das ist eine große Macht – den Empfänger unserer BeWerbungen, den Personalmenschen, ganz gezielt zu steuern: Seine Gedanken, seine Gefühle, seine Aufmerksamkeit! Das hängt zusammen mit dem, was in der Werbefachsprache heißt:

Der stille Dialog

Und das funktioniert so: Wenn Sie morgens die Post aufmachen, dann läuft ein mehr oder weniger bewusster Dialog in Ihrem Kopf ab. Sie stellen Fragen an die Briefe. Etwa: Was ist das für ein Brief, wo kommt er her, wer hat ihn geschickt, welche Absichten stecken dahinter etc. Sie entwickeln aber auch Gefühle wie: Freude über die Million, Frust über die Steuerrechnung, Wut über den Bußgeldbescheid, Wohlgefallen über die Hochzeitseinladung etc. Diese Gedanken und Gefühle sind gesteuert von den Briefen, den Inhalten, aber letztlich von deren Absendern. Genauso geht's auch mit der BeWerbung: Wir steuern mit unserem Anschreiben und unserem Dossier den Gedanken-, Gefühls- und Erlebnisstrom der Personalmenschen! Ganz schön cool, gell!

Das müssen Sie sich mal vorstellen: Wir manipulieren, was der Andere zu denken und zu fühlen hat. Und wenn wir clever sind, denkt und fühlt er wirklich genau das, was wir geplant haben. Das jedenfalls behaupten die Werbefachleute. Die Direct-Marketing-Branche floriert nicht umsonst. Und ich behaupte dasselbe, denn ich erlebe es täglich bei mir selbst: Sie steuern mit Ihrer BeWerbung meine Gedanken und Gefühle! Sie haben mich und mein Leben brutal in der Hand!

Die drei Töpfe: Eilas, Jokers & Knifs

Und so hört sich dann etwa der stille Dialog eines Personalmenschen an, wenn er Ihren Briefumschlag und Ihr Dossier in den Händen hält:

- Wie sieht das aus?
- Wie fühlt sich das an?
- Ist das schön oder hässlich?
- Was will das Ding von mir?
- Was steckt da für eine Person dahinter?
- Was für Absichten hat diese Person?
- Wo finde ich, was ich suche?
- Ist das vielleicht die lang ersehnte Lösung meines Problems?
- Ist das vielleicht mein/e TraumkandidatIn?

Und dann sucht er nach dem, was er finden will:

- Sind die Musskriterien erfüllt?
- Wenn nicht, kommt die Person sonst irgendwie in Frage?
- Sind die Soll- oder gar Wunschkriterien erfüllt?
- Was ist das wohl für ein Mensch?

- Können wir uns diese Person leisten?
- Passt sie ins Team?
- Ist sie gut / mittelmäßig / schlecht? etc.

Und wenn er jetzt auf alle seine vielen kleinen Fragen eine positive Antwort gefunden hat (denken Sie an die Werbeerfolgsformel!), also ein schönes JA dazu sagen konnte, dann haben wir am Ende ein Riesen-JA-JA-JA und Ihre BeWerbung kommt in den Topf *Eila*, das heißt »Einladen«.

Gab's zwischen den JAs ein paar NEINs, also Langweiler und Filter, dann gibt's am Schluss ein NAJAJANEIN und Sie kommen zu den *Jokern*. Das sind die, die vielleicht einmal, irgendwann einmal, also heutzutage so gut wie nie mehr eingeladen werden.

Wenn zu viele NEINs auftauchen, dann fliegen Sie in den Topf der *Knifs*, das sind die Ärmsten, denn sie kommen nicht in Frage. Das sind die, die von einem Computer ein herzliches Absagebriefchen erhalten oder oft nicht einmal das.

Nehmen Sie's nicht zu ernst, Sie haben sich einfach auf die falsche Stelle beworben oder sich schlecht verkauft – das können Sie bald besser! Und Personalmenschen sind halt auch nur Menschen. Und manchmal ist es schier unmöglich, allen Knifs und Jokern eine anständige, faire Antwort zu geben.

Und es kostet eine Stange Geld: Berechnen Sie selbst mal nur die Portokosten, wenn Sie von 400 BeWerbungen 399 retournieren müssen. 399 x DIN A4 kosten 1,44 Euro pro Stück, d. h. 574,56 Euro nur für das Porto! So einen Fall hatten wir in diesem Jahr schon einmal! Jetzt kommen noch Couverts, Drucke, Arbeitszeit zum Texten und Verpacken etc. dazu. Das läppert sich ganz schön! Eigentlich wollten wir doch Geld verdienen, nicht vernichten. Und dann werden wir noch gefragt, warum Personalberatung was kostet...

Jetzt denken Sie vielleicht: Aber ich darf doch nicht manipulieren, ich muss doch die Wahrheit schreiben und sagen, und ich darf doch nicht übertreiben, und ich will mich nicht anbiedern. Vergessen Sie diese Einwände: Hier geht es nicht um Wahrheit oder Lüge, hier geht es um die Art und Weise der Darstellung. Man kann über alles auf eine gute oder eine schlechte Weise sprechen und denken, man kann von allem nur die dunklen und nie die hellen Seiten sehen, immer nur das halb leere Glas und nie das halb volle, immer nur die Wolke am Himmel und den Himmel selbst nicht mehr. Oder eben umgekehrt.

Und jetzt der wichtigste Merksatz überhaupt:

Übertreiben Sie nicht, denn das wäre gelogen.

Aber untertreiben Sie auf gar keinen Fall, denn:

Untertreiben ist auch gelogen!

Wer seine Nachteile übertreibt, lügt! Wer seine Vorteile verheimlicht, lügt auch! Wer nur Probleme sieht, sieht höchstens die halbe Welt und tut dem Leben unrecht. Vergessen Sie das nie mehr!

Von meiner Begeisterung über das Leben und die Welt zurück zum Thema: Ein wichtiger Begriff muss hier noch besprochen werden, und dann haben wir's: Es geht um die Lautstärke von Werbung, denn Werbung hat so was wie Dezibel!

Ach ja, da fällt mir vorher noch ein...

Kleiner philosophischer Ausflug

Apropos schlecht denken: Schlecht denken ist meistens nur eine schlechte Angewohnheit. Nichts weiter. Und in der Schweiz sind wir Weltführer im Problemewälzen. In Deutschland wird's derzeit gerade zum allgegenwärtigen Lebensgefühl. Wenn Ihr den Stefan Raab nicht hättet! Wir pflegen unsere Probleme regelrecht und päppeln sie auf wie kleine Kinder, bis sie riesengroß werden und uns über den Kopf wachsen. Meistens hat das schlechte Denken mit der Schlechtigkeit der Welt gar nicht viel zu tun. Die Welt ist ganz okay.

Jedenfalls ist sie einfach da und sonst nichts. Nur unser Denken ist nicht okay. Gewöhnen Sie sich sukzessive ein freundlicheres, sympathischeres, liebevolleres, verständnisvolleres Denken an: Sie werden sich besser fühlen und mehr Lebenserfolg haben. Mehr davon im Kapitel *Coach Yourself*.

KLÖNEN IS' 'NE SCHLECHTE ANGEWOHNHEIT

Gute Werbung hat die richtigen Dezibel

In der Werbung gibt's einen weiteren, wichtigen Begriff, nämlich den der *Lautstärke*. Werbung flüstert, redet laut, schreit oder brüllt. Die Sache ist eigentlich einfach: Die BILD- und BLICK-Zeitung etwa brüllen in kurzen Wörtern und riesigen Lettern ihre Schlagzeilen in die Welt hinaus. Die ausgehängten Plakate erschlagen uns fast und wir *müssen* hinschauen und täglich erfahren, wer wen wieder wie grausam umgebracht hat. In den anspruchsvolleren Zeitungen, etwa der NZZ oder der F.A.Z., sind die Titel sehr viel dezenter und ausführlicher, die Lettern viel kleiner. Alles klar?

Das ist die Lautstärke einer Werbebotschaft. Auch Ihre BeWerbung hat Dezibel. Reden Sie in Ihrer BeWerbung mit einem cleveren Personalmenschen laut, deutlich und bestimmt genug, sodass Ihre Werbebotschaft ankommt, ja nicht zu leise, aber brüllen Sie ihn auch nicht an.

Schweizer und Frauen haben eher Tendenz, zu leise zu reden, auf Understatement zu machen oder überhaupt nichts zu sagen. In deutschen Landen neigt man – entschuldigen Sie den Vergleich, aber er beruht auf Erfahrung – eher zu Techno-Party-Lautstärke. Beides ist falsch. Schweizer und Frauen, Ihr dürft deutlich aufdrehen, damit man euch überhaupt hört!

FLÜSTERN TUT MAN NUR, WENN MAN NICHT GEHÖRT WERDEN WILL

Wie Sie den Regler richtig einstellen

Testen Sie Ihre BeWerbung bei Bekannten, Freunden, Partnern und fragen Sie, wie die Botschaft rüberkommt. Testen Sie bei verschiedenen Personen: Wenn alle sagen, »Das klingt arrogant und aufgesetzt«, dann sind Sie sicher zu laut. Wenn alle sagen »Das ist nett!«, dann sind Sie ganz sicher zu leise.

Vorsicht vor billiger Effekthascherei: Werbung wirkt dann am intensivsten, wenn der verwendete Effekt Sinn macht und die Lautstärke laut genug, aber nicht zu laut ist für die Zielgruppe.

Erinnern Sie sich etwa an die Levi's-Reklame, in der ein obercooler Plastik-Cowboy mit dämlichem Zahnpasta-Grinsen eine

ebenso dämliche Plastik-Blondine vom Dach eines brennenden Hauses rettet, indem er sich die starken Jeans auszieht (was die Blonde noch mehr umhaut als die lodernden Flammen ringsherum, logo!), das Ding um das Telefonkabel wickelt und mitsamt dem betörten Blondie rüberrutscht zum anderen Haus. Da ist der Effekt grandios verbunden mit der Aussage, dass Levi's nun mal die haltbarsten Jeans für die heißesten Typen herstellt. Viel Schall und Rauch, aber keineswegs billig, denn die Kernaussage kommt rüber.

Werbung geht jedoch ganz daneben, wenn nur noch lauter Effekt und keine Aussage mehr da ist. Eine sehr poppige, erfolgreiche, trendige Schweizer Uhrenfirma, die unerkannt bleiben soll, erhielt ein Paket, in dem ein He-Man von Mattel lag – Sie kennen diese nichtsnutzigen Plastik-Muskelprotze, mit denen Leute ihre Kinder zum Spielen verdonnern. Das Unding hatte ein Schildchen um den Hals »I am your He-Man. Ich bin Euer Mann« plus Name, Adresse und Telefon. Ende.

Es liegen Welten zwischen Witz und Schwank

Das ist billig und deutlich zu laut, es fehlt der Zusammenhang, die Information. Es ist einfach nur eine Knall-Idee, und zudem eine geschmacklose. Vermeiden Sie solche Späße! Zwischen gewitztem Humor und dümmlichem Schwank besteht ein himmelweiter Unterschied. Die BeWerbung ging auch schief, der He-Man wurde retourniert und sein Alter ego weinte gar barbie-püppchen-mäßig bitterlich. Lobenswert ist aber auf jeden Fall der Mut, auch mal was ganz Queres zu versuchen.

Und jetzt geht's zur Sache, d.h. ins eigentliche BeWerbungsgeschäft. Schauen wir uns als Erstes die BeWerbungsunterlagen an: Das Anschreiben, den Lebenslauf (CV, Werdegang oder wie Sie es nennen wollen), das Dossier (Zeugnisse, Atteste, Diplome) und die ganze Verpackung.

Das Anschreiben: Knapp, informativ & sehr sympathisch

Jetzt wissen Sie schon das Wichtigste über Werbung und Direct Marketing. Bevor wir ans Umsetzen gehen, kommt hier der heilige Satz aller Kommunikation, der für Sie beim BeWerben ungeheuer wichtig wird:

Man kann nicht nicht kommunizieren!

Der heilige Gral der Kommunikation stammt aus dem Klassikerbuch *Menschliche Kommunikation* von Watzlawick / Beavin / Jackson. Er besagt nichts anderes, als dass wir mit allem, was wir sind, darstellen, tun, sagen oder nicht sagen, immer kommunizieren: Mit jeder Faser und Zuckung des Körpers, mit Händen und Füßen, dem Gesicht, dem Hemd, dem Zigarettenetui, der Handschrift, der Wohnung, dem Hund, dem Auto etc. Natürlich auch mit allem, was wir sagen und worüber wir schweigen.

Es ist unmöglich, nicht zu kommunizieren. Das muss Ihnen klar sein: Mit jedem kleinsten Detail in Sachen BeWerbung senden Sie mehr oder weniger klare und eindeutige Botschaften aus, mit allem, selbst mit der Schrift in Ihren Unterlagen oder dem Ring an Ihrem Ohr oder dem Klopfen an der Tür. Mit ALLEM und IMMER!

SIE SIND IMMER AUF SENDUNG, OB SIE WOLLEN ODER NICHT!

Aber wie wir ja jetzt wissen, braucht uns das nicht zu beunruhigen, denn es gibt uns ja auch eine große Macht über das Denken und Fühlen all derer, mit denen wir kommunizieren.

Anschreiben, die unter die Haut gehen

Wie Sie die ersten positiven Botschaften senden können, das möchte ich Ihnen im Folgenden zeigen: Ihr BeWerbungsschreiben ist das Erste, was ein Personalmensch von Ihnen zu hören und zu sehen kriegt. Wir kennen sehr viele Personalmenschen, die das Anschreiben sehr bewusst lesen und zwischen den Zeilen herauslauschen wollen, was da wohl für ein Mensch zu ihnen spricht. Und zwischen den Zeilen steht ganz enorm viel drin. Hier prägen Sie bereits den Grundeindruck, hier erzeugen Sie den intuitiven, ersten Ein-

druck, die Grundstimmung, den *primacy effect*. Sie erschaffen diese Stimmung mit dem, was und wie Sie schreiben. Denken Sie an den stillen Dialog. Schreiben Sie deshalb was Angenehmes, was Nettes, Sympathisches, Orginelles, damit man merkt, dass Sie sich Mühe gegeben haben und dass Sie kein 08-15-Typ sind. Schreiben Sie das, was den Personalmenschen interessiert, nix Belangloses und Nebensächliches. Denken Sie an die Erfolgsformel: Werbeerfolg = Verstärker – Langeweile – Filter!

Schauen wir uns drei Beispiele aus unserer Personalberater-Praxis an. Verwechslungen mit lebenden Personen sind beabsichtigt und unvermeidlich. Beobachten Sie beim Lesen unbedingt aufmerksam, was in Ihnen vorgeht, Ihre Reaktionen, Gefühle, Eindrücke! Denn was in Ihnen vorgeht, das geht auch in jedem Personalmenschen vor, der diese Zeilen liest. Denken Sie daran: Personalmenschen sind irgendwie auch bloß Menschen.

PERSONALMENSCHEN SIND AUCH IRGENDWIE BLOSS MENSCHEN

Gehen wir davon aus, wir suchen eine/n VerkäuferIn für unser Geschäft. Lesen wir einmal ein paar Anschreiben durch:

Beispiel 1: Norbi Normal

Sehr geehrter Herr Recrutti,

mit großem Interesse habe ich Ihr Inserat im Lützelflüh-Boten vom Samstag gelesen, in dem Sie einen Verkäufer suchen. Diese Aufgabe interessiert mich sehr und ich bewerbe mich hiermit um diese Stelle. Sie finden in der Beilage meinen Lebenslauf.

Gerne würde ich mich bei Ihnen vorstellen und erwarte Ihren Anruf.

Mit vorzüglicher Hochachtung

Norbert Normal

Na, wie fühlen Sie sich, wenn Sie das lesen? Ehrlich! Ich kann es Ihnen sagen: Sie fühlen gar nichts, außer Valium im Frühstadium! Nichts passiert. Jedenfalls nichts Großartiges. Es wird Ihnen eher sterbenslangweilig. Sie entwickeln schon beim ersten Satz dieses Anschreibens innere Barrieren, und die Motivation weiterzulesen, sinkt auf Null. Aus dem einfachen Grund, weil so 97 von 100 Be-Werbungsschreiben formuliert sind. Und wenn Sie davon ein paar Tausend gelesen haben (was bei mir armem Wicht der Fall ist), dann wird's Ihnen elend ums Herz und Sie denken:»Oh, Gott, schon wieder so ein graumäusiger Mensch, der aus einem schlechten Be-Werbungsbuch so 'nen Larifari-Brief abgeschrieben hat« oder so was Nettes.

Und wenn mir einer in drei Zeilen etwas sagt, was ich ohnehin schon weiß, dann ist das reine Zeitverschwendung – und meine Zeit ist sehr kostbar. Ich als Personalmensch weiß nämlich sehr gut, dass ich inseriert habe. Und dass ich einen Verkäufer suche, das weiß ich auch. Dass Norbi Normal sich beWerben und sich vorstellen will, das weiß ich ebenfalls, wozu um Gottes willen hätte er mir sonst seine Unterlagen geschickt. Warum erzählt er mir das alles? Hält der mich für blöd? Wie fuuurchtbaaar langweilig.

Wenn Sie den Grundeindruck eines langweiligen, mutlosen, unoriginellen und desinteressierten Menschen machen wollen, dann schreiben Sie ruhig so wie Norbi Normal. In einem Stapel von 100 BeWerbungsdossiers werden Sie damit jedoch keinen Blumentopf gewinnen können und in der Masse der grauen Mäuse untergehen. Schade um die verpasste Chance, den Personalmenschen für sich einzunehmen, eine gute Stimmung, Spannung und Neugierde zu wecken und ihm schon ein paar saftige Häppchen substanzieller Infos zu liefern. Und dann dieses *Hochachtungs-Zeugs...*

GRAUMÄUSIGKEIT IST KEIN KNÜLLER!

Fazit

Ich als Personalchef bin schon jetzt leise auf einen eher langweiligen Menschen eingestimmt, der wenig Fantasie und Pepp hat, und wohl kaum der zukünftige Verkäufer meiner Produkte werden dürfte. Auch wenn ich das nicht bewusst denke, die Stimmung ist bereits da – erzeugt von Norbert Normal und schon im ersten, ach so normalen Satz. Alles, was folgt, werde ich jetzt überprüfen im Hinblick auf diesen ersten Eindruck. Und ich werde mit Sicherheit Anhaltspunkte finden, die diesen Eindruck bestätigen und verstärken. Die Chance ist vertan.

Und dann noch dieses *Hochachtungs-Zeugs...* (Hab ich's schon gesagt?)

Beispiel 2: Francesco Pessimisto

Sehr geehrter Herr Recrutti,

ich bin leider kein sehr erfahrener Verkäufer, brauche aber dringend Arbeit, denn ich bin seit 6 Monaten arbeitslos. Ich war im Kaufhaus Niederer als Rayonleiter, aber die Rezession hat uns arg zugesetzt und ich musste gehen.

Seither suche ich vergeblich Arbeit und hoffe, bei Ihnen eine solche zu finden.

Demütigst

Francesco Pessimisto

Na, was meinen Sie dazu? Spüren Sie, wie es Ihnen das Herz zusammenkrampft und Sie intuitiv bereits den Papierkorb unter dem Tisch hervorziehen? Ich will doch einen Verkäufer, der meine Produkte verkauft und da kommt Herr Pessimisto daher und will meine Hilfe. Ich brauche selber Unterstützung, ich brauche einen Super-Verkäufer, der mir und meinem Laden über die Rezession hinweghilft und keinen arbeitslosigkeitsgeschädigten armen Teufel, der mir noch mehr Probleme macht, als ich ohnehin schon habe! Den kann ich beim besten Willen nicht auf meine Kunden loslassen usw. usw. Das denkt und fühlt der Personalmensch und schon ist das Rennen gelaufen. Schade ums Geld und die Arbeit! Für beide! Und vor allem: Schade für die unnötige Enttäuschung über die Absage, die Herr Pessimisto erhält – und die erhält er so sicher, wie das Amen in der Kirche.

Woran liegt das? Es liegt an den Filtern, die Pessimisto so systematisch gebraucht, dass man Tränen in die Augen kriegt:

leider – kein sehr erfahrener Verkäufer – dringend – Arbeit – arbeitslos – Niederer – Rezession – arg zugesetzt – musste gehen – vergeblich – hoffe.

So geht das nicht, merken Sie's? Der Brief ist übrigens echt, bis auf das *demütigst*, ich konnt's mir nicht verkneifen – sorry.

Seien Sie mir nicht böse wegen der knallharten Sprache, mit der ich hier auftrete. Arbeitslosigkeit ist kein Witz, sondern sehr problematisch, das weiß ich bestens. Aber es nützt Ihnen nichts, verzärtelt zu werden: Sie *dürfen* nicht so schreiben, wie Pessimisto, auch wenn's Ihnen noch so schlecht geht. Es nützt Ihnen nichts!

Fazit

Beachten Sie die Stimmung, die Sie erzeugen. Und denken Sie immer daran: Einziges Ziel des Personalmenschen ist die optimale Besetzung seiner Stelle. Wenn er das nicht richtig macht, ist er bald selber arbeitslos. Sie müssen Ihn davon überzeugen, dass Sie eine echte Option sind. Keine Stelle wird aus Mitleid, Nächstenliebe, Trauer, Hoffnung oder sonst was besetzt. Das ist zwar nicht gerade schön und paradiesisch, aber es ist so. Und wir haben's ja auch in der Hand, etwas dafür zu tun!

Wenn Sie das nächste Beispiel lesen, wird Sie's vielleicht umhauen, Sie werden's allenfalls überrissen finden. Aber lesen Sie's mit den Augen eines Personalmenschen oder Geschäftsinhabers, der eine Verkäuferin sucht, dann wird Ihnen ein Licht aufgehen:

Beispiel 3: Francisca Fortuna

Sehr geehrter Herr Recrutti,

Sie haben ein wunderbares Geschäft, die Dekoration fällt jedem auf, der Sinn hat für das Schöne. Kompliment! Ich wäre deshalb sehr stolz darauf, in Ihr Team aufgenommen zu werden. Ich werde mein Bestes geben. In meiner bisher kurzen, aber höchst intensiven Berufslaufbahn habe ich vieles gelernt, was es für die erfolgreiche Kundenberatung braucht. Die vergangenen sechs Monate habe ich genutzt, um meinem neuen Arbeitgeber auch ein paar anerkannte Diplome vorweisen zu können. Diese wirklich überraschenden Verkaufstrainings waren eine echte Bereicherung. Aber darüber werde ich Ihnen gerne in einem persönlichen Gespräch im Detail berichten. Erste wichtige Informationen finden Sie im Lebenslauf.

Freundliche Grüße

Francisca Fortuna

DIE SONNE GEHT AUF!

Was kommt da für eine Verkäuferin daher? Aus finstrer Nacht wird endlich Tag! Halleluja: Die Sonne geht auf! Spüren Sie es? Da lobt mich jemand für mein Geschäft und die *Dekoration* und für meinen *guten Geschmack* und wäre sogar noch *stolz*, für mich zu arbeiten. Ich weiß im Kopf zwar genau, dass sie mich nur einlullen will, aber mein Herz freut sich trotzdem. Und da ist jemand *begeistert* und will *sein Bestes geben*, hat Initiative und *lernt Überraschendes*. Was sind das für *Diplome*? Diese Unterlagen muss ich genau studieren. Diese Frau muss ich sehen.

Und so geht er hin, der Personalmensch, und liest voller Neugierde und mit stolzgeschwellter Brust weiter, obwohl er gar nicht mehr müsste, denn sein Herz hat bereits JAJAJAJAJA gesagt und seine Hand liegt schon auf dem Telefonhörer.

Das liegt an der geballten Ladung Verstärker, die unsere gute Frau Fortuna braucht, das macht sie wirklich perfekt. Vielleicht ein bisschen übertrieben hat es Fränzi schon, zugegeben, aber mit Power kommt sie daher, diese Frau, originell ist sie, Mühe gegeben hat sie sich auch. Ob ich will oder nicht: Als Personalmensch muss ich sie auf jeden Fall einbeziehen in die engste Wahl. Und damit hat sie ihr Ziel erreicht, die gute Francisca. Vielleicht ein bisschen laut, diese Werbebotschaft, aber hier sicher unterhalb der Schmerzschwelle!

Fazit

Schreiben Sie ein bisschen für's Herz und ein bisschen für den Verstand. Schreiben Sie für den Personalmenschen, schreiben Sie über das, was für *ihn* aus *seiner* Perspektive wichtig ist. Seien Sie ruhig

ein bisschen mutig und originell. Brauchen Sie so viele Verstärker, wie reinpassen und verstecken Sie sich nicht hinter irgendwelchen platten Konventionen:

Hinter Konventionen sind Sie nicht erkennbar!

Die Personalmenschen werden's Ihnen mit Wohlwollen danken. Sie müssen ja nicht gerade so zuschlagen wie Francisca, aber in dieser Richtung liegt die Lösung. 100-prozentig. Ich garantier's Ihnen! Ach ja, da fällt mir noch ein:

Kleiner philosophischer Ausflug

Dieses Rezept gilt übrigens nicht nur für BeWerbungsschreiben, es gilt für alles, was Sie sagen, schreiben, denken und fühlen. Trainieren Sie, alles was Sie denken und sagen, in wohlwollenden Worten zu sagen. Üben Sie, in allem weniger Guten auch das Gute zu sehen und es zu sagen und zu denken.

DU BIST DER
WERTVOLLSTE MENSCH
IN DEINEM LEBEN

Reden Sie vor allem auch mit sich selbst nicht wie mit einem Halunken, wie das viele Menschen tun, sondern auf die nette, liebe, ehrliche, verständnisvolle und lebendige Art. Sie werden ein glücklicherer Mensch sein. Versprochen! Wenn Sie noch mehr Interesse an dieser Frage haben: Im Kapitel *Coach Yourself* präsentieren wir Ihnen ein paar Techniken, mit denen Sie es nicht mehr aushalten vor lauter guter Laune und Erfolg. Das Leben kann unerträglich Spaß machen. Passen Sie also auf!

Sehr geehrter Herr Müllhaus

Ach, fast hätte ich's vergessen: Kein Anschreiben ohne *konkreten* und *korrekt* geschriebenen Namen der *richtigen* Kontaktperson. Das beliebteste Wort für jeden Menschen ist der eigene Name, obwohl man den ja wirklich genügsam kennt. Wer diesen persönlichen Schatz verhunzt, der macht einen groben Fehler und verletzt gewissermaßen die Identität des Angesprochenen.

WENN ICH EIN
MÜLLHAUS WÄR...

Unterlassen Sie also dringend so Floskeln wie *Sehr geehrte Damen und Herren*. Und schreiben Sie den Namen unbedingt richtig. Das übelste, was ich je gekriegt habe, war *Sehr geehrter Herr Müllhaus*. Ich war entsetzt, mein stolzer Name so geschändet, schwarz auf weiß. Der Übeltäter musste es bitter büßen. Wenn Sie nicht sicher sind, dann rufen Sie an und lassen Sie es sich buchstabieren!

DOs & DON'Ts

Hier die wichtigsten Tugenden und Sünden zum Texten eines knackigen Anschreibens, übrigens auf viele Textarten in der Business-Welt wie E-Mails, Protokolle etc. anwendbar:

DOs Formales

- KISSS: *Keep it short, simple & stupid*, also nicht länger als eine Seite.

- Immer mit dem *richtigen* und *korrekt* geschriebenen Namen ansprechen.

DON'Ts Formales

- Keine romanesken Elegien, drei Seiten sind verboten; zwei nur knapp erlaubt!

- Keine Floskeln à la »Sehr geehrte Damen und Herren« oder völlig anonymisiert.

DOs Werbung

- Die Welt vom Personalmenschen aus sehen und schreiben, was ihn interessiert. Ihr Anschreiben ist für ihn!

- Die drei wichtigsten Vorzüge, warum Sie top sind für den Job, ins Zentrum des Anschreibens.

- Das Wichtigste hervorheben: <u>Unterstreichen</u>, **fettdrucken** oder als tabellarische Liste in die Mitte des Blattes.

- Verstärker rein, was das Zeug hält. Je mehr, desto wirkungsvoller!

- Persönlichen, authentischen Stil entwickeln, damit Sie mit Haut und Haaren rüberkommen.

- Optimismus versprühen, wo's geht!

- Lautstärke richtig voll aufdrehen. Lass krachen!

DON'Ts Werbung

- Ego-Trips unterlassen: »Ich hab' als kleiner Junge eine Seifenkiste gebaut und habe damit meine Oma angefahren...«

- Ihre Trümpfe unauffällig verstecken oder überhaupt nicht nennen; soll der Personalmensch selber suchen, der Depp!

- Kein langer Fließtext ohne Halt für's Auge, ohne Absätze und Unterteilungen.

- Filter und Langweiler, alles Negative und Lahme gnadenlos raus. Denken Sie an die Mini-Mücke am Strand! Schon ein kleiner Filter ist zu viel!

- Ansammlung konventioneller Floskeln vermeiden! Hinter denen sind Sie persönlich nicht zu erkennen.

- Betteln, heulen, jammern, zaudern, zweifeln, schwarzsehen sind verboten!

- Nicht zu laut, nicht übertreiben! Aber auch keinesfalls zu leise: Untertreiben ist auch gelogen!

DOs & DON'Ts

DOs Sprache

- Immer schöne, positive Formulierungen benutzen, also:»Ich werde in einem halben Jahr das Buchhalter-Diplom abschließen.«

- Immer im Indikativ schreiben:»Ich will x, ich kann y, ich tue z, ich beWerbe mich.« Das wirkt selbstbewusst, zielsicher und überzeugend.

- *Marschmusik* und *Stakkato* in den Text: Kurze Hauptsätze benutzen. Das wirkt hammermäßig und überzeugend.

- Vor jedes Substantiv ein blumiges Adjektiv, dazu sind die Dinger da. Das macht alles sinnlicher und greifbarer.

DON'Ts Sprache

- Nie Negationen verwenden, etwa»Ich bin noch kein Buchhalter, versuche aber mal die Prüfung in einem halben Jahr.«

- Konjunktive und modale Ausdrücke meiden:»Ich würde gern, ich könnte vielleicht, ich täte, ich hätte mich gern beworben; vielleicht, wahrscheinlich, ich probiere, ich habe versucht, ich weiß nicht recht.« Wirkt duckmäuserisch!

- *Wagner* und *Symphonien* unterlassen. Bandwurmsätze sind verboten: Kein guter Satz ist länger als zwei Zeilen. Ein Nebensatz ist erlaubt, mehr nicht.

- Knochentrocken ist's in der Wüste, aber nicht in Ihrem Anschreiben!

DOs Ästhetik

- Auf die Raumaufteilung achten; Platz lassen für's Auge; viel weißes Papier; großzügige, gleichgroße Ränder; das beruhigt und wirkt sehr ästhetisch!

- Schöne leserliche Schrift verwenden in der richtigen Größe (10 bis 12 pt).

DON'Ts Ästhetik

- Keine *Bleiwüste* fabrizieren mit Druckerschwärze von oben links bis unten rechts; das sieht brutal aus und macht bloß 'ne Heiden-Angst vorm Lesen!

- Kleine Mickey-Mouse-Schrift für Lupenbesitzer; oder gar krakelige Handschrift.

Noch mehr DOs & DON'Ts zum Anschreiben finden Sie auf Seite 58. So, jetzt haben Sie den Personalmenschen schon ganz neugierig auf Ihre Unterlagen gemacht. Und die müssen jetzt natürlich so richtig einschlagen!

BeWerbungen, die so richtig einschlagen

Wir kommen zu den nächsten beiden Seiten Ihrer BeWerbung, dem Lebenslauf, curriculum vitae (CV) oder wie Sie das nennen wollen. Ziel des ganzen Papierkrams ist es letztlich, dass Sie sich persönlich für eine Stelle vorstellen können, die Sie auch *wirklich wollen*. Sie müssen deshalb aus ihrer Biografie eine *Bomben-Werbeveranstaltung* machen. Darum geht's hier. Es lohnt sich, wenn Sie Ihre Unterlagen mit der gleichen Sorgfalt verfassen und gestalten, wie ein Unternehmen seinen Glanzlack-Repräsentationskatalog für seine Kunden. In diesem Kapitel finden Sie Infos zu:

- Personalien: Wie heißen Sie und so?
- Foto ja oder nein: Das Verdikt.
- Grundausbildung: Wo haben Sie die Schulbank gedrückt?
- Weiterbildung: Welche Abschlüsse haben Sie sonst noch?
- Berufserfahrung: Hier packen Sie so richtig aus!
- Besondere Kenntnisse: Die wichtigsten Zusatzinfos.
- Sprachen: Wie gut können Sie's wirklich?
- Stärken und Schwächen: Das lässt sich clever machen!
- Hobbys: Spinnen sammeln? Ups?!?
- Referenzen: Prinz Charles, Nachbar? Doppel-Ups?!?!?
- Gehaltsvorstellungen: Zwischen Diogenes und Bill Gates.
- Das Dossier: Was gehört alles rein, was nicht!
- Die Zeugnissprache: Warum sich Personalmenschen so gut verstehen.
- DOs & DON'Ts: Ästhetische Tipps, was Sie tun und was Sie unterlassen sollten!

Und dann noch:

- Handschriftprobe: Grafologie ist Voodoo
- Was tun mit Lücken im Lebenslauf?

Personalien

Das gehört zwingend hinein:

- Name, Adresse, Wohnort, Telefonnummer privat und allenfalls Geschäft, Handy-Nummer, Geburtsdatum, Zivilstand, Anzahl und allenfalls Jahrgänge der Kinder und für AusländerInnen die Art und Gültigkeit der Aufenthalts- und Arbeitsbewilligung.
- Sehr professionell wirkt natürlich die E-Mail-Adresse – heute eigentlich ein Muss.
- Wichtig: Der Vermerk, wann Sie zu erreichen sind, sonst tippen wir uns mit Ihrer Telefonnummer die Finger wund.
- Fakultativ sind der militärische Grad, wenn Sie das Gefühl haben, es bringe Ihnen was (was heute nicht mehr so sicher ist!) und in der Schweiz der Heimatort (niemand weiß wozu, aber es gibt viele solche Sachen im Leben, die man macht, ohne zu wissen, weshalb.)

Sehr sympathisch wirken allenfalls noch die Namen Ihrer Kiddies, man sieht die kleinen, süßen Gremlins vor sich. Herzig ist auch:»Seit Jahren sehr glücklich verheiratet mit Monika.« Das hat auch schon mal einer geschrieben und das hat uns alle gerührseelt vom Feinsten, v.a. auch, weil der ganze Rest ebenfalls stimmig war.

Schmück dich nicht mit den Lorbeeren anderer

Vermeiden Sie: Namen und Beruf der Eltern. Wen interessiert das? Haben Erlaucht es nötig, sich mit eurer Ahnen Lorbeeren zu schmücken? Weglassen können Sie auch die Sozial- oder Rentenversicherungs-Nummer. Wegen so 'ner Nummer engagiert Sie niemand! Und außerhalb der USA gilt man auch ohne solche Nummer als Mensch! Vergessen Sie Körpergröße und Gewicht, das haben wir auch schon gesehen, Schuhnummer, Blutgruppe, Kleidergröße und andere solche Belanglosigkeiten. Bitte nicht! Damit disqualifizieren Sie sich schon bei den Formalitäten. Und dann das Foto:

Das Verdikt zum Thema Foto

Kennen Sie den? Ich gehe an den Fotoautomaten am Bahnhof, werfe die Münze rein und mich selbst in die Brust, freue mich ob meines Konterfeis im Spiegel, noch schnell ein Griff in die Frisur, noch zwei Umdrehungen hoch mit dem Hocker, und jetzt heißt's: Freundlich grinsen, Haltung bewahren, Blick fixieren – nichts – ich grinse immer noch – immer noch nichts – ich grinse weiter – jetzt müsste es doch langsam blitzen – mein Grinsen verhärtet sich zusehends – wann blitzt's denn jetzt endlich – das Grinsen wirkt langsam etwas schmerzver-

zerrt und erstarrt in einer schrägen Grimasse – Herrgott nochmal, blitz doch endlich, du fieser Automat.

Und gerade als ich die Geduld verliere und dem Kasten voller Grimm einen verdienten Faustschlag versetze, da: Es blitzt – ah, endlich! Das erste Bild wird wohl nix, hat mich als aggressiven Schläger erwischt, aber das nächste. Ich werfe mich wieder in Pose, und noch während ich werfe, blitzt es zum zweiten Mal. Ich fluche und gerade beim »Du blöder Sch...-kasten!« blitzt es zum dritten und beim »Mist, jetzt reiß ich dir die Elektronik raus« zum vierten Mal. Geld weg, alles verblitzt, die Augen geblendet, die Zeugnisse meiner Erniedrigung sind im Kasten.

Das Resultat ist jedes Mal umwerfend, wenn ich die Bilderchenreihe aus dem Trocknungsschacht nehme: »Wow, genau so seh ich aus! Hervorragend getroffen, wirklich gekonnt, das bin ich. Sooooo vorteilhaft aber auch!« Ihnen wird es auch so gehen. Ich habe selten Menschen gesehen, die sich selbst fotogen und die Bilder von sich getroffen finden. Das liegt vor allem daran, dass wir uns nur vom Spiegelbild her, also seitenverkehrt kennen. Erstaunlich, aber es ist so. Das uns eingeprägte Spiegelbild sieht nun mal nicht gleich aus wie der Frontalanblick des Originals und deshalb sind uns Fotos von uns selbst irgendwie fremd, sie stimmen nicht. Wir sehen uns auch selten von hinten oder von der Seite. Wir kennen uns da schlicht weniger gut als die andern. Fremdbild und Selbstbild. Wenn Sie versuchen, sich Ihre Oma vorzustellen, wird das fast ohne Mühe gehen. Aber mit sich selbst? Probieren Sie's mal aus!

Es ist mir als Personalberater auch noch nie geschehen, dass die Vor-Vorstellungen aufgrund des Fotos mit dem Menschen übereinstimmten, der dann zur Tür hereinkam. Er war *immer* anders!

Und wehe, wenn das Bild wirklich oder sogar absichtlich gelogen ist. Ich habe schon Bilder gekriegt von Leuten, die waren 25 Jahre alt. Nicht die Leute, sondern die Leute auf den Bildern. Und es kam dann ein Schlottergreis herein. So was ist gelogen, so was macht man nicht, es ist ein Filter Total. Das Rennen war schon auf der Türschwelle gelaufen. Also aufgepasst! Und die Moral? Ich finde:

Ein Foto lügt immer!

- Deshalb: Fotos beilegen nur, wenn's verlangt ist – ist eh billiger.
- Wenn ein Foto, dann nur ein hervorragendes, eines, das als Turbo-Verstärker dient.
- Kein mieses Foto aus dem Kaugummiautomaten! Filter pur.

- Nie ein schlechtes Foto! Machen Sie sich nicht selbst fertig: Mafioso, Knastbruder, Heulsuse, Deprogesicht, Finstermann, Kindermörder, alles verboten. Wenn Sie wüssten, was wir eins über schlechte Fotos lachen! Ups?!? Hätt ich wohl nicht sagen sollen, aber wir sind doch auch bloß Menschen.
- Fotos sind obligatorisch bei Jobs, in denen das Äußere wichtig ist: Mode, Verkauf, Vorzimmerwesen usw. oder wenn sie ausdrücklich verlangt werden und wo das Fehlen des Fotos als Filter wirkt. Sonst qualifizieren Sie sich schon in der BeWerbung als Querulant.

Diese Ansichten sind etwas unorthodox. Viele KollegInnen bestehen auf Fotos und finden sie sehr wichtig: »Da kann ich mir schon mal ein Bild machen.« Es gibt aber wirklich gute Gründe dagegen:

- Erstens das mit der Lüge, man macht sich eben allermeistens ein falsches Bild.
- Zweitens wissen Sie nicht, wie Ihr Foto ankommt. Vielleicht sehen Sie auf dem Foto aus wie der Nachbar des Personalmenschen, mit dem er seit zehn Jahren prozessiert. Und dann?
- Drittens sollte niemand aus dem Rennen fallen, weil er auf dem Foto *falsch* aussieht. Und das geht nur ohne Foto.

EIN BILD LÜGT MEHR ALS 1.000 WORTE

- Und viertens für Personalmenschen: Haltet euch doch bitte ans Original!

Grundausbildung

Vor allem bei Jüngeren unter 40 gehört die Grundausbildung in den Lebenslauf. Später wird's langsam unwichtig, wo Sie die Schulbank gedrückt haben. Notieren Sie also Dauer und Abschlüsse der Schulen inklusive Ort, die Sie bis etwa 20-jährig gemacht haben, also Hauptschul- oder Lehrabschluss, Abitur, Handels-Diplom etc. Und wenn Sie werbewirksame Abschlüsse haben, dann hervorheben! Die Abschlüsse sind das Wichtigste, die Verstärker schlechthin, also prominent darstellen. Verboten sind Angaben zu Kindergarten, Tagesmutter und ähnlichem. Sie disqualifizieren sich damit als einer, der nicht weiß, worauf es ankommt.

Beispiel

09/63 – 05/67	Volksschule	Frankfurt a.M.	
09/67 – 05/72	Sekundarschule	Brig	
09/72 – 05/78	Kollegium Spiritus Sanctus	Brig	**Matura B**

Schaut doch schon ganz schön aus, oder? Dieses Kollegium gibt's echt. Heute isses 'ne sehr moderne Schule, damals war's nicht weit weg von der Abtei des Bruders William in *Der Name der Rose*.

Weiterbildung

Hier gehören hin: Alle Schulen, Kurse und Trainings, die Sie nach Ihrer Grundausbildung gemacht haben, z.b. PC-Kurse, Bürofachkurse, Korrespondenzkurse, Verkaufstrainings, aber vor allem langjährige Ausbildungen, wie Universität, HWV, Technikerschule, Fachhochschulen usw. Genaue Dauer angeben! Und wiederum Abschlüsse hervorheben, denn die sind am Wichtigsten.

Beispiele:

04/83 – 04/87 HWV, Olten	**Betriebsökonom HWV**
09/87 – 10/91 AKAD, Bern	**Eidg. dipl. Buchhalter/Controller**
09/87 – 10/91 Fachhochschule, Bonn	**Diplom-Kaufmann**
01/02 – 12/02 Insead, Lausanne	**MBA**

Lassen Sie sich da nicht von falscher Bescheidenheit leiten. Dem Personalmenschen muss das Wichtigste so richtig ins Gesicht reinspringen, es muss auffallen. Denken Sie auch nicht, alle Infos gingen ja ohnehin aus den Zeugnissen hervor. Das würde heißen, den Personalmenschen selber suchen lassen, statt ihn dabei zu unterstützen und vor allem zu *steuern*. Denn was ist, wenn er gerade nicht in Osterlaune ist, keinen Nerv hat, lange zu suchen und deshalb Ihr MBA zufällig übersieht? Dann fallen Sie durch, nur weil Sie ein bisschen zu bescheiden waren oder sich keine Mühe gegeben haben. Es lohnt sich, dick aufzutragen!

Das Wichtigste auf's Auge drücken

Falls Sie viele Kurse gemacht haben, dann listen Sie die wichtigen ebenfalls auf. Faustregel: Kurse ab fünf Tagen sind wichtig, EinTages-Kurse meistens nicht. Möglich ist auch, auf ein Zusatzblatt hinzuweisen, wo dann wirklich jeder Pipi-Kurs aufgeführt ist.

Beispiele:

Januar 2002	Computerzentrum, Bern	PC-Kurs	5 Tage
Oktober 2002	Migros Clubschule, Zürich	Excel für Profis	3 Tage
1996 – 2003	Laufende EDV-Kurse	vgl. beiliegende Liste	
1998 – 2000	Verkaufs-Workshops	Details im CV	45 Tage

Wiederum keine falsche Bescheidenheit. Do good things and talk about them! Kennen Sie ja, das Sprichwort, oder?

Der berufliche Werdegang

Der berufliche Werdegang ist der Hauptgang

Hier geht es um den allerwichtigsten Teil Ihres Lebenslaufes, das interessiert Personalmenschen am meisten: Was haben Sie schon alles gemacht, was kann dem Unternehmen dienen etc. Mein Vorschlag: Links genaue Dauer der Anstellung (z.b. 09/92 – 03/96), etwa in der Mitte Firma, Ort, rechts die genaue Stellenbezeichnung (z.b. Fremdsprachensekretärin, Sanitärinstallateur usw.) und eine Beschreibung Ihrer genauen Tätigkeiten an jeder Stelle. Hier ein paar gute und zur Abschreckung auch ein paar schlechte Beispiele:

Beispiel 1: Sally Secrets erster Wurf

04/83 – 04/87	Gérard SA	Lehre
05/87 – 03/94	Pierrette GmbH	Alleinsekretärin
04/94 – 12/99	Kohlberger & Söhne	Kaufm. Leiterin
01/00 – heute	Kohlberger & Söhne	Geschäftsführerin

Schöne Darstellung, aber das ist alles. Die ungeschminkten, harten Fakten, das nackte Minimum. Das ist zwar alles wichtig, aber hier fängt's nun wirklich erst richtig an mit dem BeWerben. Bei Sally fehlen seit sage und schreibe 1994 auch noch jegliche Zeugnisse, weil sie in ungekündigtem Arbeitsverhältnis steht.

Und jetzt startet der stille Dialog in uns Personalmenschen: Kennen Sie die Kohlberger & Söhne? Nein? Ich auch nicht. Was hat denn die liebe Sally da getan? Was ist das für eine Firma, was haben die da gemacht, wie viele Leute, wie viel Umsatz, was für eine Verantwortung hatte die Geschäftsführerin? Jetzt müsste ich in die Zeugnisse rein, um was zu erfahren, oder ins Internet, oder irgendwen anrufen und fragen, aber das nervt mich. Ich habe keine Zeit für so was. Und schwupps ist Sally bei den *Jokern* oder *Knifs*.

Sally sagt uns nichts, lässt alles im Dunkeln und uns im Regen stehen. Intuitiv reagieren wir mit Ablehnung. Da sagt uns jemand nichts über seine letzten neun Lebensjahre! Was soll denn das? Das wird ja wohl nichts Großartiges gewesen sein, sonst hätt se ja was zu erzählen. Welche verpasste Chance! Was könnte man aus so einem Lebenslauf nicht alles machen.

Sally Secret schreibt bei der nächsten BeWerbung:

Beispiel 2: Sally Secrets zweiter Wurf

04/83 – 04/87 Gérard SA, Fribourg,   Kaufm. Lehre

05/87 – 03/94 Pierrette GmbH, Biel   Alleinsekretärin

*Unternehmen mit 50 Angestellten. Ich war als Assistentin des Geschäfts-
leiters zuständig für sämtliche Belange der Administration: Korrespondenz
in D und oft in F, Vorbereitung der Lohnzahlungen, Debitorenbuchhaltung,
Mahnwesen, Organisation von Messen und Ausstellungen auf dem lokalen
Markt, Organisation des alljährlichen Betriebsausfluges, Unterstützung des
Geschäftsführers in allen Bereichen.*

04/94 – 12/99 Kohlberger & Söhne, Bonn **Kaufm. Leiterin**

*Unternehmen mit 80 Mitarbeitern, tätig im Großhandel mit Früchten und Ge-
müsen. Verantwortlich für die gesamte Verwaltung: Administration, Finanz-
und Rechnungswesen, Personalverwaltung, Führung von 2 Sekretärinnen,
3 KV-Lehrlingen. Einsatz des EDV-Systems IBM S/38.*

01/00 – heute Kohlberger & Söhne, Bonn **Geschäftsführerin**

*Leiterin des Gesamtunternehmens mit den Abteilungen: Einkauf, Verkauf,
Logistik und Administration. Meilensteine: Ausweitung des Umsatzes um
30% bei gleichbleibendem Personalbestand und 10% erhöhten Neben-
kosten; Einführung der neuen dezentralen EDV (Compaq PC-Ring), Straffung
von Sortiment und Lieferanten. Ergebnis: Überproportionaler Ertragszuwachs.
Seit 2001: Trotz Rezession und Preiszerfall Umsatz gehalten.*

Wer sagt's denn! Is' das nicht schick? Das macht doch schon viel
mehr her. Das ist doch genau das, was der Personalmensch wissen
will. Also sagen Sie's ihm! Meinen Sie ja nicht, wir Personalmenschen wüssten über Berufe und Firmen bestens Bescheid. Sie machen sich keine Vorstellungen, wie wenig wir Personalmenschen
davon wissen. Meistens haben wir die Jobs in der eigenen Firma
kaum im Griff, geschweige denn den Rest der Welt.

Wenn Sie außerdem an Minderwertigkeitsgefühlen leiden und meinen, Sie hätten doch gar nichts zu bieten, dann lesen Sie die weiteren Beispiele durch und machen Sie dann Folgendes:

Übung: Was hab ich gemacht?

Setzen Sie sich hin und schreiben Sie auf, was Sie an Ihrer
letzten Arbeitsstelle so alles getan haben. Sagen Sie ja nicht,
das sei doch völlig klar. Vielleicht Ihnen schon, mir jedenfalls
nicht. Denken Sie dabei vor allem auch an das, was Ihnen so
richtig Spaß gemacht hat, denn dann wird beim Schreiben

die Lebensfreude mit Ihnen durchgehen, und genau darauf kommt's an. Wenn Ihnen das Schreiben Mühe macht, dann erzählen Sie es Ihrem LebenspartnerIn, Ihrem Freund oder Ihrem Hund. Und lassen Sie mal das Tonband laufen. Sie werden erstaunt sein, was es da alles zu berichten gibt. Dies ist übrigens eine wichtige Übung für das erfolgreiche Vorstellungsgespräch.

Jetzt werden Sie vielleicht sagen: »Ja, wenn man einen so tollen Lebenslauf hat wie die Sally! Aber bei mir is' doch nix los!« Aber das geht sogar bei Sachen, die nicht so wahnsinnig aufregend oder irgendwie selbstverständlich scheinen:

Beispiel 3 & 4: Mani Monti schreibt:

05/76 – 03/97 Installations AG, Zürich, Sanitärinstallateur

Realisierung der sanitären Installationen in verschiedenen Neu- und Umbauten, z.T. auch auf Großbaustellen. Schönste Projekte: Sanitärinstallationen im neuen Zürcher S-Bahnhof, Einrichtung von Lichtschranken-Anlagen mit modernster Technik, Installation der De-Luxe-Einrichtungen für die neue Villa eines Ölscheichs am Zürichberg. Kenntnisse der modernen technischen Anlagen von Spiral und Nehmerit und der einschlägigen Produktepalette.

Na, da spricht doch jemand, dem sein Beruf richtig Freude bereitet. Oder dann unsre liebe Frau Vreni Schwander:

05/87 – 03/94 MMM, Migros, Zürich, Verkäuferin & Bereichsleiterin

3 Jahre als Verkäuferin in der Kindermoden-Abteilung: Beratung von Kunden, Verkauf von Bébé-Kleidchen bis Kinderkleidern (9-jährig) und vielfältigen Accessoires, bei Abwesenheiten (ca. 3 Monate pro Jahr) Einsatz auch im Bereich Damenmode; anfangs 1990 Übertragung der Verantwortung für das Rayon Kindermode mit ca. 9 Mio. Umsatz im Jahr; Kasse, Abrechnungen, Lagerverwaltung, Bestellwesen.

Leider gibt es da immer wieder Leute, die meinen, das sei doch alles nicht erwähnenswert, das könne oder dürfe man doch nicht so sagen. Ja aber um Gottes willen, was will der Personalmensch denn sonst von Ihnen wissen, wenn Sie ihm eine BeWerbung schicken? Genau das will er wissen. Also sagen Sie es ihm und haben Sie dabei keine falschen Hemmungen. Arbeiten Sie Ihr Know-how genüsslich auf. Er wird's Ihnen mit einer Einladung danken.

Beispiel 5 & 6: Unsere Kellnerin

Eine unserer Kursteilnehmerinnen war Kellnerin seit 25 Jahren. »Was soll ich da schreiben, das wissen doch alle, was das ist!«, sagte sie uns. Wissen wir das wirklich? Hat da jemand in einer schmuddligen Fast-Food-Bude fettige Pommes-Frites in Papiertüten geknallt und verhökert oder in einem Nobelhotel Gala-Diners serviert? Das ist doch ein Riesen-Unterschied. Da muss man doch mehr drüber sagen! Aus dem mageren

06/68 – 03/93 Diverse Restaurants   Kellnerin

hat sie dann Folgendes gemacht – wir habens nachher noch ein bisschen abgeschwächt, aber das ist die Originalfassung, und die ist enorm viel besser als der erste Wurf, das werden Sie zugeben:

06/68 – 03/72 Hotel Eden, Gstaad   Kellnerin

Servicetätigkeit in ****-Hotel; davon 2 Jahre vor allem hinter der Theke: Ausschank, Vorbereitung Getränke und kleine Mahlzeiten (kalte Teller, Suppen, Sandwiches etc.), Kasse; 2 Jahre zunehmend im Restaurant: Bedienung von Kunden, Ausbildung in der Erstklassbedienung; anfangs meist Tellerservice, schließlich Service von anspruchsvollen Gerichten.

04/72 – 04/74 Berghotel Belalp, Zermatt   Kellnerin

Zwei Sommer- und zwei Wintersaisons; Bedienung v. a. von Touristen (Ski und Wandern) mit extremen Stoßzeiten: Hektische, aber hochinteressante Servicetätigkeit in Sonne und Schnee mit wenig exquisiter Küche, aber anspruchsvoller Touristenkundschaft.

06/74 – 10/86 Mutter von 3 Kindern und Familienverpflegerin

Erziehung von 3 Kindern, dabei auch einige sehr anspruchsvolle Aufgaben im Service. Unterhalt eines *****-Sterne-Restaurants mit 5 Plätzen und sehr, sehr diffiziler Kundschaft.

11/86 – 10/88 Gasthof Rösli, Langinauen Kellnerin 50%

Beruflicher Wiedereinstieg in einem ausgesprochenen Familienbetrieb mit kleiner Küche, Bedienung, Pension. Zuständig jeden Nachmittag für rundum alles: Bedienung der Gasthofs-Kundschaft (8 Tische), Herrichten und Ausgeben von kalter Küche, Rezeption in der Pension: Empfang der Gäste und Zimmerzuweisung, Zimmerdienst etc.

11/88 – 03/93 Gasthof Bären, Oberlauisteg Kellnerin 80%

Vielseitige Tätigkeit im Service in einem Gasthof mit gutbürgerlicher Küche und großem Saal mit häufigen Großanlässen (Hochzeiten, Tagungen, Vereinsleben); Bedienung im Restaurant und in der Kneipe, wenn Not an der Frau war, auch Aushilfe in der Bar; sehr anstrengende, aber hochinteressante Einsätze bei Großanlässen, wo's wirklich auf Einsatz ankommt.

Na, was meinen Sie? Das liest sich doch richtig süffig, man riecht die Bergluft, man hört die Kinder schreien und man sieht die Gala-Diners dampfen. Vielleicht ein bisschen zu dick aufgetragen, aber höchstens ein bisschen.

Schreiben Sie keine Romane, aber schreiben Sie das, was den Wirt, sprich den Personalmenschen interessiert: Knapp, präzise, informativ und vor allem lebendig, positiv und voll Lebensfreude. Denken Sie dran:

Untertreiben ist genauso gelogen!

Vergessen Sie das nie, nie mehr!

Besondere Kenntnisse

Haben Sie besondere Qualitäten, Kenntnisse, Fähigkeiten? Wenn ja, dann schreiben Sie's in einem Abschnitt *Besondere Kenntnisse* auf. Sind Sie ein PC-Freak? Auf welchen Systemen, mit welchen Programmen? Sind Sie besonders stark in der Buchhaltung? Haben Sie irgendwelche speziellen Branchenerfahrungen? Haben Sie ein Hobby, das für Ihren zukünftigen Arbeitgeber von Belang sein könnte? Arbeiten Sie in einem Verein mit als Revisor oder was weiß ich? Haben Sie in Ihrer Freizeit schon irgendwas Oberschlaues gemacht, wie Website kreieren, Haus bauen, Maschinen erfinden, Bücher schreiben, Kleider designen, Weltformel entdecken, irgend so was?

Scheuen Sie sich nicht, übersichtlich, tabellarisch und in Stichworten alle Ihre stechenden Trümpfe und bestechenden Reize zusammenzufassen. Erwarten Sie nicht, dass ein gestresster Personalmensch alles selber findet und sich zusammenreimt. Helfen Sie ihm auf die Sprünge. Überlassen Sie das nicht dem Zufall, sondern bereiten Sie das selbst genüsslich auf. Denn dann steuern Sie und nicht das Schicksal das Geschehen, d.h. den Entscheidungsprozess im Kopf des Personalmenschen.

Insbesondere für FachspezialistInnen wie etwa für InformatikerInnen, Organisatoren, Ingenieure, Finanzprofis, Techniker, Naturwissenschaftler, Akademiker sind die Kenntnis-Schwerpunkte wichtig.

Denken Sie dabei immer an Fakten, Zahlen, genaue Bezeichnungen von Maschinen, Programmen, Hardware, Werkstoffen, Artikel etc. etc. Betreiben Sie *name-dropping*, auf Deutsch *Namen-Fallenlasserei*. Das kann Wunder wirken. Etwa so:

Die Weltformel entdeckt und niemandem was davon erzählt?

Beispiel für InformatikerInnnen:

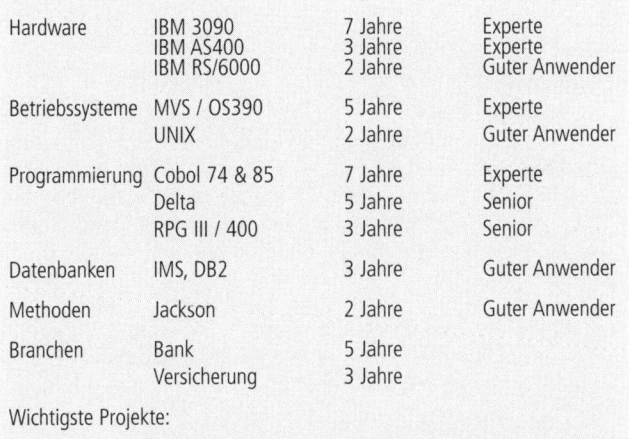

Hardware	IBM 3090	7 Jahre	Experte
	IBM AS400	3 Jahre	Experte
	IBM RS/6000	2 Jahre	Guter Anwender
Betriebssysteme	MVS / OS390	5 Jahre	Experte
	UNIX	2 Jahre	Guter Anwender
Programmierung	Cobol 74 & 85	7 Jahre	Experte
	Delta	5 Jahre	Senior
	RPG III / 400	3 Jahre	Senior
Datenbanken	IMS, DB2	3 Jahre	Guter Anwender
Methoden	Jackson	2 Jahre	Guter Anwender
Branchen	Bank	5 Jahre	
	Versicherung	3 Jahre	

Wichtigste Projekte:

01/96 – 12/96: Programmierung eines Kontenführungs-Tools in Cobol 74 nach angelieferter Detailspezifikation

01/97 – 05/98: Grob- und Detailkonzept für das Banken-Clearing für IBM-Mainframes .... etc. etc.

Sehr informativ sind auch obige Selbsteinschätzungen, wie gut Sie was können. Seien Sie ruhig erfinderisch und lassen Sie sich von den Beispielen (ab Seite 227) inspirieren. Wichtig sind Übersichtlichkeit, Beschränkung auf's Wesentliche und Informationsgehalt.

Sprachen

Ohne Sprachen kommen Sie heute nicht mehr sehr weit. Also eigenes Kapitelchen einbauen. Schreiben Sie aber nicht einfach *Deutsch, Englisch, Italienisch*. Nichts ist peinlicher, als wenn Sie dann im Vorstellungsgespräch erklären müssen, dass das mit dem Italienisch eigentlich mündlich überhaupt nicht geht, aber sie doch mal in Milano eine Pizza bestellen konnten. Machen Sie deshalb unbedingt genaue Angaben zu Ihren mündlichen und schriftlichen Sprachkenntnissen! Hier die Niveaubezeichnungen, die wir in unserer Personalberatung selbst verwenden:

Mündlich: Kenntnisse; Verständigungsniveau; Konversationsniveau; Verhandlungsniveau; Muttersprache.

Schriftlich: Kenntnisse; Privatbriefniveau; Korrespondenz (selbständig oder nach Vorlage); sehr guter Stil; Muttersprache.

Salopper kann's natürlich für's Mündliche heißen:

Mündlich: Kann Spaghetti bestellen und nach dem Weg fragen, verstehe die meisten Alltags-Gespräche, kann Vorträge über Berufsthemen halten, spreche absolut akzentfrei und bühnenreif über alles etc.

Schriftlich: Kann überhaupt nicht schreiben, kriege mit dem Wörterbuch an meiner Seite einen Brief an sehr tolerante Menschen hin, schreibe fehlerlose Abhandlungen, Cervantes ist ein Kasper gegen mich...

Seien Sie nicht zu salopp, wie ich hier, aber ein bisschen in die Richtung formulieren heißt, sich auch als Mensch zu profilieren. Sogar bei einem so trockenen Thema wie Sprachen geht das!

Und bleiben Sie in Sachen Sprachen *unbedingt* bei der Wahrheit, denn viele Personalmenschen testen Ihre Angaben gerne im Gespräch. Wenn Sie im Lebenslauf *Französisch Konversationsniveau* schreiben und dann auf die Frage »On peut continuer en français?« nur ein »Hä?« rausbringen, dann sind Sie so schnell und gequält draußen wie Ihr »Hä?«. Sie wollen doch nicht in so einen Hammer laufen.

Sprachaufenthalte / Sprachschulen

Machen Sie selbstverständlich auch Angaben zu etwaigen Sprachaufenthalten und -schulen, auch zu laufenden oder geplanten: Dauer, Ort, Schulen, Abschlüsse. Was noch nicht ist, kann ja noch werden.

06/02 – 08/02	Université, Genève: Cours de vacances	Französisch-Kurs **Alliance française**
seit 11/02	Bendikt-Sprachschule, Bern: Voraussichtlicher Abschluss	Englisch-Kurs **Proficiency 06/04**

Stärken & Schwächen

Es gibt sinnreiche BeWerbungsratgeber, die geben Ihnen den Unrat, Stärken und Schwächen in den Lebenslauf zu schreiben. Solche Selbstoffenbarungen finde ich oft in Lebensläufen, aber was soll das? Ich rate zur Vorsicht! Heben Sie sich das besser für's Vorstellungsgespräch auf. Sie wissen nie, wie's ankommt.

Und wenn, dann schreiben Sie nur Ihre Stärken auf, bei den Schwächen ist wirklich alleräußerste Vorsicht geboten. Vielleicht legen Sie sich ein Kuckucks-Ei und produzieren ein Killerkriterium. Lassen Sie's also besser bleiben, auch wenn Ihnen irgendwelche Tiefenpsychologie-Fetischisten dazu raten!

Wenn Sie Stärken notieren, dann müssen sie zur Stelle passen und originell formuliert sein. Sie müssen wirklich als Verstärker wirken! Gut gemacht, kann das natürlich schon was bringen! Zum Beispiel würde mir eine Buchhalterin gefallen, die schreibt:

| **Stärken** | Ordentlich, schnell, ausgesprochen zahlenorientiert |
| **Schwächen** | Manchmal fast pedantisch, eher introvertiert |

Das hört sich für mich als Buchhaltungs-Phobiker richtig gut an, gerade auch die Schwächen. Habe mir schon immer eine Buchhalterin gewünscht, die meine Zahlen pedantisch genau im Griff hat und möglichst nicht viel davon spricht.

Vermeiden Sie dringend Gemeinplätze wie *dynamisch* und *teamfähig*: Heute sind wir doch alle so was von teamfähig, sooo dynamisch und soooooo kundenorientiert, ei-der-daus. Kein Chef bezeichnet sich als autoritär-direktiv-militärisch, alle sind sie doch soooo *lieblich* und *einfühlsam*, verstehen sich nur noch als *Coach* ihrer MitarbeiterInnen, und alle führen nur mit *Zielvereinbarung*.

Gott, was sind wir alle so dynamisch und teamfähig!

Wenn das so wäre, gäb's nur noch dynamische und teamfähige MitarbeiterInnen und liebenswerte, höchst erfolgreiche ChefInnen, es gäbe keinen Streit im Betrieb, schon gar kein Mobbing, keine liegen gebliebenen Papierberge, keine unzufriedenen Kunden und schon gar keine Bilanzfälschungen oder Großfusionen. Tse tse tse. Die Realität sieht bekanntlich leicht anders aus.

Wenn Sie in Ihre BeWerbung Stärken einbauen, dann geraten Sie – denken Sie daran – mit großer Wahrscheinlichkeit in Beweispflicht: Der Personalmensch wird Sie im Interview fragen, wieso Sie meinen, Sie seien *durchsetzungs- und führungsstark*, wann haben Sie denn Ihren *Durchhaltewillen* bewiesen, aufgrund wovon halten Sie sich für *teamfähig* usw.? Dann wird's schwierig, v.a. wenn Sie auf solche Rückfragen nicht gefasst sind. Aber die kommen natürlich wie das Amen in der schönen Kirche.

Wenn Sie unsicher sind, dann heben Sie sich solche Angaben wirklich lieber für's Vorstellungsgespräch auf. Und bereiten Sie sich entsprechend vor. Mehr dazu im Kapitel *Vorstellungsgespräch* ab Seite 125.

Hobbys

Wie ein liebenswertes Hobby Ihnen ein richtiges Ei legen kann: Hobbys können Aufschluss geben über Sie als Person und sind deshalb für Personalmenschen sehr interessant. Das sind Softfacts par excellence. Aber auch hier: Passen Sie auf, denn Sie könnten sich vielleicht schaden. Schauen Sie, dass die Hobbys zum Job passen und nicht allenfalls Erwartungen und etablierten Klischees diametral widersprechen. Passen Sie auch auf mit allzu exotischen Hobbys. Was halten Sie von einem Buchhalter, der leidenschaftlich gerne Bungeejumping macht und extremes Free-Style-Snow-Boarding betreibt? Oder von einem Front-Verkäufer, der Schiffsmodelle baut, Briefmarken und Kaffeerahmdeckeli sammelt? Das passt doch irgendwie nicht? Eben!

Ein BeWerber schrieb als Hobby »Kasperli-Theater«. Ein tolles Hobby, gell? Nein, wirklich! Ich geriet ins Tagträumen an meine Kindheit, dachte an das böse Krokodil und die Kasperlirätsche – päng. Und dann war's passiert. Statt über seine Eignung für die Stelle nachzudenken, dachte ich darüber nach, wie er Kasperlitheater spielt.

Und ich zeigte die BeWerbung meinen MitarbeiterInnen und allen ging's gleich: Zuletzt war der arme Mann für uns nur noch das »Kasperli«. Wir gaben uns zwar alle Mühe, das zu vergessen, aber es ging nicht. Immer kam einer mit einem Kasperli-Spruch. Und das war nicht gut für seine BeWerbung. Es war wohl auch nicht seine Absicht.

Ihre Hobbys sprechen Bände

Ähnlich ging's Graf Tarantula: Ein anderer BeWerber schrieb »Spinnenzucht«. Auch ein tolles Hobby, gell. Assoziation: Haarige Vogelspinne, Tarantel, Spinnenbiss, Gift, geschwollene Beine, Tod durch Ersticken mit Schaum vor dem Mund, autsch, grusel, ekel. Ich musste mir die Krawatte lösen, bevor ich weitermachen konnte...

Für unser Team war der Arme bald mal Graf Tarantula (wir sind manchmal eben ein bisschen gemein). Eine arachnophobe* Personalberaterin konnte nicht mal mehr das Dossier in die Hand nehmen. Und wir hatten Angst, ihn einzuladen, er könnte ja eines seiner possierlichen Tierchen in der Hosentasche haben...

* Arachnophob heißt: Eine 5 Gramm leichte Spinne kann einen 70 Kilo schweren Menschen (Faktor 14.000) in besinnungslose Panik versetzen.

Und die Moral:

- Denken Sie immer an die Wirkung bei allem, was Sie denken, sagen und tun.
- Verzichten Sie vielleicht lieber mal auf den Verweis auf Ihr allzu exotisches Hobby, denn...
- ...der Personalmensch beschäftigt sich eine beschränkte Zeit mit Ihrem Dossier. Er soll sich doch nicht mit Spinnen und Kaspern, sondern mit Ihrer beruflichen Qualifikation auseinander setzen.
- Auffallen ist super – aber mit dem Wesentlichen!

Auffallen ist super – aber mit dem Wesentlichen!

Referenzen

Referenzen sind sehr, sehr wichtig und geben meistens den Stichentscheid bei der Einstellung. Referenzen werden aber meistens erst angefragt, wenn's ernst wird und Sie schon ein, zwei erfolgreiche Vorstellungsgespräche hinter sich haben. Deshalb sind Referenzen auf jeden Fall Bestandteil der BeWerbung – in irgendeiner Form:

Entweder machen Sie ein bisschen auf Geheimniskrämerei und schreiben: *Referenzen auf Anfrage*, was nicht gerade sehr informativ ist. Was soll diese Geheimniskrämerei und dieses Gemauschel. Sie können sich vorstellen, was ich davon halte. Ich habe nur Geheimnisse vor Leuten, denen ich misstraue. Was soll das gegenüber dem Menschen, der Sie doch bitte einstellen soll?

Zeigen Sie also Selbstbewusstsein, Vertrauen und Offenheit, und liefern Sie am Schluss des Lebenslaufes zwei bis drei gute Namen als Referenzgeber. Denken Sie daran: Referenzen sind das wichtigste Beurteilungskriterium nach den BeWerbungsunterlagen und dem persönlichen Gespräch.

Grundsätzlich gilt: Geben Sie nur gute ReferentInnen an! Das versteht sich von selbst. Überprüfen Sie das im Zweifelsfalle unbedingt! Geben Sie nur solche an, die mit Ihnen in den letzten paar Jahren beruflich was zu tun hatten. Ehemalige Vorgesetzte sind optimal! Je weiter zurück, desto wertloser.

Fragen Sie die ReferentInnen vorher an und bereiten Sie sie vor, damit sie wissen, dass ein Anruf kommt. Geben Sie Name, Firma, die überprüfte, aktuelle Telefonnummer an und beschreiben Sie das berufliche Verhältnis, in dem Sie zu ihr / ihm standen.

Also etwa so:

Beispiel:

- René Müller, EDV-Leiter der Muster AG, direkter Vorgesetzter 92 – 95, heute Mineral GmbH, Wupperslecht, Tel. 01 234 45 35 (Direktwahl)
- Paula Bitmann, Projektmanagerin Software AG, Zürich, direkte Vorgesetzte 95 bis heute, Tel. 01 134 39 28 (Direktwahl)

Und das sollten Sie tunlichst unterlassen: Vermeiden Sie Prominente, die zufällig in Ihrer Nachbarschaft wohnen. Also nicht: Martina Hingis, Edmund Stoiber, Nachbarn. Das hatten wir schon öfter. Wirklich! Was soll das? Glauben Sie wirklich, jemand stellt Sie eher ein, weil Sie neben Stoiber wohnen?

Vermeiden Sie Personen, die sich nicht mehr an Sie erinnern oder solche, die bereits verstorben sind. Sogar das haben wir schon gehabt, Ehrenwort! Sie können sich vorstellen, wie erfreut ich war, von seiner Frau zu hören, dass sie ihren Mann vor zwei Monaten beerdigt hat. Und die Frau erst! Das war des BeWerbers Todesstoß.

Sie werden vielleicht lachen, aber wir haben all das schon erlebt. Seien Sie hier wirklich sorgfältig. Sonst kann Ihnen das passieren, was mit dem etwa 50-jährigen Geschäftsführer geschehen ist:

Er hatte seit drei Jahren keine Stelle mehr und wurde schon zweimal ausgesteuert, also aus der Arbeitslosenkasse entlassen. Finanziell und seelisch am Boden, versteht sich. Seine wichtigste Referenz, »ein guter alter Kollege von mir«, erwies sich nach meiner Kontrolle als geradezu gemeiner Miesmacher, der jeden neuen Arbeitgeber eindringlich vor einer Einstellung seines ach so guten Kollegen warnte: »Na, der Jürgen, den können Sie vergessen, der schafft das nicht, passen Sie bloß auf mit dem Kerl!«

So findet man keinen Job! Jetzt hat er übrigens wieder eine Stelle gefunden. Es lag damals *nur* an dieser einen Referenz.

Gehaltsvorstellungen

Geben Sie im Lebenslauf am besten nichts an. Heute sind wir doch alle soooo flexibel. Schreiben Sie auch nicht so was floskelig-hohles wie *Gehalt nach Vereinbarung*. Warum das hohl ist? Dass man Gehälter vereinbart, ist so sonnenklar, dass Sie es einem Personalmenschen wirklich nicht zu erklären brauchen. Also lassen Sie's weg. Die Aussage ist so wertlos, es ist sogar schade um die Tinte Ihres Druckers!

Schreiben Sie auch kein *ca. 4312.– pro Monat x 13*. Sie laufen Gefahr, daneben zu schlagen. Liegen Sie zu hoch, fliegen Sie aus dem Rennen. Dabei wären Sie vielleicht auch für 3800.– gegangen. Oder Sie liegen zu tief, dann haben Sie sich erst recht ins eigene Fleisch geschnitten.

Heben Sie sich solche Dinge für das Gespräch auf. Dann haben Sie schon viel bessere Beurteilungskriterien, spüren den Rahmen, kennen die Art des Personalmenschen und des Betriebes und haben eine viel bessere Verhandlungsbasis.

Und schließlich arbeiten wir ja nicht für's Geld, sondern für die Herausforderung. Oder? Mehr dazu ab Seite 154.

Was alles rein muss...

... und was ganz nett wäre und was Sie lieber bleiben lassen. Ihre Unterlagen sollten vollständig und lückenlos und deshalb folgendermaßen aufgebaut sein, dann liegen Sie nicht falsch:

• Ein Anschreiben
• Ein selbst gemachter Lebenslauf
• Berufszeugnisse, möglichst rückwärts chronologisch, also die aktuellsten zuerst
• Abschlusszeugnisse Ihrer Weiterbildungen, keinesfalls Zwischenzeugnisse
• Zeugnisse von Kursen mit mindestens fünf Tagen Dauer / nicht jede Zwei-Stunden-Pipifax-Lektion
• Allenfalls eine Übersicht aller kürzeren Kurse und Seminare
• Schulabschlusszeugnisse, keinesfalls jedes Schuljahr einzeln
• Publikationsliste (für akademische Stellen)

Nur wenn verlangt:

• Eine Handschriftprobe – was ich davon halte, finden Sie im Abschnitt *Grafologie ist Voodoo* oder reicht der Titel schon?

Legen Sie um Himmels willen nicht alles bei, was Ihnen im Leben widerfahren ist: Schulzeugnisse aus den 50er-Jahren, alle Grundschulzeugnisse (was soll ich mit Ihren Noten als 9-Jährige anfangen), alle Studiumszwischenzeugnisse (wen interessieren Ihre Noten im 3. Semester!), das Diplom-und-das-Zeugnis-und-die-Urkunde desselben Abschlusses, jedes Diplömchen von jedem Zwei-Stunden-Kürsli, die 200-seitige Diplomarbeit, die zwei vollständigen Produktekataloge Ihrer Firma. Das alles kann bei 50-Jährigen bald mal ein Regal füllen). Seien Sie knapp und präzise, zeigen Sie alles Wichtige, was Sie haben, nicht zu wenig, aber ja nicht zu viel.

Und zeigen Sie das Wichtigste möglichst prominent zuvorderst, erwähnen Sie es möglichst bereits im Anschreiben.

Eine Art Sonderling schickte mir einst ein Papierpaket von 100 Seiten – eingeschrieben. Er war erst 34 Jahre alt. Vorne ein DIN A4-großes Foto seiner selbst, leicht verschwommen, mit David-Hamilton-Effekt, richtig schööön. Die nächsten 99 Seiten waren eine detaillierteste Biografie, wie sie Clinton nicht besser hingekriegt hätte. Nur war der nun wirklich ein bisschen wichtiger. Meine Güte, wie vermessen muss jemand sein, dass er glaubt, ein Personalmensch oder irgendjemand sonst hätte Zeit und Interesse, 100 Seiten über einen Wildfremden zu lesen. Eine solche Publikation können sich Leute wie Churchill oder Gandhi leisten, aber nicht der Meier von nebenan.

Ich habe diesen Meier (Name leicht verfälscht) übrigens trotzdem eingeladen, nur um zu sehen, was das für ein Mensch ist und ob ich wirklich richtig liege mit meinen bösen Urteilen. Ich kann Ihnen versichern: Ich lag richtig!

Ästhetik und Layout

Die Schönheit Ihres Dossiers fällt auf Sie zurück

Achten Sie auf edles, gutes Papier und auf erstklassige Kopien, keine unleserlichen Gruselfetzen. Die fallen alle auf Sie zurück.

Und machen Sie alles so hübsch auf wie möglich, nicht aufgesetzt, aber einfach ästhetisch und dem Anlass entsprechend wertvoll. Hier sind Ihre Qualitäten als LayouterIn und GrafikerIn gefragt. Seien Sie kreativ. Ich habe schon so schöne BeWerbungen in der Hand gehabt, dass ich fast Tränen in die Augen kriegte. Die Ästhetik Ihres Dossiers sagt viel über Sie aus: Wie wichtig Sie die Sache nehmen, wie sorgfältig Sie sind, was für einen guten oder schlechten Geschmack Sie haben, ob Sie Computer bedienen können, ob Sie Sinn haben für Details, Ästhetik, Schriften etc.

Beispiele finden Sie am Schluss des Buches ab Seite 227.

Auf den folgenden Seiten finden Sie eine Liste von Empfehlungen, aber auch von kleinen Patzern und groben Fehlern. Sie werden gerade bei den letzteren ein paar Mal lachen, aber ich erzähle aus unserer manchmal sehr erstaunlichen Praxis:

DOs & DON'Ts

Sich BeWerben ist Werben – das wissen Sie jetzt. Sich BeWerben ist etwas außerordentlich Wichtiges, es geht um eine neue Stelle und damit um Jahre Ihres Lebens. Deshalb haben Ihre Unterlagen hohen ästhetischen und inhaltlichen Anforderungen zu genügen. Logisch, nicht? Also erstellen Sie ein Dossier, das der Bedeutung des Anlasses entspricht: Ästhetik ist eine Frage des Geschmacks. Über den lässt sich nicht streiten, jedenfalls hier nicht!

Denken Sie an die Zauberformel der Werbung: *Werbeerfolg = Verstärker – Langweiler – Filter* und an den *Inneren Dialog*, den Sie bei anderen Menschen auslösen. Schauen Sie sich Ihre Unterlagen mit den Augen des Personalmenschen an und beobachten Sie, was Sie bereits beim Auspacken, beim ersten Augenschein darüber denken. Das ist wichtig, denn was uns von Anfang an einen guten Eindruck macht, das kann ja nur was Gutes sein.

Und dann stellen Sie die wichtigen Fragen an Ihr Kunstwerk:

EIN KUNSTWERK FÜR DEN PERSONALMENSCHEN – UND FÜR SIE!

- Ist die Sache übersichtlich und klar? Findet der Personalmensch das, was er sucht oder was anderes? Findet er die dicken Fische in Ihrem Werdegang und zwar sofort? Sind Ihre Vorteile für die Stelle prominent angezeigt? Liest man leicht und locker, oder muss man sich alles mühselig zusammensuchen? Sind Ihre Infos personalmenschen-konform aufbereitet?
- Was für Gefühle lösen Ihr Werk und Ihre Texte aus? Schmunzeln ist gut, Begeisterung ist besser, Langeweile ist schlimm und ein Nein das Ende.

DOs zum Formalen

- A4-Format, vergessen Sie alles andere, außer in Kreativjobs (Werbung etc.).
- Repräsentatives, handliches Präsentations-Mäppchen, aus dem man die Einzelblätter herausnehmen kann: Kopierbarkeit!
- Weißes, angenehmes mindestens 80 g/m² Papier.
- Spezial- oder Recyclingpapier nur, wenn's einen guten Grund gibt, etwa für eine BeWerbung in einer Papeterie, einer Papierrecycling-Firma oder einem Öko-Büro.
- Farb- oder Spezialpapier nur, wenn's ästhetisch was hermacht.
- Guter Druck, möglichst Laserdrucker, Tintenstrahl.
- Das Wichtigste zuerst.

- Schöne, eher klassische, leserliche Schrift – wenn's geht, mit Füßchen (Serifen), das kann man besser lesen.
- Eigene Gestaltung! Seien Sie ruhig kreativ (Betonung eher auf ruhig), es gibt wunderschöne Beispiele, richtig gut gemacht.

DOs zum Anschreiben (z.T. Wiederholung)

- Immer mit dem korrekten Namen ansprechen!
- Geballte Ladung an Verstärkern.
- Gedruckt! Handschriftlich nur, wenn gefordert!
- KISSS – Keep it short, simple and stupid: Kurz, knapp und präzise, höchstens eine Seite (gilt vor allem für Deutschland: Was Ihr Jungs und Mädels alles zusammenschreibt, meine Güte!).
- Ihre wichtigsten Qualifikationen für die Stelle hervorheben durch **Fettdruck**, *Schrägschrift*, als Zwischentitel, als Block.
- Erreichbarkeit vermerken. Aber seien Sie dann auch da!
- Bei Großfirmen: Kurzer Hinweis auf das Inserat, die Stelle; es kann sonst zu Verwechslungen kommen und Sie werden abgelehnt, weil Ihr Dossier für die falsche Stelle geprüft wurde.

DOs zum Lebenslauf

- Kurz, knapp und präzise, aber ausführlich, wo's wichtig wird.
- Übersichtlichkeit beachten und gliedern: Tabellenform, Zwischentitel, Tabulatoren etc.
- Das Wichtigste hervorheben: Abschlüsse, Qualifikationen, Positionen etc. durch **Fettdruck**, *Schrägschrift*, <u>Unterstreichen</u> oder prominente Platzierung.
- Vollpacken mit mitreißenden, begeisternden Informationen
- Übersicht über Kurse und Ausbildungen, wenn es sich lohnt.
- Für Akademiker: Publikationsliste, wenn es sich lohnt.
- Foto nur wenn verlangt. Meine Meinung kennen Sie ja nun. Und nur, wenn Ihr Foto als Verstärker wirkt. Lieber keins, als ein schlechtes.
- Foto nur bei Stellen, in denen das Outfit von Bedeutung ist: Front-Verkauf, Modebranche, Empfang, TV etc.
- Modern ist auch das gedruckte Digitalfoto direkt aus dem Computer. Zeigt technische Versiertheit. Aber nur bei gutem Druck. Von wegen Erkennbarkeit.
- Handschriftprobe nur, wenn ausdrücklich verlangt, macht sonst zu viel Arbeit, finde ich, für Sie und für den armen Leser. Nehmen Sie einen unverfänglichen Text möglichst mit Verstärkerwirkung. Goethe wirkt antiquiert, Brecht rebellisch, Konsalik tumb. Schwierig, aber Ihnen wird schon was einfallen. Alles in Tinte oder Kugelschreiber auf Normalpapier. Für die Grafologie taugt eigentlich nur Ihre Spontanschrift. Gestellte Schön-

schriften mit Schillers Glocke auf reinweißem Büttenpapier sind für Grafologen wertlos, behaupten sie. Deshalb ist das eher ulkig, wenn so was verlangt wird, denn ganz nebenbei: Grafologie ist Voodoo, vgl. Seite 69, wird aber weithin praktiziert. Verständlich, denn Kaffeesatz und Hühnerknochen lassen sich nicht gut verschicken.

DOs zu Zeugnissen und Beilagen:

- Berufszeugnisse komplett beilegen, alle! Weglassen nur erlaubt, wenn Sie wirklich aus den 50er Jahren sind.
- Ausbildungszeugnisse: Die wichtigsten Abschlüsse wie Lehre, Hochschule, Diplome! Zeugnisse von Kursen von mindestens einer Woche Dauer; Devise: Nur die Wichtigsten! Den Rest auf die Weiterbildungsliste.
- Gute Kopien für gute Leserlichkeit.
- Berufs- und Ausbildungszeugnisse trennen.
- Je älter Sie sind, desto eher rückwärts chronologisch ordnen.
- Schlank bleiben. Was dicker ist als 0,5 cm ist schon fettleibig und mit Sicherheit überfrachtet.

Und jetzt noch ein paar Fehlerchen und grobe Böcke, die Sie tunlichst vermeiden sollten:

DON'Ts zum Formalen:

- Zweimal gefaltet von A4 auf A6.
- Liniertes oder kariertes Papier, wirkt schülerhaft.
- Vorder- und Rückseite bedruckt oder beschrieben. Wer soll das fotokopieren?
- Mit Heftklammern versehen, möglichst mehrfach.
- Verbüroklammert. Wir wollen doch Kopiiiiieen machen!
- A3-Farbkopien güldener Urkunden, ojemine. Welch edle Absicht, aber es bringt rein gar nix.
- Jede Seite in einer eigenen Zeigetasche, das ist voll nervig. Der Arme, der das rausnehmen muss!
- Oder eine Deluxe-Spezialmappe, die heutzutage so angeboten werden. Von wegen Konformismus! Möglichst im Überformat. Wer soll das auspacken, wer zurückschicken?
- Gebunden, geklebt. Ich habe schon mehrere solche Dossiers beim Auseinandernehmen zerrissen. Unabsichtlich! Ehrlich!
- Minischrift für Lupenbenutzer; Größe 10pt bis 12pt muss sein.
- Romantisch bedrucktes Ökoline-Papier.
- Schillernde oder Pastell-Farben.
- Turbo-avantgardistisch-barocke Schrift, die keiner lesen kann!
- 20 Schriftarten und Größen auf dem gleichen Dokument.
- Unnötige und hässliche Rahmen, Striche, Raster, Balken etc.

- Komplizierte Grafiken, die keiner versteht.
- Alles vollgeschrieben, keine Ränder, keine Aufteilung, keinen leeren Platz für's Auge.
- Frankiertes Rücksendecouvert beilegen, ein grandioses Zeichen Ihrer Selbsteinschätzung und Ihres Optimismus'!
- Eingeschrieben oder Express schicken: Bitte lassen Sie das. Nur wenn's zwingend nötig ist.

DON'Ts zum Anschreiben

- In handschriftlicher Ärzteschrift ohne Aussicht auf Entzifferbarkeit. Quälen Sie mich nicht, bitte, bitte!
- Wenn verlangt, dann leserlich – please!
- 08-15-Brief voller Langweiler und Filter: Hilfegesuch, Klagelied oder übertriebene Selbstbeweihräucherung und Nibelungen-Lobgesang.
- Drei-Seiten-Rede in Romanform.
- Ansammlung nichtssagender Floskeln, hinter denen Sie nicht zu erkennen sind.
- Milde oder krasse Lügen (hihi!)
- Namen, Adresse und Telefonnummer vergessen. Das hatten wir wirklich schon, wäre sogar ein interessanter Kandidat gewesen. Aber er blieb bis heute verschollen und ist sicher heute noch stinksauer auf mich. Bitte melde dich, honey!
- Drei Zeilen Hinweis auf das Inserat, Stellentitel, Firma, Erscheinungsdatum, Stelle, Reg.-Nummer, Adresse des Verlages und Auflage; fast die halbe Seite voll. Sieht hässlich aus und bringt überhaupt nichts.

DON'Ts zum Lebenslauf

- Fließtext, romaneske Erzählform: »Geboren wurde ich am Neujahrstag im kleinen Örtchen Lützelflüh als drittes Kind meiner verwitweten Großmutter väterlicherseits...« Denken Sie immer daran: Was ist interessant für die Stelle? Das sicher nicht!
- Unwichtiges oder uraltes an der prominentesten Stelle, z.B. Grundschulabschluss zuoberst.
- Ostereiersuchen-Spiel: Das Wichtigste unauffindbar verstecken oder vergessen.
- Lücken im Lebenslauf; vgl. Seite 74.
- Zu wenig Infos, so dass der Personalmensch verhungert.
- Katz' & Maus-Spielchen: Keine Beilagen oder *Beilagen werden nachgereicht*. So ein Mumpitz! Damit haben Sie ein ineffizientes Rückfrage- und Antwortspielchen eröffnet, das sich die Personalmenschen kaum leisten können und wollen, also lassen Sie's. Reichen Sie doch bitte sofort und ohne Federlesen ein! Was soll das Hin und Her?

DON'Ts zum Foto

- Mafioso-, Depro-, Finstermann-, Terroristen-Fahndungsfoto.
- David-Hamilton-Portrait mit Handrücken unterm Kinn oder so was. Keinen Knutsch-Kitsch, bitte!
- Mehrmals gebrauchtes, verknittertes und vergilbtes Konterfei; sind Sie auch so vergilbt und zerknittert?
- Foto mit Büroklammer angeheftet: Wir hatten schon mal einen Stapel von 20 Dossiers, aus denen drei Bilderchen rausgefallen sind. Welche Freude beim Spielchen: Wer könnt's denn wohl gewesen sein?!
- Foto mit vier Heftklammern angenietet, das killt Foto und jedes Kopiergerät; innige Freude kommt auf, wenn die Selentrommel platzt (die teuerste Komponente des Kopierers).

DON'Ts zur Handschriftprobe

- Wie wär's mit Weisheiten von Ho Chi Minh oder Che Guevara zur Stärkung der revolutionären Kräfte? Vorsicht bei der Textwahl!
- Tintenepos auf Büttenpapier, so poesiealbum-mäßig; wirkt ziemlich antiquiert und entspricht dem geschäftlichen Anlass nur selten.

DON'Ts zu Zeugnissen & Beilagen:

- Fettleibigkeit vermeiden! Devise: Nur das Wichtigste! Ballast über Bord! Nehmen Sie allfälliges Vorzeigematerial ins Vorstellungsgespräch mit!
- Einzelne Ausbildungs- oder Berufszeugnisse fehlen *zufällig*. Wollen Sie wissen, was mit Lücken geschieht? Vgl. Seite 74.
- Miese, kaum leserliche und schon gar nicht kopierbare Kopien.
- Berufs- und Ausbildungszeugnisse gemischt und möglichst unsortiert – soll doch der doofe Personalmensch selber machen. Der Depp hat ja Zeit.

So, und jetzt wird's ernst: Denn wenn Sie alle Tipps befolgen, schlagen Ihre BeWerbungen dermaßen ein, dass Sie ständig zu Vorstellungsgesprächen rennen werden. Wir können das garantieren: In unseren Kursen steigt die Trefferquote regelmäßig massiv an, manchmal von 0 auf 100. Das ist kein Werbegag, sondern Empirie.

Bevor wir ins Vorstellungsgespräch einsteigen, noch ein paar Bemerkungen zur Zeugnissprache, zur Grafologie und zu den Lücken im Lebenslauf.

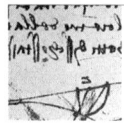

Der Geheimcode der Personalmenschen: Die Zeugnissprache

Zuallererstens: Es gibt diesen geheimen *Geheim-Code* der Personalmenschen, auch wenn Personalmenschen das bestreiten, um nicht in einem schummrigen Licht dazustehen. Aber nur schon die Tatsache, dass 99 Prozent der Zeugnisse dieselben Formulierungen enthalten und gleich aufgebaut sind, beweist, dass es diesen Code gibt. Sogar die Personalmenschen, die sich am lautesten gegen seine Existenz wehren, verwenden die wichtigsten Formulierungen. Tse, wieso wohl? Außerdem gibt's dicke Bücher drüber, wie man Zeugnisse schreibt. Da brauchen wir gar nicht lange zu diskutieren.

P3: DIE GEHEIMLOGE DER PERSONALMENSCHEN

Der Code ist aber keine Absprache der Geheimloge P3 aller Personalmenschen, sondern eher eine stillschweigende Konvention, die sich in Zentraleuropa so eingespielt hat. Der geheime Geheimcode ist auch keineswegs geheim. Lesen Sie ein bisschen weiter und dann hat sich's mit der Geheimniskrämerei. Oder kaufen Sie eins dieser tollen Geheimbücher, aber nehmen Sie es nur mittelernst.

Problematisch am Code sind die Anwendung und die möglichen Missverständnisse, denn kaum einer, der den Code anwendet, kennt ihn bis ins Detail. Das geht auch gar nicht, denn er ist nicht eindeutig und wird von keiner Institution festgeschrieben.

Jeder, der damit zu tun hat, hat deshalb so seinen eigenen *Dialekt*. Deshalb wird's auch gefährlich, wenn jemand nach Code schreibt, aber der Leser gar nicht nach Code liest. Oder wenn jemand nicht nach Code schreibt und der Leser partout danach lesen will. Ziemlich verdreht das alles, aber so ist es halt. Das ist ja nicht das einzig Seltsame auf der Welt.

Neuerdings gilt es unter Personalmenschen als schick, auf den Zeugnissen feszuhalten, dass sie nicht nach Code schreiben: »Wir bekennen uns zu nicht-codierten Zeugnissen,« heißt's da etwa im P.S. Das wäre eigentlich das Beste, aber es ist leider auch keine Lösung. Denn die meisten Personalmenschen verfallen bald wieder ihren alten Gewohnheiten und benutzen die eintrainierten Formulierungen und – schwupps – isser wieder da, der Code. Konventionen entstehen halt einfach, niemand plant sie und plötzlich halten sich doch fast alle daran. Damit müssen wir leben. Da fällt mir ein…

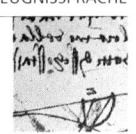

Kleiner philosophischer Ausflug

Sonderbar an dieser Zeugnisschreiberei ist, dass es nur Zeugnisse für ArbeitnehmerInnen gibt, aber keine für ArbeitgeberInnen. Das liegt daran, dass Arbeitgeber über jeden Zweifel erhaben sind, kaum je ein Arbeitsverhältnis durch Verschulden eines Arbeitgebers in Brüche geht und immer-immer-immer die ArbeitnehmerInnen Schuld sind.

Im Ernst: Schick wäre es doch, wenn jeder Arbeitnehmer ein Zeugnis über seinen Arbeitgeber, die Firma und deren ChefInnen abgeben müsste. Das ganze Riesenbuch, das mit der Zeit zusammenkommt, müsste von Gesetzes wegen am Empfang der Firma ausliegen und könnte von jedem Interessenten eingesehen werden. Wär doch ein guter Vorschlag und nichts als gerecht, meinen Sie nicht auch? OK, ich hör schon auf, JAJAJA, is' ja gut, ich sag' nichts mehr, aua, lassen Sie das! Mir wird gerade von meinen Berufskollegen und Kunden der Hals umgedreht.

Wie wär's mit Zeugnissen für Unternehmen und Chefs?

Aufbau von Arbeitszeugnissen und drei Tricks

Bevor wir auf die einzelnen Formulierungen eingehen, schauen wir uns vorab den üblichen Aufbau von Arbeitszeugnissen an:

- Am Anfang stehen immer die Formalitäten über Ihre Person: Titel, Name, Vorname, Geburtstag, (in der Schweiz: Bürgerort) sowie die Dauer und Bezeichnung der Tätigkeiten in der Firma.
- Dann kommt eine mehr oder weniger ausführliche Beschreibung Ihrer Aufgaben, Verdienste und Errungenschaften.
- Und dann der heikle Teil: Die Bewertung Ihrer Leistungen...
- ...und die Bewertung Ihres Verhaltens.
- Am Ende der Austrittsgrund und 'ne schöne Schlussrede.
- Alles natürlich auf Firmenpapier, nix anderes gilt.

Dann gibt's neben dem Code noch drei Tricks, mit denen der Zeugnisschreiber arbeitet:

- Der Wichtigste ist Auslassen, was nicht gut war: Was nicht im Zeugnis steht, war nicht vorhanden. Wenn also die Beurteilung Ihrer Leistungen fehlt, dann gibt's eben nichts drüber zu sagen, denn sie waren schlecht oder gar nicht vorhanden. Lassen Sie so was um Himmels willen ausbessern. Es kann sehr missverstanden werden.
- *Je kürzer, desto mies*: Ausführliche Zeugnisse sind gut, kurze schlecht. Am schädlichsten sind reine Arbeitsbestätigungen

Was fehlt, ist nicht da!

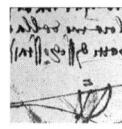

oder Ein-Absatz-Zeugnisse, vor allem dann, wenn die An-
stellungszeit länger dauerte. Drängen Sie deshalb auf eine
möglichst ausführliche Darstellung Ihrer Tätigkeiten im
Unternehmen und eine vollständige Beurteilung Ihrer
Leistungen, Ihres Verhaltens und des Austrittsgrundes.

- *Nebensachen loben heißt verurteilen*: Die wesentlichen Dinge
für Ihren Job müssen erwähnt sein. Wenn Sie wegen Ihrer
Pünktlichkeit statt wegen Ihrer Fähigkeiten als Schreiner
gerühmt werden, dann könnten Sie ein Problem mit Holz haben
oder so. Alles klar?

Jetzt sind Sie schon fast Profi in Sachen Zeugnisse deuten, es fehlt
nur noch der geheime Code. Wenn Sie hier jetzt einen Haufen Formulierungen finden, die Dinge bedeuten sollen, die einem grausige
Schauer über den Rücken jagen, dann erschrecken Sie nicht allzu
sehr. Wenn aber eine solche Code-Formulierung auftaucht, dann
heißt es *Aufgepasst*! Denn dann ist es meistens wirklich so gemeint,
was schon gefährlich ist, oder es ist nicht so gemeint, wird aber so
verstanden, und das ist noch viel gefährlicher.

Hier ist er, der durchtriebene Geheimcode der P3:

Leistungsbeurteilung

Hervorragende Leistung:

- ... hat die Aufgaben stets zu unserer vollsten Zufriedenheit
erfüllt ... (in der Schweiz und in Deutschland die üblichste Formulierung)
- ... die Leistungen haben in jeder Hinsicht unsere vollste Anerkennung gefunden ...
- ... mit ihren Leistungen waren wir in jeder Hinsicht außerordentlich zufrieden ...
- ... mit seinen Leistungen waren wir stets sehr zufrieden ...
- ... seine / ihre Leistungen waren sehr gut, hervorragend ...

Gute Leistung:

- ... hat die Aufgaben stets zu unserer vollen Zufriedenheit erledigt ...
- ... ihre Leistungen waren überdurchschnittlich ...
- ... seine Leistungen haben stets unsere volle Anerkennung
gefunden ...

Befriedigende, eher unterdurchschnittliche Leistung:

- ... hat die Aufgaben zu unserer Zufriedenheit erledigt ...

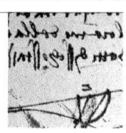

- ... wir waren mit ihren Leistungen stets zufrieden ...
- ... hat stets zu unserer Zufriedenheit gearbeitet ...

Mangelhafte Leistung

- ... hat die Aufgaben im Großen und Ganzen zu unserer Zufriedenheit erledigt ...
- ... seine Leistungen entsprachen weitgehend unseren Erwartungen ...
- ... konnte unseren Erwartungen entsprechen ...
- ... war immer mit Interesse bei der Sache ...

Ungenügende Leistung

- ... hat sich bemüht, die Arbeiten zu unserer Zufriedenheit zu erledigen ...(hat's aber nicht geschafft!)
- ... hat stets versucht, uns zufrieden zu stellen ... (is' ihm aber nie gelungen.)
- ... hatte Gelegenheit, x zu tun und y kennen zu lernen ... (hat's aber nie richtig begriffen!)
- ... hat alle seine Fähigkeiten eingesetzt ... (hat aber nix genützt!)
- ... zeigte für seine Arbeit Verständnis ... (und hat ansonsten in den Himmel geguckt!)
- Ganz schlecht ist, wenn überhaupt nichts über Ihre Leistungen im Zeugnis steht.

Lesen Sie Ihre Zeugnisse sehr kritisch durch die Brille der Personalmenschen. Wenn Ihnen was Negatives auffällt, dann schreiten Sie zur Tat und besprechen Sie das mit Ihrem Arbeitgeber.

Die Verhaltensbeurteilung

Berufstypische Charaktereigenschaften sollten im Zeugnis erwähnt sein. Einer Chefsekretärin sollte ihre Vertraulichkeit und Zuverlässigkeit, einem Bankangestellten seine Ehrlichkeit, Loyalität und Verschwiegenheit attestiert werden usw. Finden sich keine Formulierungen zum Verhalten, können Sie davon ausgehen, dass Ihr Verhalten nicht den Erwartungen entsprochen hat. Im Allgemeinen fehlen diese Angaben nur bei schweren Verstößen. In Aussagen zum Verhalten werden meist Einsatz, Zuverlässigkeit, Ordnungssinn, Umgänglichkeit und das Verhalten gegenüber Vorgesetzten und Mitarbeitern betont. Hier die Formulierungen:

- Angenehmer Mitarbeiter: ... war stets freundlich und aufmerksam ...
- Zuverlässiger, selbständiger Mitarbeiter: ... war an selbständiges

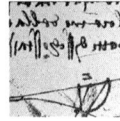

Arbeiten gewöhnt und genoss unser volles Vertrauen ...
- Einsatz für die Firma: ... wahrte die Interessen der Firma ...
- Bürokrat ohne Initiative: ... hat alle Arbeiten ordnungsgemäß erledigt ... (und keinen Streich mehr gemacht!)
- Mitläufer / Anpasser: ... mit seinen Vorgesetzten ist er gut zurechtgekommen ...
- Unangenehmer Mitarbeiter: ... war sehr tüchtig und konnte sich gut verkaufen ..., ... er bemühte sich stets um ein gutes Verhältnis zu seinen Vorgesetzten ... (hat's aber nie hingekriegt!)
- Sucht Kontakt zum anderen Geschlecht: ... gegenüber seinen MitarbeiterInnen zeigte er großes Einfühlungsvermögen (aua!).
- Sprücheklopfer: ... trug zur Verbesserung des Arbeitsklimas bei.
- Besserwisser: ... hat sich stets um gute Vorschläge bemüht ...
- Streber: ... wir schätzten seinen großen Eifer ...
- In fast jeder Hinsicht eine ziemliche Niete: ... wegen seiner Pünktlichkeit / ihres Verhaltens war er stets ein gutes Vorbild ...
- Schwieriger Untergebener: ... Im Kollegenkreis galt er/sie als toleranter Mitarbeiter ...

Der Austrittsgrund

- Die Firma verliert ihn sehr ungern: ... er/sie verlässt uns auf eigenen Wunsch. Wir bedauern sein/ihr Ausscheiden außerordentlich. Wir verlieren eine/n wertvolle/n MitarbeiterIn. Wir wünschen ihm/ihr für die Zukunft alles Gute. Wir würden ihn jederzeit wieder einstellen.
- Die Firma verliert ihn ungern: ... er/sie verlässt uns auf eigenen Wunsch. Wir bedauern sein/ihr Ausscheiden und wünschen für die Zukunft alles Gute.
- Normaler Austritt, hinterlässt keine Lücke: ... er/sie verlässt uns auf eigenen Wunsch.
- Die Firma hat gekündigt: ... er/sie verlässt uns in gegenseitigem Einvernehmen.
- Keine Bemerkungen zum Austrittsgrund: Da hat's geknallt!

Was man tun kann

Es kann gut vorkommen, dass man einmal ein schlechtes Zeugnis kassiert. Gründe dafür gibt's ja genug. Niemand hängt Sie auf wegen eines einzigen schlechten Zeugnisses im Lebenslauf. Aber wenn Sie davon eine ganze Serie haben, dann müssen Sie aufpassen, denn dann könnt's ja auch an Ihnen liegen. Es gibt nur eine Konsequenz daraus:

- Versuchen Sie immer, Ihr Bestes zu geben. Seien Sie stets brav und angepasst und ärgern Sie keine Chefs. Das ist viel lieblicher, und dann haben Sie auch immer gute Zeugnisse. Tralala!

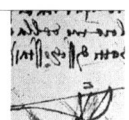

- Jetzt im Ernst: Lesen Sie Ihre Zeugnisse aufmerksam durch mit den Augen eines Personalmenschen und mit dem ungefähren Code im Kopf.
- Lassen Sie Ihre Zeugnisse von einem Profi checken. Der sagt Ihnen, wie Ihre Zeugnisse zu bewerten sind und was sie wirklich aussagen. Wenn eines Ihrer Zeugnisse in einem trüben Licht erscheint, dann tun Sie Folgendes:
- Reden Sie mit den Urhebern der Sünde, gehen Sie hin und verlangen Sie freundlich, aber bestimmt eine Korrektur. Und sagen Sie sachlich ohne Vorwurf und Beleidigte-Leberwurst-Attitüde, was für ein Stein Ihnen da in den Weg gelegt wird. Nennen Sie ruhig auch den Grund, die wahre oder auch nur mögliche negative Bedeutung einer Formulierung. Die meisten Personalmenschen werden völlig aus den Wolken fallen, wenn Sie erfahren, was sie da *wirklich* geschrieben haben, und alles sofort korrigieren.
- Am besten legen Sie bereits ein fixfertiges Zeugnis vor, das nur noch unterschrieben werden muss. Oder schicken eines per E-Mail, dann muss man's nur noch reinkopieren. Denn die meisten Korrekturanfragen gehen nur schief, weil die Chef-Innen keine Zeit und keinen Nerv mehr haben, vor allem nicht für ehemalige Angestellte.

EIN MIESES ZEUGNIS BEGLEITET SIE EIN LEBEN LANG!

Seien Sie nicht zu bequem. Viele reden sich ein, es komme nicht so drauf an. Es *kommt* drauf an, denn *Sie* müssen ein Berufsleben lang mit einem schlechten Zeugnis rumlaufen, nicht Ihr ehemaliger Arbeitgeber! Und vielleicht geht Ihnen Ihr bester Job wegen einer verdächtigen Formulierung in einem Zeugnis durch die Lappen – und statt der neue Steve Jobs werden Sie Clochard.

Wenn alles nichts fruchtet, gibt's nur noch den heiklen Gang zum Arbeitsgericht. Dann aber laufen Sie Gefahr, dass Sie statt eines Zeugnisses eine bloße Arbeitsbetätigung erhalten – was mindestens genauso schlecht aussieht wie ein schlechtes Zeugnis. Abgesehen vom ganzen Ärger, den ein Gerichtsverfahren nach sich zieht. Da haben wir doch weiß Gott Besseres auf der Welt zu tun.

Zum Beispiel könnten Sie die Zeit ins Nachdenken darüber investieren, wie denn das schlechte Zeugnis zustande gekommen ist, was Sie in Zukunft besser machen und wie Sie das Zeugnis dem neuen Arbeitgeber möglichst gut verkaufen können. Das geht nämlich und macht viel mehr Sinn, als Anwälte zu füttern!

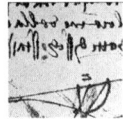

Wenn Sie nur schlechte Zeugnisse haben

Ich habe schon viele Lebensläufe gesehen mit ausschließlich schlechten Zeugnissen. Die flogen natürlich schon in der Frühphase aus dem Rennen. Was Sie dann tun sollten? Die Lage ist wirklich schwierig, aber nicht aussichtslos. Ich würde Ihnen raten:

- Sehen Sie sich nach Jobs um, die Sie wirklich bewältigen können, denn wahrscheinlich sind Sie ein *Überverkäufer*: Sie verkaufen mehr, als Sie später liefern können.
- Das ist auch ein guter Grund, schlechte Zeugnisse im Vorstellungsgespräch zu verkaufen: »Ich war zu ehrgeizig, ich wollte zu viel auf einmal, das musste ich halt mal riskieren, heute bin ich viel realistischer geworden.«
- Achten Sie beim nächsten Job mehr auf das soziale Umfeld: ChefInnen, TeamkollegInnen etc. Vielleicht tendieren Sie dazu, konfliktträchtige Situationen zu wenig zu spüren und laufen deshalb immer wieder voll in den Hammer.
- Machen Sie sich selbständig, wenn Sie zu Krach mit Vorgesetzten neigen. Dann können Sie zeigen, was in Ihnen steckt und sind immer an allem selber schuld.
- Suchen Sie einen Psychotherapeuten auf, denn es besteht die Möglichkeit, dass Sie ein Querulant, Besserwisser oder sozial inkompatibler Mensch sind und ein Problem mit Chefs, Teams, MitarbeiterInnen, Arbeit und dem Leben überhaupt haben.

Andere Möglichkeiten sehe ich nicht. Sorry!

So! Jetzt fehlen uns vor dem Training für erfolgreiche Vorstellungsgespräche noch die Bemerkungen zur Grafologie und zu den Lücken im Lebenslauf.

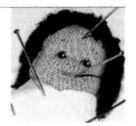

Grafologie ist Voodoo

...aber es gibt ein Heilmittel dagegen. Ernst gemeinte Abhandlung zur Bedeutung der Grafologie in der heutigen Personalarbeit, die mich meinen Job kosten wird:

Voodoo ist bekanntlich ein Zauber, bei dem man Püppchen mit Nadeln sticht und ein anderer weit weg vom Püppchen schreit dann. Der Zauberer und seine Anhänger sind überzeugt, dass der Stich ins Püppchen den echten Menschen sticht, wie der Hafer das Pferd. Der Zauberer ist ein Guru, nur er weiß, wie's wirklich funktioniert. Die andern sind alle doof und unterwerfen sich der auratischen Autorität des Voodoo-Zauberers.

Das Beste ist: Wenn's nicht funktioniert, dann ist das kein Beweis gegen Voodoo, sondern gegen den Zauberer – der ist halt eine Flasche und muss noch üben. Damit kann niemand was dagegen einwenden, die Theorie stimmt, nur mit der Anwendung hapert's meistens. Genau so ist's in der Grafologie!

Die Grafo-Zauberer

Viele Personalmenschen glauben, dass ein Grafo-Zauberer allein anhand einer Schrift jemanden besser durchschauen kann, als der Personalmensch selbst das nach mehreren Vorstellungsgesprächen hinkriegt. Das ist schon zaubererhaft. Der stechende Blick des Schamanen in die Schrift ist besser als der eigene Blick auf den Menschen selbst. Die Unterwerfung ansonsten kompetenter Personalmenschen unter die Autorität der Grafo-Zauberer zeugt von erstaunlich geringer Selbstsicherheit und erinnert an sonderbare Halleluja-Sekten oder so was.

Der stechende Blick durch die Schrift in die Abgründe deiner Seele

Und wenn sich zwei Grafos diametral widersprechen, was oft vorkommt, dann ist die Erklärung wie beim Voodoo sofort parat: Einer der Zauberer ist ein unfähiger Scharlatan, kein Grund, an der Sache selbst zu zweifeln.

Jeder erfolgreiche Grafo-Zauberer hat ein paar zahlungskräftige Gläubige, die erklären mit verklärtem Blick:»Keine Ahnung, wie der das macht, aber der hat sich noch nie geirrt. Es ist ganz erstaunlich!« Und so zahlen ansonsten vernunftbegabte Menschen erstaunlich viel Geld für eine völlig irrationale Zauberei. Vor allem in der Schweiz ist dieser Aberglaube weit verbreitet. Umfragen zei-

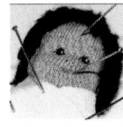

gen, dass ca. 65 Prozent der Personalmenschen Grafologie anwenden. Ich setz' mich hier also brutal in die Nesseln und werde wohl bald geächtet oder aus der Schweiz verbannt. In Großbritannien und Deutschland sind's gerade noch 6 Prozent, die Amerikaner glauben überhaupt nicht dran, dafür an allen möglichen anderen Blödsinn, z.b. dass Cowboys oder Milch-Söhnchen das Zeug zum Präsidenten haben.

HÜHNERKNOCHEN IM MONDENSCHEIN

Es gibt nicht wegzudiskutierende Gründe und wissenschaftliche Untersuchungen, die beweisen, dass Grafologie nichts taugt und nicht mehr bringt als Würfelspielen, Kaffeesatzlesen oder Hühnerknochen bei Vollmond über die rechte Schulter werfen. Funktioniert ganz gut, müssen Sie mal ausprobieren, aber ja nicht über die linke Schulter, ja nicht, davon kriegt man Warzen!

Wer sich auch nur ein bisschen klar macht, wie kompliziert ein Mensch ist und von wie vielen Faktoren eine erfolgreiche Stellenbesetzung abhängt (Chef, Team, Kunden, Erfolg, Aufgaben usw. usw.), der darf sich nicht auf dubiose Schriftdeuter verlassen.

SPIEGLEIN, SPIEGLEIN AN DER WAND, WER IST DER GURU IM GANZEN LAND

Schon bei der Auswahl der Zauberer stirbt die Sache: Denn von hundert Grafologen *sind nur zehn wirklich gut* – sagen alle Grafologen. Und bis der Personalmensch herausgefunden hat, wer der wirkliche Guru ist, hat er statistisch gesehen schon neun von zehn mal Mal danebengeschossen. Tolle Trefferquote, nicht?

Weil man das ja eigentlich weiß, wird die Bedeutung des Grafo-Zaubers von den Gläubigen selbst oft heruntergespielt:»Das Grafo ist doch nur ein kleines Mosaiksteinchen im ganzen Verfahren«, heißt es allenthalben stereotyp. In der Praxis sieht's dann allerdings anders aus. Ich habe x-mal erlebt, dass BeWerberInnen an einem einzigen, aus dem Zusammenhang gerissenen Voodoo-Satz, der im Gehirn des Personalmenschen hängengeblieben ist wie E.T. auf der Erde, aus dem Rennen geflogen sind. Von wegen Mosaikstein!

Wie läuft das Verfahren ab?

Meistens geht das so: Nach dem zweiten oder sogar dritten Vorstellungsgespräch sind Sie in der engsten Wahl und der Personalmensch weiß nich' recht. Er braucht noch ein *Experten*-Urteil. Billig ist das Grafo (130 bis 300 Euro), also machen wir doch eins. Sie werden angefragt oder *müssen* angefragt werden, für ein Gutachten (wieso heißt das bloß *Gut*achten?) eine Handschriftprobe einzureichen.

Der Grafologe schreibt dann innerhalb zwei, drei Tagen das Machwerk. Es wird je nach Gläubigkeitsgrad eifrig gelesen und verinnerlicht, denn jetzt haben wir es ja schwarz auf weiß direkt vom Erleuchteten. Sie selbst haben meistens keinen Einblick, können ihn

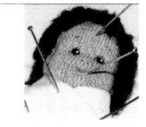

aber verlangen und nur zum Preis von Unanständigkeit verweigert bekommen. Rechtlich haben Sie keine große Handhabe. Und hoffentlich auch keine Zeit für so was.

Und dann wird entschieden. Das Grafo wandert, wenn Sie eingestellt werden, in Ihre Personalakte und wird zu Ihrem stillen Lebensbegleiter. Oder es wird offiziell vernichtet, wenn Sie nicht eingestellt werden. Wahrscheinlicher ist, dass es in einem Archiv von abgelehnten BeWerberInnen-Dossiers landet und vermodert.

Äußerst selten wird Grafologie schon vor einem ersten Gespräch eingesetzt. Davor haben die meisten BeWerber ja wohl Angst. Aber stellen Sie sich nur vor, was das kosten würde. Das wäre völlig unwirtschaftlich. Und rechtlich ist das sehr bedenklich, denn ohne Ihre Einwilligung geht das nicht. Ich kenne solche Fälle nur vom Hörensagen. Machen Sie sich also deshalb keine Sorgen.

Und wenn die Amateure selber zaubern ...

Am bedenklichsten ist der Aberglaube dann, wenn er pseudo-professionelle Personalmenschen dazu verleitet, jedes Handschriftchen schon mal mit dem aufgesetzten, finsteren Grafo-Zauberer-Blick zu prüfen und irgendwelche Schlüsse hineinzudeuten. Schlimm. Dagegen können Sie überhaupt nichts machen. Nur den Kopf schütteln und grinsen. Ich kenne eine Personalerin, die zählt Ihren Namen und das Geburtsdatum quer zusammen und errechnet eine magische Zahl, die entlarvt, wer Sie wirklich sind. Ehrlich! Was soll man da noch sagen?

DIE MAGISCHE ZAHL SAGT ALLES ÜBER SIE

Datenschutz? Kontrollierbarkeit?

Vergessen Sie das am besten, es gibt viele Dinge, die Sie nicht kontrollieren können. Wer mit Personaldaten Schindluder treibt, hat's nicht verdient, dass Sie Ihre wertvolle Zeit und Ihr Geld für die hehre Gerechtigkeit opfern. Und ganz nebenbei: Von schweren Schadenfällen wegen Grafologie-Daten oder so habe ich noch nie etwas gehört, und ich mach' das Geschäft schon 18 Jahre. Also bitte keine Mücke-Elefant-Spielchen. Heute wird von uns allen so viel Datenmaterial gesammelt, dass es auf ein Grafo mehr oder weniger auch nicht ankommt.

Das wirkliche wahre Gegenmittel

Und jetzt kommt's: Es gibt ein wirkliches Wundermittel gegen den Irrglauben. Haben Sie also absolut keine Angst vor Grafologie, denn Sie allein sind der wirkliche Voodoo-Zauberer in diesem Spiel, Sie allein haben die Macht. Denn nur Sie bestimmen darüber, was im

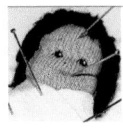

Grafo geschrieben steht, präziser gesagt, was hineingelesen wird. »Wieso denn das nun plötzlich?«, werden Sie fragen.

Ganz einfach: Grafos sind immer so vieldeutig geschrieben, dass der Personalmensch so ziemlich alles hineinlesen kann, was er lesen will. Falls Sie das an Horrorskope erinnert, kein purer Zufall! Wenn er unsicher ist wegen irgendwas, wird er einen Hinweis finden, der ihn noch unsicherer macht. Wenn er sicher ist, wird er alles Verunsichernde überlesen. Todsicher! Deshalb und nur deshalb, funktioniert das Ganze. Also hängt auch alles davon ab, welchen Eindruck Sie machen. Das einfache Rezept: Machen Sie einen möglichst guten Eindruck, dann wird auch Ihr Grafo gut ausfallen. So ist es!

Deshalb jetzt die einzig richtige Moral zum Thema Grafologie:

- Grafologie gehört vor allem in der Schweiz zur Personalarbeit, ist aber *nur Mosaiksteinchen im Ganzen* – tralala.
- Tun dagegen können Sie so wenig wie gegen das Blau des Himmels und die Nässe des Wassers. Nehmen Sie's also als Teil unseres allen gemeinsamen Schicksals.
- Grafos bedürfen rechtlich Ihrer Zustimmung, sonst können Sie Ärger machen, sprich: Klagen.
- Machen Sie aber keinen Zoff, denn es lohnt sich nicht.
- Zeigen Sie durch eine hervorragende Vorstellungsrunde, was Sie draufhaben, und bestimmen Sie damit, was in Ihr Grafo reingelesen wird. Sie haben's in der Hand.

Ach ja: Alternativen gäb's genug

Personalmenschen sollten Voodoo nicht einsetzen oder wie hieß das nochmal? Es gibt viel bessere Methoden, vor allem wissenschaftlich erprobte Eignungstests. Die sind erwiesenermaßen aussagekräftiger und nicht viel teurer. Oder Assessments, ziemlich aufwendige Prüfverfahren, die sich nur lohnen, wenn's um sehr viel geht.

Die allerbeste Methode ist allerdings: Eigene Kompetenz und ständiges Lernen der Personalmenschen selbst, bessere Interviews mit mehr Beteiligten und persönliche Referenzauskünfte. Und was wäre mit Vertrauen in neue MitarbeiterInnen? Wär doch auch nicht schlecht. Oder mit Risikobereitschaft? Denn Flops lassen sich selbst mit teuersten Verfahren nicht vermeiden, ich behaupte sogar, nicht einmal vermindern. Schauen Sie doch einfach mal um sich, wie die Realität aussieht.

War das alles zu böse und hart? Dann noch Folgendes: Natürlich gibt's einen Zusammenhang zwischen Schrift und Mensch, aber den gibt's auch zwischen seiner Kleidung und ihm und seiner Physiognomie, seinem Finger- und seinem Fußabdruck, seinen Lebenslinien, seinem Blick, seiner Frisur. Ein Mensch ist eben ein riesiges,

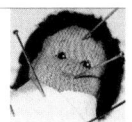

facettenreiches Gebilde. Die Zusammenhänge sind nicht eindeutig und klar, sie sind eben sehr vieldeutig und nicht 1:1 übersetzbar. Das Schriftbild macht einen Teileindruck, darf aber nicht pseudo-wissenschaftlich mit einem *objektiven* Maßstab für den Menschen verwechselt werden. Er ist es nicht.

the end

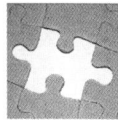

Lücken
im Lebenslauf

...oder wie Sie jeden Menschen zum Dichter machen! Nachdem ich mich jetzt ein bisschen ereifert habe ob all des Voodoos, wieder zurück in die entzauberte Wirklichkeit: Wollen Sie wissen, was geschieht, wenn Sie unerklärliche Lücken haben im Lebenslauf? Wir dichten uns dazu, was da fehlt, und das ist nicht immer das Schmeichelhafteste. Wir stellen allerlei Vermutungen an und an der plausibelsten bleiben wir hängen und glauben daran wie Kinder an den Nikolaus. Und Sie haben keinen Einfluss darauf und keinerlei Kontrolle. Sie sind der Fantasie des Personalmenschen restlos ausgeliefert. Und genau das wollten wir doch gerade nicht!

Kleiner philosophischer Ausflug

Was fehlt, wird fantasievoll ergänzt

Wer Informationen nicht kriegt, die er eigentlich will und braucht, der bastelt kurzerhand selber welche. Und weil die zusammengebastelten Fantasien im eigenen Kopf so lebendig und logisch sind, halten wir sie bald mal für wahr – so wahr, dass wir's nicht mehr nicht glauben können. Was, so blöd sind wir? Ja, meine Lieben, genau so blöd sind wir.

Was wissen Sie zum Beispiel vom Leben Ihres lieben Nachbarn und was haben Sie nicht alles für Ansichten über den doofen Kerl? Oder über Albaner, Schwarze, Iraner oder Iraker? Wie viele kennen Sie persönlich? Waren Sie schon mal dort, wo die leben? Noch allgemeiner: Wie viel wissen wir wirklich von der Welt, aber wie viele Ansichten vertreten wir lauthals darüber? Schauen Sie einmal ehrlich, was Sie den ganzen Tag für Meinungen denken und allenfalls von sich geben. Und prüfen Sie dann einmal fair und streng, woher Sie das alles wissen. Wirklich WISSEN!

Was wissen wir wirklich?

Je nachdem, wie streng und ehrlich Sie sind, werden Sie feststellen, dass 99 Prozent davon reiner Glaube und kein wirkliches Wissen ist. Wir haben fast alles entweder selbst erfunden oder dann aus dritter und vierter Hand. Sie werden staunen und in tiefe Selbstzweifel stürzen. Was wir nicht wissen und erfahren können, das dichten wir spontan zur Welt hinzu, damit sie wieder rund ist. Menschen sind so. So ist das. Und was lernen wir daraus?

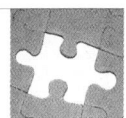

Machen Sie sich nichts draus. Es geht allen so! Vor allem auch den Personalmenschen: Wenn wir von Ihnen etwas nicht erfahren, was wir gerne wissen möchten, dann machen wir uns so unseren Reim drauf. Wir sind getrimmt drauf, vorsichtig, kritisch und ein bisschen misstrauisch zu sein, denn wir kriegen bös' auf's Dach, wenn wir etwas übersehen. Eine unerklärliche Lücke im Lebenslauf, ein fehlendes Zeugnis oder so wird aufgefüllt: »Was hat der da bloß gemacht von 97 – 99?« *Such, such, nix find.* »Vielleicht Militär oder Weltreise« (das is' ja noch harmlos). »Neee, der sieht mehr nach arbeitslos aus« (jetzt wird's gefährlicher), »vielleicht war er auch krank, drogensüchtig, in der Klapsmühle oder hinter schwedischen Gardinen« (jetzt ist es passiert!). Nur schon der Gedanke an so was ist ein Riesenfilter und ein brüllendes NEEEEIIIIN. Dazu kommt das ganze schlechte Gefühl des Misstrauens: »Der sagt nicht, was los ist, also hat er was zu verbergen, seeehr verdächtig.« Deshalb ist auch eine knappe Arbeitsbestätigung statt eines Zeugnisses ein böser Filter. Denn da geht's schon los mit dem Fantasieren: »Was ist da passiert, hat sie den Chef geärgert, den Sekretär ins Bein gebissen, die hat sicher Ärger gemacht oder total versagt!«

Sie verstehen jetzt sicher: Lücken sind die totalen Killer in einem Lebenslauf und müssen unbedingt vermieden werden. Deshalb:

Lücken sind die totalen Killer!

- Keine Lücken im Lebenslauf lassen! Nie!
- Einen vollständigen Satz Zeugnisse beilegen!
- Arbeitsbestätigungen möglichst in Zeugnisse umschreiben lassen. Wenn das nicht möglich ist, dann lieber die Arbeitsbestätigung als gar nix.
- Wenn Sie Lücken oder Arbeitsbestätigungen haben, dann erklären Sie im Dossier, weshalb! Nur so kontrollieren *Sie* das Spiel!
- Offen und ehrlich informieren, soweit es nicht schadet.

Lücken erklären

Sie müssen im Lebenslauf plausibel machen, was Sie in der unbelegten Zeit gemacht haben: Bildungsurlaub, Weltreise für's Sprachstudium, Kindererziehung oder so sind völlig akzeptabel und können, gut aufgemacht, als tolle Verstärker wirken.

Notieren Sie auf einer Arbeitsbestätigung den Grund für die knappe Fassung. Es gibt immer irgendeinen *guten* Grund.

Nicht erlaubt sind: »Ich war heroinsüchtig, hab' den bekloppten Hausmeister spitalreif geprügelt, war im Knast, in der Waldau und im Burghölzli« (für Nicht-Schweizer: Das sind die bekanntesten *Klapsmühlen* in der Schweiz). Ich sag' das so bös-salopp, weil Sie die extreme Filterwirkung spüren sollen. Denn genau so unzensiert denkt und wirkt das in den Personalmenschen.

Unerklärliche Lücken »wegerklären«

Wenn Sie eine Lücke haben, die Ihnen jeden Job verunmöglicht, was dann? Jetzt wird's sehr heikel. Was ich Ihnen jetzt rate, wird mich Kopf und Kragen kosten, aber es ist die einzige und beste Variante: Ich empfehle Ihnen, so genannte Killer-Lebensabschnitte zu beschönigen oder gar zu verheimlichen. Zinken Sie die Karten ein bisschen oder auf Deutsch: Schummeln Sie sie weg. Es ist ohnehin Privatsache und hat mit dem Job nichts zu tun. Sie müssen nichts sagen, wenn es die Arbeit nicht betrifft. *Ups?!?* Ja, machen Sie's so, denn Sie finden sonst keinen Job mehr – so einfach ist das.

Nicht nur Sie spielen mit gezinkten Karten...

Ich hör' den Aufschrei meiner KollegInnen: »Um Himmels Gott's heiligen Willens, WAAAS TUUUN SIIIEEE DAAA?« Aber unter uns, meine lieben Personalmenschen: Wie viele Ex-Junkies haben Sie schon eingestellt? Wie viele Diebe, Betrüger und Mörder? Wie viele aus der Nervenheilanstalt? Hat so jemand wirklich noch eine reelle Chance bei Ihnen? Seien Sie ehrlich: *Nein! Er hat sie nicht!*

...auch Personalmenschen türken ein bisschen

Und umgekehrt: Welches Unternehmen, das kurz vor dem Bankrott steht, erzählt das seinen BeWerberInnen brühwarm im Vorstellungsgespräch? Welches Unternehmen wird zweifelhafte Tätigkeiten wie unerlaubte Waffenexporte, Geldwäscherei, Umweltsünden, Bilanzfälschungen oder auch nur die 40-prozentige Personalfluktuation oder den Alkoholismus seines Direktors im Vorstellungsgespräch beichten? Ehrlich: Welches? Seien wir also fair und gestehen wir beiden Seiten dieselben etwas anrüchigen Spielregeln zu. *Please!*

»Bevor Sie bei uns anfangen, sollten Sie wissen: unser Chef säuft«

Wenn Sie also als BeWerberIn ein bisschen zinken, müssen Sie das sehr gekonnt machen. Sie müssen sich was wirklich Cleveres zusammenreimen und das konsequent durchziehen. Es darf *nie* auffliegen, sonst sind Sie beWerbungstechnisch tot. Und ich auch!

Mein extremstes Beispiel: Ich kenne den hoch dekorierten Finanzchef eines Topunternehmens in der Schweiz, dessen Uniabschluss ist getürkt, weil er schlicht und einfach durchgefallen ist. Das Diplom ist gefälscht (mit Scanner und Photoshop). Niemand weiß es, und es hat bisher niemandem geschadet. Der Mann ist wirklich top. Wenn das auffliegt, wird er Clochard.

Das ist natürlich Betrug. Ich sage Ihnen hier offiziell: Tun Sie so was nie und nimmer! Böser Junge, so was! So dick darf's nicht sein. Aber ein bisschen beschönigen lässt sich alles. Mit Reisen, Bildungsurlauben oder so. Ihnen fällt schon was ein. Mehr Tipps kann ich Ihnen hier nicht geben, sonst kriege ich wirklich Ärger mit der Sittenpolizei. Sorry! Ich muss den Rest Ihrer Kreativität und Schauspielkunst überlassen und hülle mich jetzt in Schweigen.

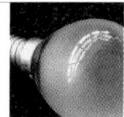

Das Internet für Spätzünder

Hier folgt eine Kurzanleitung für Internet-Spätzünder! Erfahrene Internet-User können dieses Kapitel locker überspringen und direkt zum E-Mail-BeWerben auf Seite 81 übergehen. Wer allerdings auch heute noch einen Riesenbogen ums Internet macht, dem rate ich dringend und herzlich, bittend und flehend: Hören Sie damit auf, lesen Sie dieses Kapitel und fangen Sie umgehend an, dieses Universum an Wissen und Informationen (und zugegebenermaßen auch Schund und Perversion, aber das müssen Sie ja nicht anschauen!) zu entdecken. Für jeden Beruf bietet das Internet unglaubliche Chancen, an Know-how, Firmeninformationen und Stellenangebote zu kommen. Also ran!

Via Internet wird heute weltweit ein großer Teil der Information angeboten und verteilt. Keine Firma, keine Zeitung, kein TV-Sender, keine Universität und Bildungsinstitution, die nicht im Internet vertreten wäre. Mittlerweile gibts Wörterbücher in allen Sprachen; es gibt das explodierende Nachschlagewerk Wikipedia, das von Millionen Menschen geschrieben wird und eine erstaunliche Qualität erreicht hat; es gibt Aber-Millionen von digitalisierten Büchern, die man gratis lesen kann; es gibt Satellitenbilder von der ganzen Erde, man kann den ganzen Planeten vom Schreibtisch aus bis in die hintersten Winkel erkunden; Live-Kameras zeigen das Treiben am Broadway, den Schneesturm in Grönland oder Kaffeetrinker auf dem Berner Bundesplatz. Es ist einfach unglaublich, was alles im Internet zu finden ist!

Das liegt daran, dass im Internet inzwischen über eine halbe Milliarde Informationsanbieter vertreten sind. Mittlerweile nutzen weit über eine Milliarde Menschen, also rund 20% der Weltbevölkerung, dieses Informationsreservoir und surfen (gesprochen: *sörfn*) täglich darin herum. In der Schweiz sind es fast 68%, in Deutschland leicht weniger – aber eben: Ein gutes Drittel ist noch nicht dabei und wenn Sie zu denen gehören, dann aber hallo! Also: Blitzkurs Internet:

Was ist das eigentlich, das Internet?

Das Internet ist ein aus harmlosen Kupferdrähten und Glasfasern bestehendes Netz von Computern. Weniger harmlos ist die Riesenzahl von x-Millionen Rechnern, die da weltweit zusammenhängen.

Die genaue Zahl kennt niemand, aber es dürften Milliarden sein. Eine gewaltige, elektronische Riesenkrakenmaschine, die einem Angst machen könnte, wenn sie nicht so lieb und praktisch wäre. Die Vorteile überwiegen die Nachteile bei weitem! Wenn Sie also einen PC oder einen Mac haben und ans Internet angeschlossen sind, dann können Sie theoretisch auf x-Millionen anderen Computern angucken, was da gespeichert ist. Theoretisch deshalb, weil Sie nicht genügend alt werden, um das alles anzuschauen! Es ist eigentlich wie beim Telefon: Da gibts ein Netz und einen Haufen Telefone und wenn man eine Nummer kennt, kann man mit jedem Telefon auf der Welt dieses eine anrufen. Das ist schon alles!

Und jetzt gibts einen kleinen Sprachkurs in Sachen Amerikano-Techno- Wörtern, die den Anschein erregen, alles sei schwierig und nur was für Spezialisten oder oberclevere Freaks (gespr. *friigs*), obwohl es ganz simpel ist. Wenn Sie die paar Begriffe beherrschen, dann können Sie schon mitreden:

Iksplorä, Brausä, Prowaidä, Modem, A-de-es-el, Ha-te-äm-el

Weil Computer nicht reden können, z.b. Englisch, aber alle miteinander via Internet irgendwelche Daten austauschen wollen, braucht es eine Art gemeinsame Sprache, sonst verstehen die Maschinen sich gegenseitig nicht. Die wichtigste Sprache nennt sich HTML (gesprochen: *Ha-te-äm-el*), was immer das heißen mag, ist ja unwichtig. Damit Ihr Compi diese Sprache begreift, braucht er, weil er ja eigentlich total dumm ist, ein Programm, das HTML versteht, das heißt, aus diesem HTML etwas auf Ihren Bildschirm zaubert. So ein Programm nennt man *Browser* (locker bleiben und einfach sagen: *Brausä*). Der *Microsoft-Explorer* (gespr. *Maikrosoft Iksplorä*) ist so ein Browser. Der läuft vor allem auf PCs. Auf Apple-Computern findet man meistens das viel angenehmere *Safari* oder den kostenlosen *Firefox* (Feuerfuchs, heiße Sache, gespr. *faiefogs*).

Jetzt können Sie schon ein bisschen angeben und ganz locker sagen:»Mein *Iksplorä* ist schon wiedä abgestürzt« oder »Der *faiefogs* ist unheimlich viel schneller als der *Iksplorä*.«

Ach ja, damit Sie ins Internet können, müssen Sie sich irgendwo anmelden und sich über einen sogenannten *Provider* (*Prowaidä*) einwählen. Das ist wie beim Telefon: Einer muss ja die Leitung legen und pflegen und dafür Geld bekommen. So ein Internet-Provider erbringt den Service, dass Ihr Computer ihn anruft und er ihn dann ans Internet hängt. Und dass er Ihnen dafür eine Rechnung schickt. Jetzt können Sie schon sagen:»Mein Internet-Anschluss ist zu teuer, ich muss wohl den *Prowaidä* wechseln…« Cool, nicht?

Und wie kann mein Computer einen anderen anrufen? Gute Frage: Er braucht ein Kabel und ein Verbindungsgerät, sowas wie ein

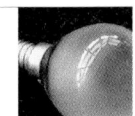

Telefon. Die langsamere Version heute geht über die Telefonleitung und ein Modem. Die Dinger gibts als kleine Kästchen mit Kabeln und so oder als Leiterplatten, die direkt im Computer stecken. So was nennt sich sinnigerweise *eingebautes Modem*. Die funktionieren wie ein Telefon: Der Computer wählt eine Nummer, die Verbindung wird aufgebaut, dann sind Sie drin. Und wenn sie fertig sind, hängen Sie wieder auf. Wenn Sie das Internet wenig nutzen, ist das immer noch die günstigste, wenn auch langsamste Version.

Die schnellste und gebräuchlichste Art aber ist heute das DSL oder ADSL-*Router* (gespr. *Adee-ess-ell-Ruuter*). Das kriegen Sie beim Provider. Im Prinzip ist das dasselbe, nur dass Sie immer Verbindung haben, sobald der Computer läuft. Wie das funktioniert, ist egal, aber es funktioniert. Und es ist nicht mal so teuer. Natürlich zahlen Sie dafür eine Monatsgebühr, aber es ist äußerst bequem und animiert, das Internet in Ihre normale Arbeit am Computer zu integrieren. Telefonnummer vergessen? Explorer starten und im Internet suchen. TV-Programm von heute? Das Wetter am Wochenende? Zugverbindungen, Stadtpläne, Kino, Kochrezepte? Flüge buchen, einkaufen, gratis telefonieren, über den Planeten fliegen, was auch immer. Und natürlich gibts alles über Jobs, Firmen, Bewerbungstipps, Arbeitsamt – es ist einfach alles im Internet zu finden!

Was das kostet?

Warum denn das alles so wenig kostet, sogar wenn man über Internet, z.B. mit Skype, nach Amerika telefoniert, werde ich immer wieder von Internet-Spätzündern gefragt. Ganz einfach: Zahlen müssen Sie nur die Verbindungskosten von Ihrem Computer zum Provider. Wenn der in New York sitzt, zahlen Sie die Leitung bis New York. Aber so ein Riesen-Dummeli sind Sie auch wieder nicht. Sie nehmen einen Provider im Ort, wo Sie wohnen, nicht? Da unterbieten sich die armen Provider bis zum Nulltarif.

Und ob Sie dann in Kapstadt, in Honolulu oder Sydney Daten abrufen, ist völlig egal, es kostet gleich viel. Wieso *das* denn, werden Sie fragen? Ganz einfach: Das ist wie mit einer Röhre voller Tennisbälle: Wenn Sie vorne einen reinschieben, fällt hinten einer raus, egal, wie lang die Röhre ist, klaro? Sie zahlen nur die Tennisbälle, die Sie rumschieben, oder die Zeit, nicht die Länge der Leitung. Beim Telefonieren ist eine echte Leitung für Sie frei von Ihnen bis zum Gesprächspartner, *nur* für Sie. Das ist sehr teuer. Beim Internet brauchen Sie das nicht, Sie drücken einfach Ihre Tennisbälle rein und beim anderen fallen welche raus, oder umgekehrt.

Warum die Tennisbälle hinten so sind wie die, die Sie vorne reingesteckt haben, ist ein Wunder der Elektronik. Stellen Sie sich das einfach so vor: Wenn Sie Ihren Tennisball mit Wucht vorne rein-

drücken, dann fliegt hinten auch einer mit derselben Wucht raus. Das ist Informationsübertragung: Der hintere Tennisball weiß, wie heftig er rausfliegen muss und gibt damit Information weiter. Toll, nech!

Das unendliche Job-Angebot

Was müssen Sie jetzt noch wissen? Ja, vielleicht noch *Homepage* (*Houmpeidsch*, wieder wie *Hey*, zu Deutsch eigentlich Heim-Seite) oder *Website* (*Websaid*). Das ist im Grund etwa dasselbe, nämlich eine Anzahl von Dokumenten, die irgendjemand (Person, Unternehmen, Organisation) im Internet publiziert und darauf darstellt, wie's bei ihm zu Hause oder in der Firma so aussieht und was er zu bieten hat. Jede solche Homepage hat eine Adresse wie die Nummer eines Telefons. Die heißt nicht Nummer oder Adresse, sondern *Domain* (*domein*, wie *Hussein*, nicht wie *Bein*!) oder *URL* (gesprochen: *U-er-el*). Die sieht fast immer so aus: *http://www.Namen. Landes-* oder *Organisationskürzel*, also etwa *http://www. kuehnhanss.com*. Ohne *U-er-el* gehts nicht.

Und was hat das alles mit Ihrer BeWerbung zu tun? Im Internet kann man auf bequemste Art Jobs finden und sich beWerben. Wo man Jobs findet im Internet, das steht auf Seite 243.

Fangen wir aber vorne an: Bevor Sie sich via Internet beWerben, müssen Sie noch wissen, was eine E-Mail ist, elektronische Post, denn das ist das Vehikel für den Versand Ihres Dossiers via Internet.

E-Mails (*I-Meils*) – die Post der Zukunft

Mit Ihrem Computer können Sie an jeden anderen Computer Post schicken. Sie brauchen nur die Mail-Adresse seines Briefkastens, und schon funktioniert das. Heute heißt das neudeutsch *Mail-Box* (*Meil-Bogs*).

Per E-Mail können Sie also auf dem Computer getippte Briefe und auch sonst alles verschicken, was in einem Computer gespeichert werden kann: Bilder, Programme, Texte, Tabellen. Das ist wie bei den Papierbriefen früher mit der Beilage: In den Umschlag können Sie auch noch einen Prospekt, einen Schlüssel oder Banknoten stecken, halt alles, was so reinpasst.

An jede E-Mail können Sie sogenannte *attachments* (*etätschmnts*) anhängen, also auch Ihre BeWerbung, die Sie auf dem Computer verfasst haben, inklusive Bild und Zeugnissen, wenn Sie die elektronisch gespeichert haben.

Womit wir wieder beim Thema wären:

E-Mail-BeWerbung via Internet

Wenn Sie eine BeWerbung per E-Mail verschicken, dann gelten die gleichen Gesetze, wie für die Papier-BeWerbung: Werbeformel, Verkauf, Direct Marketing, der stille Dialog etc. Denken Sie an alles, was wir besprochen haben! Viele meinen, bei einer E-Mail würden andere Regeln gelten als auf dem Papier. Das ist falsch, *grundfalsch!* Im Internet sind wir Personalmenschen *nicht* alle lockerer oder Ihre Kumpels. Das Spielchen läuft am Rundesten so:

- Vergewissern Sie sich, dass Ihr Empfänger E-Mail-BeWerbungen akzeptiert. Notfalls einfach anrufen und fragen. Das ist immer weniger ein Problem. Wer eine E-Mail-Adresse hat, der kann und soll auch BeWerbungen empfangen.
- Verfassen Sie das Anschreiben nach allen Regeln der Kunst, knapp, präzise, mit ein paar schönen Verstärkern garniert.
- Verfallen Sie *keinesfalls* irgendeinem saloppen Internet-Jargon. Der ist in Chatrooms erlaubt, hat aber im BeWerbungsgeschäft *nichts, aber auch gar nichts* zu suchen.
- Die E-Mail-BeWerbung besteht wie die Papier-BeWerbung aus Ihrem BeWerbungsbrief, versendet als Text-E-Mail, sowie Ihrem Lebenslauf und Ihren gescannten Zeugnissen im pdf-Format als attachment.

IM INTERNET SIND PERSONALMENSCHEN NICHT PLÖTZLICH COOLE JUNGS

Das drucken wir dann alles aus und haben was Handfestes von Ihnen in der Hand. Dann können wir auch über eine Kontaktaufnahme entscheiden oder Sie am besten gleich einladen.

Das sollten Sie lassen: DON'Ts

Nichts ist lästiger und filtriger als obercoole E-Mails, bei denen wir erraten müssen, um was es geht, etwa in der Art:

Lieber Herr Grünmanns,

Ihre Angebote auf Ihrer Homepage interessieren mich. Bitte kontaktieren Sie mich über E-Mail (meier@xxl.ch). Ich werde Ihnen dann das Dossier zustellen. Oder rufen Sie mich unter der Nummer 079 22 62 265 an. Foxi

So was ist einfach nicht nett. Ich habe x Angebote auf der Website. Um was genau geht's? Ich erfahre nichts über Foxi, seinen Namen muss ich erraten, wohl Foxi Meier. Ich muss tun, was eigentlich Foxi hätte tun müssen, nämlich anrufen und Infos abholen. Und das ist lästig, denn Foxi könnte der König von Brunei oder ein Clochard sein. Und dann hat er noch meinen Namen falsch geschrieben. Ich bin sauer und in diesen Fällen bin ich auch kein *lieber Herr*. Weder für Fix noch für Foxi! Solche E-Mails werden von uns gar nicht mehr beantwortet, nicht aus schlechtem Willen, sondern wegen fehlender Zeit. Und weil ich beleidigt bin. Und Foxi staunt und findet jetzt, ich sei ein unlieber Herr Personalberater.

Format & Software

Wenn Sie Ihren Lebenslauf anhängen, dann vergessen Sie nicht, dass wir Ihr Dokument lesen können sollten! Ihre BeWerbung muss also in einem Format geschrieben sein, das auf möglichst jedem Computer geöffnet werden kann. Also keinen exotischen Firlefanz verbreiten! Das ist, als würden Sie in einem Papierdokument die Seiten zusammenkleben. Das ist ein Filter total. Briefe, die man kriegt, will man doch auch aufmachen können.

Wer heute mit EDV arbeitet, verfügt in aller Regel über *Microsoft Word* (so unangenehm mir das als Mac-Freak auch ist). Schicken Sie also alles im *doc-Format*. Das ist die üblichste Textverarbeitungs-Software. Der Nachteil ist, dass doc-files nicht auf jedem Computer gleich daherkommen und es Ihnen allenfalls die schöne Darstellung entstellt. Eleganter und empfehlenswerter ist heute das *pdf-Format*, das verschiedene Programme erzeugen können und das mit dem frei erhältlichen *Acrobat Reader* gelesen werden kann. Da stimmt Ihre schöne Darstellung dann 100-prozentig.

Schriften

Wenn Sie denn ein doc-file verschicken müssen, dann verwenden Sie in Ihrem Word-Dokument Schriften, die auf allen Computern installiert sind, keine Exoten, sonst sieht das, was bei Ihnen ein künstlerischer Geniestreich ist, bei mir aus wie ein böswilliger Anschlag auf meine Ästhetenseele. Oder Sie binden die Schriften in Ihr Dokument ein – das ist aber schon höhere Schule.

Version

Nehmen Sie *nicht* die allerneusten Programm-Versionen. Nicht jeder hat den letzten Heuler schon eingekauft. Wozu auch? Das nützt nur Billy Gates was. Nehmen Sie eine Version, die garantiert jeder

lesen kann. Im Word kann man mit dem Befehl *Sichern unter* die Version angeben, in der das Dokument gespeichert werden soll.

Ein File, ein Name, eine Endung

Schicken Sie nicht jede Seite und jedes Zeugnis in einem separaten File, sondern möglichst alle in *einem*. Nichts ist lästiger, als zehn verschiedene Dokumente in möglichst verschiedenen Formaten aufmachen, zusammenbasteln und ausdrucken zu müssen.

Verzichten Sie jedoch auf Riesenfiles! Ab 2 MBs blocken viele Mail-Server den Versand ab. Unsere größte E-Mail-BeWerbung war über 15 MB groß. Es hat uns den Mailserver und schier den EDV-Leiter gekillt. Wir haben den Absender noch vor dem Öffnen für wahnsinnig und kurz darauf für tot erklärt. Er hatte 50 Zeugnisseiten eingescannt und in Hochauflösung mitgeschickt.

Erfinden Sie keine verklausulierten, ellenlangen Namen für Ihre Files. Wenn Sie z.B. Meyer heißen, dann heißt das File *Meyer.doc* oder *Meyer.pdf*, und nicht *CV_Vs1.2_Mey_Pe_Fr_240902.pdf*.

Vergessen Sie die Programm-Endung nicht: *.doc*, *.pdf*, *.xls*. Sonst können PC-Benutzer das Teil oft nicht öffnen. Weiß der Fuchs warum.

Nix HTML, nix Powerpoint, nix Website

Verzichten Sie dringend auf ausgeklügelte Homepages im HTML-Format mit x Seiten oder auf Powerpoint-Präsentationen, die zwar allenfalls orginell, aber einfach lästig sind. Ich muss ein neues Programm öffnen, muss mich durchklicken, muss suchen, was wichtig ist und dann habe ich möglichst noch Probleme, das Zeug (Sorry!) auszudrucken. Dazu habe ich einfach keine Zeit. KISSS! (Das gilt natürlich nicht, wenn Sie sich als Webdesigner oder sowas beWerben!)

Exklusivität

Machen Sie keine Massenmailings, möglichst noch mit allen anderen Adressaten im Adressfeld. Auch hier gilt die Devise *Ein Schuss, ein Treffer!* und nicht das Schrotflintenprinzip: *Möglichst viel rumballern, irgendwo liegt dann schon ein Hase im Pfeffer*.

So, das ist alles zur E-Mailerei. Es ist klar, dass in ein paar Jahren fast alle BeWerbungen via Internet laufen werden. Machen Sie sich also auf jeden Fall damit vertraut. Außerdem ist das Internet eine sprudelnde Stellenquelle. Deshalb reit' ich so drauf rum. Davon mehr ab Seite 110. Bevor wir jetzt darangehen, die richtige Stelle zu finden, noch ein paar Worte zum Telefonieren. Denn ohne gekonntes Telefonieren ist das Stellensuchen nur halb so effektiv.

Wirksame Rezepte gegen Telefonangst

Seit Stunden schon kreisen Sie um dieses kleine Gerät mit den 12 Tasten, Sie haben schon x-mal Anlauf genommen und immer wieder ist Ihnen etwas Wichtiges eingefallen, was Sie noch tun müssen, noch 'n Kaffee trinken, noch 'ne Wäsche machen, den Hamster füttern, Vreni anrufen, im Kühlschrank nach »Du darfst« suchen. Dabei wissen Sie genau: Du darfst überhaupt nichts, du musst nur eines, nämlich den bösen Recrutti von der Firma *Diewollenmichehnicht* anrufen. Und je länger Sie rumkreiseln, umso böser scheint Recrutti und um so sicherer sind Sie, dass es sich eigentlich gar nicht lohnt, anzurufen, weil ja sonnenklar ist, dass der Sie eh nicht will. Ihr Hirn arbeitet fieberhaft an einer Es-ist-besser-ich-lass-es-Theorie. Immer mehr Gründe sprechen immer dagegner und schließlich lassen Sie's wirklich.

WIR SIND WELTMEISTER IM ENTWICKELN VON ICH-LASS-ES-LIEBER-THEORIEN

So vergeht Ihr Tag und Sie gehen ins Bett als geschlagener Ritter voller Furcht und Tadel, gedemütigt und sich selbst verachtend. Denn Sie wissen genau: Ich hätte es tun müssen, aber ich habe mich einfach nicht getraut. Hier das Rezept, wie's trotzdem geht:

Nehmen Sie den Telefonhörer in die Hand und rufen Sie an!

So, und nur so geht es! Echt, probieren Sie's aus! Es funktioniert. *Was soll ich denn sagen, ich habe so 'ne schreckliche Stimme, ich krieg' 'n Blackout, ich fang' an zu Stottern, Telefonieren is' nich' mein Ding etc.* Damit Sie ob solcher Selbstzweifel und Ängste nicht mutlos werden, hier die wichtigsten Tipps, wie sogar Sie diesen Horror heil überstehen und sogar Ihre Erfolgschancen steigern können:

Nr. 1: Vorbereiten ist alles

Mit einem Telefongespräch, vor allem dem ersten, können Sie einen *primacy effect* vom Feinsten landen – oder alles kaputtmachen. Also: Bereiten Sie das so sorgfältig vor wie das Vorstellungsgespräch selbst. Denn es beginnt oft schon am Telefon ein

Klein-Interview, bei dem nicht nur Tante Trude ins Trudeln geraten könnte. Lesen Sie etwa das Inserat oder Ihre Fragen noch einmal genau durch und bereiten Sie sich auf Folgendes vor:

- Was wollen Sie genau wissen? Welche Ihrer Fragen sind *wirklich* wichtig? Nur die stellen Sie.
- Welche Verstärker über sich wollen Sie schon mal platzieren, d.h. mit welchen paar Stichworten können Sie bestechend wirken?
- Welche Rückfragen könnten kommen?
- Bereiten Sie sich darauf vor, in wenigen Sätzen einen Überblick über Werdegang und Erfahrungen zu geben.

Es tut nicht weh, sich diese Sachen sogar aufzuschreiben. Machen Sie sich ruhig ein paar Notizen. Ich garantiere Ihnen: Ein Telefonat, in denen Sie ein paar deftige Verstärker landen, kann die Aufmerksamkeit eines Personalmenschen nachhaltig binden.

IN DER SCHULE HABEN SIF DOCH AUCH GESPICKT?

Nr. 2: KISSS Keep it short, simple and stupid

Ein Telefongespräch geht keine Ewigkeit, sondern ein paar Minuten. Wenn Sie einem Personalmenschen ein halbe Stunde abnehmen, dann wird er, egal wie gut das Gespräch war, den Hörer hinknallen und stöhnen: »Puh, das ging aber lang, was deeeeer alles wissen wollte; war ja ganz nett, aber was ich noch alles zu tun habe, herrjessesnei...« Und damit haben Sie sich als Vielredner geoutet und einen fetten Filter platziert. Nach wenigen Minuten mit einem begeisterten »Vielen Dank, das war schon alles, ich schick Ihnen noch heute meine BeWerbung zu« aufhören und noch einen schönen Tag wünschen, wirkt deutlich besser. »Na«, wird sich der Personalmensch sagen, »die Frau is' effizient und hat Power!« und gespannt auf Ihre BeWerbung warten.

Brechen Sie das Gespräch aber natürlich keinesfalls ab, wenn der Personalmensch mit Ihnen ins Reden kommt und Sie auszufragen beginnt. Dann hat der Fisch offenbar angebissen, und die Angel wird nicht aus der Hand gelegt.

Nr. 3: Nicht in der Unterhose

Sie merken immer, in welcher Form Ihr Telefonpartner ist. Achten Sie mal drauf. Sie hören viel mehr als bloß die Stimme. Sie hören am Nachklang oder den Geräuschen, wo er ist, an der Klarheit der Stimme, wie lang er schon wach ist, an der Energie, was für Kleider er an hat, an der Lautstärke, wie fit er sich fühlt, an der Geschwindigkeit, wie gestresst er ist etc. Deshalb:

UND NICHT MIT BUNTEN LOCKENWICKLERN IM HAAR

Krabbeln Sie *nie* aus dem Bett, um sofort Recrutti anzurufen. Nie und nimmer. Das müssen Sie mir hoch und heilig versprechen. Er hört an Ihrer Stimme, dass Sie noch im Pyjama rumdümpeln. Ein professioneller Telefontrainer hat mir immer gepredigt, dass man sich anzuziehen habe, als würde man zur Arbeit gehen, am besten in Anzug und Krawatte, mit After Shave und Schminke, als würde der Telefonpartner real gegenüber sitzen. Er hat Recht!

Und dann holen Sie vorher ein paarmal Luft, atmen Sie tief durch, hustense mal richtig, damit Sie nicht so knarrig klingen, machen Sie Ihre Morgengymnastik, laufen Sie ein paarmal ums Haus und schreien Sie Ihren Kanarienvogel an. Und erst dann, wenn Körper, Geist, Seele und Stimme so richtig fit sind und der arme Vogel halb tot, erst dann rufen Sie an, klaro?

Nr. 4: Üben Sie das Entrée

Wenn der Vogel noch kann, dann üben Sie weiter, damit Sie niemals ein Entrée wie das folgende hinlegen. Weshalb, das erkennen Sie am inneren Dialog eines unwirschen Personalmenschen, den wir in unserem Hörspiel mitgeschnitten haben:

Ja, also, äh – *Was is', hallo, wer is' da?* – Ich wollte Sie eigentlich anrufen, weil – *Sie wollten nicht, Sie tun's gerade* – weil ich hab nämlich, äh, ich wollt', äh – *Haben Sie nun oder wollten Sie, was stottert der denn da rum, Mann?* – wegen der Stelle, vielleicht – *Was will der Junge von mir, welche Stelle?* – ich würd' mich gern bewerben – *Tu's doch! Wieso rufste denn an?* – ich müsst' noch ein paar Dinge wissen – *Was für Dinge, nicht etwa das mit den Bienchen und Blümchen?* – also im Inserat schreiben Sie – *Jetzt liest der mir doch glatt noch mein Inserat vor?!?* – HWV erforderlich, ich hab' bloß an der Uni, äh – *Oh Gott, ein schüchterner Student* usw.

Spätestens jetzt wird der Personalmensch abblocken und so was sagen wie: »Also junger Mann, eins nach dem anderen. Sagen Sie mir doch erst einmal, wie Sie heißen!« Verstehen Sie, warum Sie sich vorbereiten sollen? Wenn Sie so anfangen, dann können Sie sich nie mehr auffangen. Der innere Dialog des Personalmenschen geht ab, wie die Post – allerdings nicht so böse wie unser Herr da oben. *Don't panic!* Aber wenn's auch nur so ähnlich läuft, dann gute Nacht. Deshalb: Üben Sie's, notfalls mit Ihrem Hund, wenn der Vogel nicht mehr hören will. Aber üben Sie's!

Nr. 5: Störungen ausschalten

Achten Sie darauf, dass Sie während des Gespräches von niemandem und nichts gestört werden. Nichts ist peinlicher, als wenn's von hinten keift »Mit wem redest du denn, Vreneli?« oder wenn das Baby gerade schreiend vom Wickeltisch plumpst, der Hund Nachbars Katze zerpflückt, der Teekocher pfeift etc. Schaffen Sie Ruhe und eine professionelle Atmosphäre um sich, denn auch die geht durch den Hörer, und wie!

Nr. 6: Äußere Vorbereitung

Legen Sie für Notizen Papier, Bleistift und Agenda bereit. Wieso? Was meinen Sie, wie das hier wirkt: »Moment, ich muss mir schnell was zum Schreiben holen.« Und dann hört der wartende Personalmensch im Hintergrund: »Raschel, raschel, kram, kram, wühl, wühl, Herrgott, wo is' denn diese verfluchte Agenda wieder, hast du wieder meine Agenda versteckt, du blöde Kuh« – und dann fällt Ihnen noch der Telefonhörer auf den Boden und Sie durch die Maschen. Was immer wichtig ist, aufschreiben, vor allem den *richtig* geschriebenen Namen Ihres Gesprächspartners inklusive Direktwahl und E-Mail-Adresse.

SCHAFFEN SIE SICH EINE PROFESSIONELLE ATMOSPHÄRE

Nr. 7: Klare Abmachungen

Treffen Sie klare Abmachungen über das weitere Vorgehen: Wer tut wann was. Meistens endet ein erstes Informationstelefonat mit Ihrer Zusage, Ihr Dossier einzureichen oder es bleiben zu lassen.

Wenn Ersteres, dann dürfen Sie ruhig fragen, bis wann Sie mit einer Antwort rechnen können, ob Sie sich wieder melden sollen oder ob Sie Bescheid kriegen. Wenn Letzteres, dann fragen Sie auf jeden Fall, ob es für Ihr Profil andere Möglichkeiten in der Firma geben könnte, wer zuständig ist und ob Sie allenfalls auch einfach mal die Unterlagen schicken könnten. Zu verlieren haben Sie damit nichts – aber Ihr Netzwerk ist um einen Knoten größer geworden.

Nr. 8: No number?

Was tun, wenn's keine Telefonnummer im Inserat gibt? Die Verantwortlichen sind dann meistens nicht auf Telefonate erpicht und werden sich kaum die Zeit nehmen wollen – so könnte man meinen und so meinen die meisten. Könnte schon sein, aber vielleicht hat's der Personalmensch auch einfach vergessen. Eine Chance mehr, einer von den wenigen zu sein, die doch anrufen und einen ganz dicken Verstärker landen.

Aber Vorsicht: Wenn Sie das tun, dann müssen Sie wirklich sehr gut sein! Dann müssen Sie sehr gute Gründe haben, dass es ohne Anruf nun wirklich nicht geht, und Sie sollten sehr knapp und präzise sein und bald mal wieder auflegen. Das kann umwerfend wirken.

Sie sehen: Das Telefon kann uns eine Menge Aufwand, Zeit und Warten ersparen und birgt eine Riesenchance, Ihre bestechenden Reize schon mal auszuspielen. Anrufen lohnt sich fast immer!

Die richtigen Stellen finden – das ist die Kunst

Die größte Verunsicherung und Frustration im BeWerbungsgeschäft entspringt immer demselben unnötigen Fehler:

**Der Bäcker bewirbt sich beim Metzger
und wundert sich, wenn der ihn nicht will!**

Fehler Nr. 2:

Sie finden überhaupt keine offenen Stellen,

weil Sie falsch suchen und immer nur in der Tagespresse rumstöbern mit dem ewig gleichen Ergebnis: »Ach Gott, wieder nichts für mich armen Wicht!« Aber: Stellen sind wie Pilze, die Besten findet man nicht im Supermarkt! Die meisten offenen Stellen sind *nicht* publiziert, jedenfalls nicht in den Zeitungen – die *allermeisten*! Was für Pilze der Wald, ist für Stellen *der graue Stellenmarkt*.

STELLEN SIND WIE PILZE – DIE BESTEN FINDET MAN NICHT IM SUPERMARKT

Fehler Nr. 3: Sie finden keine Stellen, weil Ihre persönliche Welt so eng ist und Sie selbst so faul oder fantasielos, sorry! Aber:

Die Welt ist immer viiiiiel größer, als Sie denken!

In diesem Kapitel erfahren Sie deshalb Folgendes:

- Wie man Stelleninserate richtig liest, damit Sie nicht plötzlich doch Metzger werden – ohne zu wollen, ups!
- Wie Sie treffende Anschreiben formulieren und mögliche Einwände produktiv kontern.
- Wie Sie den grauen Stellenmarkt, das Internet und die armen Personalberater richtig (aus)nutzen können.
- Im Kapitel *Coach Yourself* ab Seite 183 finden Sie dann auch ein paar Tipps zum Thema Horizonterweiterung.

Stelleninserate richtig lesen

Starten wir mit der normalen Stellensuche in der Zeitung. Wenn Sie hier Erfolg haben wollen, dann müssen Sie Stelleninserate richtig lesen. Kann doch jeder, werden Sie sagen, aber dem ist nicht so. Ich beobachte z.b. immer wieder folgende gravierende Unarten, die die meisten Menschen um den verdienten Sucherfolg bringen:

Unart Nr. 1: Es gibt ja eh nix für mich

STELLEN SIE SICH NICHT SELBST IN DEN WEG

Sie gehören vielleicht zu den vielen, die schon dann und wann was halbwegs Passendes finden. Schauen Sie dann aber genau hin, hagelt es blitzschnell 1.000 Gründe, weshalb Sie *nicht* in Frage kommen und warum sich nicht mal der Versuch einer BeWerbung lohnt. Stimmt's? Damit verbauen Sie sich die *meisten* Chancen. Suchen Sie ab sofort nur nach Gründen, weshalb Sie fast jeden Job auf der Welt machen könnten. Nur schon dieser kleine Perspektivenwechsel wird Ihnen ungeahnte Möglichkeiten eröffnen.

SICH SELBST BESTÄTIGENDE PROPHEZEIUNGEN

Ganz Sichere lesen erst gar nicht mehr richtig und blättern die Zeitung bloß noch hektisch-demonstrativ durch, um sich Ihre Chancenlosigkeit zu bestätigen. Dann sind sie fein raus, wenn Sie die Hände in den Schoß legen und über die schlechte Wirtschaftslage schimpfen. Haben Sie sich dabei schon ertappt, vielleicht nur ein bisschen? Wenn ja, dann ändern Sie das sofort!

Unart Nr. 2: Brandmal auf der Stirn

Viele Menschen haben ein präzises Wort dafür, was sie sind: *Sekretärin, Projektleiter, Disponent, Lehrer* etc. Mit dieser Selbstklebeetikette im Kopf gehen sie hin und suchen die Titel der Inserate ab. Sie sehen nichts anderes mehr und die Sekretärin wird blind für Inserate, in der man kaufmännische Angestellte, Assistentinnen, Administrationshilfen, Büroangestellte etc. sucht. Oder sie haben einen klaren Begriff, welcher Hierarchie sie angehören, sodass ihnen das Inserat für die Direktionsassistentin entgeht, obwohl sie den Job locker machen könnten, weil der Direktor ein ganz kleiner ist etc.

Verstehen Sie? Machen Sie auf, räumen Sie auf mit den Vorurteilen über die Weltlage, mit den Gründen, warum alles nicht geht und mit den Etiketten über sich selbst. Lesen Sie jedes auch noch so entfernte Inserat, sogar solche, die völlig danebenliegen. Sie werden staunen, was Sie alles dabei lernen über Firmen, Stellen, Karrieremöglichkeiten, Perspektiven, Kontaktpersonen etc. Vielleicht stoßen Sie so auf eine ungeahnte Möglichkeit und eröffnen sich neue Horizonte.

Legen Sie als erstes diese beiden üblen Unarten ab, zum Beispiel gleich hier neben das Buch, und machen Sie erst jetzt weiter.

Kleiner Stelleninserate-Verriss

Um Ihnen den überhöhten Respekt vor Firmen, Stelleninseraten und Personalmenschen ein bisschen zu nehmen, folgende Bösartigkeiten, die mich wiederum meinen Kopf kosten könnten: Nehmen Sie Stelleninserate nicht tierisch ernst! Denn selten weichen Sein und Schein weiter voneinander ab wie bei diesen seltsamen Sprachgebilden:

STELLENINSERATE SIND SPRACHLICHE MISSGEBURTEN

So glaubet der Laie, Unternehmen wüssten immer präzise, was für MitarbeiterInnen sie suchen. Das ist *falsch*. Wahr ist: Unternehmen haben oft absolut keine Ahnung, wen genau sie suchen, in den meisten Unternehmen gibt es keine standardisierten Methoden, um Stellen- und Anforderungsprofile zu erstellen, oft wird überhaupt keins gemacht oder wenn, dann nur so hopplahopp oder abgeschrieben oder von Leuten, die wenig Ahnung haben.

Auch meinet man, eine Stelle sei eine Art Blumenvase, die irgendwo rumsteht und bloß mit Blumen bzw. einem hübschen Menschlein gefüllt werden muss. Auch das ist *falsch*. Wahr ist: Eine Stelle ist ein hoch komplexes Sammelsurium von Realitäten, bestenfalls eine Konstruktion oder so was. Sie besteht nämlich nicht einfach aus Aufgaben, sondern vielmehr aus einer Atmosphäre, ChefInnen, MitarbeiterInnen, einer Firma, Visionen, Ängsten, aus Möbeln und Büroklimbims, zu ihr gehören (k)eine Zukunft, Entwicklungs- und Lernmöglichkeiten, Karrierechancen, vor allem auch (Un)Zufriedenheit, Ärger, Lust oder Frust, sogar eine Geruchswelt und weiß der Geier was noch alles. Stellen sind *keine* Kästchen.

STELLEN SIND KEINE KÄSTCHEN AUF ORGANIGRAMMEN

Seltsam zu meinen, man könne eine Stelle einfach mit ein paar Sätzen in ein Mini-Stelleninserat murksen. Das kann man nicht! Deshalb tun sich alle Inserateschreiber so schwer damit, schreiben bloß Belanglosigkeiten zusammen und hängen abgeschriebene Standardfloskeln aneinander.

Auch glaubt der Stellensuchende, die Inserateschreiber und Personalrekrutierer seien immer topausgebildete SpezialistInnen, die sich um nichts anderes kümmern, viel überlegen und mit größter Sorgfalt so eine Stelle mit allem Drum und Dran analysieren und dann ein durchgestyltes Stelleninserat schreiben. Das ist *das Allerfalscheste*.

Stelleninserate werden oft aus alten zusammengeschustert oder schlicht kopiert, weil man weder Zeit noch Know-how hat, was Besseres zu machen. Die Texter haben oft keine blasse Ahnung von Stellen und Teams, für die sie ein Inserat verfassen. Entweder sind sie zu jung und unerfahren, zu alt, überroutiniert und einfallslos oder sie sind zu weit weg vom Geschütz. Das ist v.a. in Großbetrieben so, wo eine Personalabteilung das Inserate-Schreiben übernimmt fernab der operativen Abteilungen. Das ist aber auch in Kleinbetrieben so, weil der Chef zwar ein guter Schreinermeister, aber noch lange kein Dürrenmatt oder Grass ist.

Vom Himmel hoch, da kommt nichts her...

Jungs und Mädels, was Ihr da manchmal zusammenschreibt ohne den Hauch einer Ahnung, das geht auf keine Kuhhaut:

Ich kannte einen Personalchef – und das war nicht der einzige – der war seit seinem Stellenantritt zwei Jahre zuvor nie in der Fabrik, für die er rekrutierte. Wie konnte der wissen, wen man dort wirklich brauchte? Er war nie dort! Er hatte nicht den Dunst einer Ahnung, sah aber sehr professionell aus, v.a. seine Krawatten und Anzüge waren vom Edelsten.

Ein renommiertes Technologieunternehmen hat die Texter-Aufgabe an eine externe Werbeagentur übergeben, die nur noch so was wie Cola-Reklame machte. Da hat die Werbung nichts mehr mit dem Produkt gemein, wie wir wissen.

Die Personalchefin einer großen Informatik-Division habe ich dabei ertappt, dass sie nicht weiß, was EDV oder IT überhaupt bedeutet, geschweige denn JAVA, COBOL oder OS390. Sie weiß es nicht, hat aber dennoch die Aufgabe, Stelleninserate für InformatikerInnen zu texten – das wär ihr Job.

Seifenblasen bestehen fast nur aus Oberfläche

Ich will nicht alles kaputtreden, aber die Schwangerschaft eines Stelleninserates bis zu seiner Geburt ist ein schrecklicher Leidensweg. Das Neugeborene ist meistens eine bunt schillernde Seifenblase, die zwar groß aussieht, aber sehr dünnhäutig ist und aus nichts als Oberflächlichkeit besteht. Sie platzt, kaum dass man sie richtig anschaut, und genau das machen wir jetzt.

Nehmen Sie sie also schon ein bisschen ernst, die Inserate, aber halten Sie nicht alles für die lautere Wahrheit, was da geschrieben steht: Das meiste ist Käse. Es sind definitiv keine Evangelien, in denen sich die Götter der Unternehmen offenbaren. So sehen es viele Personalmenschen gerne. Mich aber erinnern sie oft mehr an Tarotkärtchen oder so was. Sie dürfen also durchaus sehr viel salopper und mutiger werden im Umgang mit Stelleninseraten. Die Spielräume sind *viel, viel* größer, als im Inserat beschrieben.

Die Muss-Soll-Wunsch-Analyse mit AIDA

Auch bei den Stelleninseraten regiert die berühmte Erfolgsformel der Werbung. Vieles ist deshalb Schnickschnack. Um wirklich auf die Kernaussage zu kommen und darauf, was es zwingend braucht, um Chancen zu haben, schlage ich Ihnen folgende kleine Analyse vor: Ich gehe die Dinger mit Aidas schönen Adleraugen durch. Die Aida-Formel der Werbung – ein alter Hut, aber trotzdem gut – bedeutet nichts anderes, als dass Werbung...

- *A = Attention*, also Aufmerksamkeit erregen muss, um überhaupt wahrgenommen zu werden. Dazu dienen Grafik, Größe, dicke Lettern, Farben, Bilder, Lautstärke etc.
- *I = Interest*, also Interesse beim Empfänger wecken muss, um überhaupt aufgenommen zu werden; der Empfänger muss rasch mal merken, dass es um ein Thema *seines* Lebens geht.
- *D = Desire,* also ein Bedürfnis, einen Wunsch auslösen muss, den der Empfänger schleunigst erfüllen will; hier geht's ums eigentliche Angebot: Ein Begehrlichkeiten weckendes Produkt, eine hilfreiche Dienstleistung, eine tolle Stelle etc.
- *A = Action*, also eine Handlung auslösen muss, mit der der Empfänger seinen Wunsch auch erfüllen kann: Ab in den Laden, Bestellschein ausfüllen, Telefonhörer packen, BeWerbung schicken etc.

DIE AIDA-FORMEL
DER WERBUNG

Lesen Sie das nebenstehende Inserat genau durch und zerlegen Sie es gemäß Aida-Formel nach Elementen und Textteilen für *attention, interest, desire & action*. Sie werden merken, dass das meiste nicht der Information dient, sondern der puren Werbung, um *attention, desire & action*. Man wirbt um Sie, tirili!

Suchen Sie nur die kernigen Infos, den Rest können Sie streichen. Für Sie ist es wichtig, die wesentlichen Elemente für Ihre BeWerbung herauszufiltern und rot einzukringeln. Tun Sie das mit jedem Inserat, das für Sie interessant sein könnte. Je sorgfältiger Sie das machen, umso zielgenauer können Sie Ihr Anschreiben und den Lebenslauf fomulieren und desto besser sind Sie im Gespräch. Ein weiterer Vorteil: Sie lesen viel aufmerksamer, das schadet nicht!

Machen Sie keine Doktorarbeit daraus: Drei Kringel genügen völlig! Und seien Sie nicht allzu streng! Denken Sie immer daran: Personalmenschen wollen die Stelle optimal besetzen und deshalb tönt's in den Inseraten immer so:

Wir sind eine große Beratungs- und Treuhandgesellschaft mit einem vielfältigen Dienstleistungsangebot.

Da die jetzige Stelleninhaberin aus familiären Gründen kürzer treten muss, suchen wir per sofort oder nach Vereinbarung ihre Nachfolgerin als

Sekretärin

des Leiters der Abteilung Steuern und Recht.

Wir bieten Ihnen ein angenehmes Arbeitsklima in einem gut eingespielten Team, interessante und abwechslungsreiche Aufgaben, fortschrittliche Arbeitsbedingungen mit gut ausgebauten Sozialleistungen sowie einen zentralen Arbeitsort.

Wir erwarten von Ihnen eine abgeschlossene kaufmännische Lehre oder eine gleichwertige Ausbildung, selbständige Arbeitsweise, stilsicheres Deutsch und Kenntnisse der französischen und englischen Sprache.

Sind Sie interessiert? Dann senden Sie doch Ihre vollständigen Bewerbungsunterlagen an die Schweiz. Revisions-Gesellschaft Preis Wasserhaus Kupfers, Frau Berta Recrutti, Spitalstr. 12, Postfach, 3007 Bern.

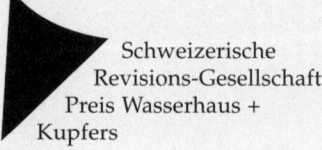

Schweizerische
Revisions-Gesellschaft
Preis Wasserhaus +
Kupfers

Richtige Menschen sind 30, männlich, unverheiratet, haben eine Topausbildung, 20 Jahre internationale Berufserfahrung, sind jung, dynamisch und flexibel, sprechen vier Sprachen perfekt und wollen nichts, außer sich für die Firma, den Chef und natürlich für wenig Geld zu Tode rackern.

RICHTIGE MENSCHEN SIND 30, MÄNNLICH, LEDIG, VIERSPRACHIG

Finden Sie bei diesem Inserat heraus, worin die Aufgabe besteht und ob Sie sie erfüllen können. Das hängt weder vom Geschlecht noch vom Alter oder sonstigen Details ab, sondern einzig und allein von Ihren Fähigkeiten und Ihrer Persönlichkeit (kleiner Wink an die Personalmenschen)! Stellen Sie dem Inserat also folgende Fragen:

- Worin besteht die Tätigkeit genau?
- Was muss der Mensch dort den ganzen Tag tun?
- Welches sind die drei wichtigsten *Muss-Fähigkeiten*, ohne die man den Job schlicht nicht machen kann?
- Welches sind *Soll-Fähigkeiten*, die wichtig sind, aber ohne die es zur Not auch ginge?
- Welches sind *Wunsch-Fähigkeiten*, die die Märchenprinzessin auch noch hat, auch wenn's absolut nicht nötig ist?

Halten Sie sich dabei möglichst nahe an den Text. Schon bei den Fragen zu den so genannten *Soft-Facts* stoßen Sie an die Grenzen des geschriebenen Wortes und die Interpretation muss abheben ins Reich der freien Assoziation und des Science Fiction:

- Was für eine Persönlichkeit braucht die Firma?
- Wie sollte ich sein, damit ich und die dort glücklich werden?
- Wie ist die Stimmung in der Firma, die Zukunft, die Motivation, die Führungskultur?

Keine Ahnung, jedenfalls nicht wirklich, es lässt sich kaum etwas Hieb- und Stichfestes sagen, oder? Alle Antworten, die Sie sich hier geben, sind Ihre Erfindung, Ihr Gefühl. Das muss Ihnen klar sein. Wenn Sie aufgrund Ihrer negativen Fantasien eine BeWerbung unterlassen, macht das keinerlei Sinn. Also Vorsicht! Alles läuft auf die eine, zentrale Frage hinaus:

- Bin ich der Mann / die Frau? D.h.:
- Erfülle ich die Muss-Kriterien?
- Und möglichst noch ein paar Soll- und Wunsch-Kriterien?

Wenn ja, dann los! Dann beWerben Sie sich und lassen Sie sich von kleinen atmosphärischen Negativgefühlen nicht davon abbringen.

Wenn Sie nicht alle Kriterien erfüllen, egal!

Tun Sie's trotzdem! Sie haben ja gehört, was von der Präzision in Stelleninseraten zu halten ist. Fragen Sie sich: Gibt es eine Möglichkeit, trotz fehlender Fähigkeiten oder Persönlichkeitsmerkmale den Personalmenschen von Ihren sonstigen Vorzügen zu überzeugen? Wenn, ja, dann wieder los!

NO RISK, NO FUN!

Je mehr Sie von der Ideallinie entfernt sind, desto mehr müssen Sie sich ins Zeug legen und sonst noch was bieten und argumentieren, damit ein Personalmensch Sie nicht fallen lässt. Lassen Sie sich durch nicht erfüllte Kriterien nicht entmutigen, hauen Sie halt umso mehr auf den Putz und streichen Sie Ihre sonstigen Vorzüge heraus. Außerdem haben vor allem größere Firmen immer wieder Stellen zu besetzen und sind deshalb stets an guten Angeboten interessiert. Und wenn Sie sich perfekt anbieten, dann werden Sie vielleicht nicht für diese, aber für eine andere Stelle eingeladen! Kleinere Firmen tendieren dazu, sehr offen für Alternativen zu sein. Deshalb können Sie auch dann passen, wenn Sie laut Inserat überhaupt *nicht* passen. Alles klar? Und außerdem: No risk, no fun!

Killerkriterien

KEIN BÄCKER SOLLTE SÄUE SCHLACHTEN

Wenn überall nein, dann lassen Sie's sein. Dann sind Sie der Bäcker, der Säue schlachten soll. Und das mag weder der Bäcker noch der Metzger – von den Säuen ganz zu schweigen!

Kleiner Kurs in Sachen Textinterpretation

Mit dem Inserat (S. 94) hab' ich's Ihnen extra ein bisschen schwer gemacht, denn es ist wirklich mies und man kriegt nicht viel raus, obwohl man's beim ersten Lesen gar nicht so merkt – es is' so nett und normal, gell? Wichtig ist, dass Sie wirklich auf den Text achten, der da steht und nichts reindichten, was *nicht* da steht, um sich dann von Ihrer eigenen Dichtung abschrecken zu lassen. Bei der Diskussion dieses Inserates in unseren Seminaren kommen immer viele, sich ausschließende Ansichten über den Job heraus:

- »Das ist ein Mäuschen für's Kaffeebringen und Blumengießen!«
- »Das is' 'ne Vorzimmer-Lady! Die muss bloß gut aussehen.«
- »Das ist eine Topkraft, immerhin die Assistentin des Leiters Steuern und Recht einer der größten Treuhandfirmen.«
- »Da geht's vor allem um Zahlen – na ja, Steuerformulare etc.«
- »Da geht's vor allem um Sprache, Verfassen und Abtippen von komplexen juristischen Gutachten und so.«

Bei der Deutung des Austrittsgrundes der Vorgängerin kommt:

- »Die Vorgängerin ist schwanger geworden, logisch!«
- »Ihr Mann hatte einen Unfall und ist ein Pflegefall.«
- »Sie ist selber krank / alt / gebrechlich und kann nicht mehr.«
- »Sie hat sich mit dem Chef überworfen.«

Das kann ja wohl nicht alles gleichzeitig stimmen. Außerdem steht auch nichts davon da, nur was von *kürzer treten*. Und dann ist's für die Stelle eigentlich absolut egal. Sie sehen, von präzisen Informationen kann keine Rede sein. Ob die wohl wirklich wissen, was sie wollen? Genau das öffnet Ihnen Tür und Tor, verstehen Sie?

Ach ja, das muss ich noch loswerden, das mit den Vorzügen der Stelle: Ist das nicht die nichtssagendste Sammlung von Langweilern, die man finden kann? *Angenehmes Arbeitsklima, eingespieltes Team, interessante und abwechslungsreiche Aufgaben, tolle Sozialleistungen und einen hübschen Arbeitsort blablabla.* Das haben doch alle und niemand! Was ist denn der Reiz an *dieser* Stelle? Der verschwindet hinter all den Floskeln. Das hier ist ein erschütterndes Beispiel, wie Langweiler wirken. Gähn und heul! Sie sehen: Auch Personalmenschen können noch einiges dazulernen.

HINTER FLOSKELN
IST NICHTS
ZU ERKENNEN

Das macht die Suche nach den folgenden *MSW*-Kriterien kurz und schmerzlos.

*M*üssen tun Sie (rot einkringeln!):

- Irgendeine kaufmännische Ausbildung haben
- Stilsicheres Deutsch können
- Wahrscheinlich Textverarbeitung beherrschen (steht nicht da, aber können Sie sich vorstellen, dass Sie dort alles von Hand schreiben?)

*S*ollenswert wäre allenfalls, aber wir wissen es nicht sicher:

- Branchenerfahrung (Juristerei, Steuern, Treuhand, Revision).
- Sprachkenntnisse in Französisch, Bern liegt 30 km von der Sprachgrenze, von dort ruft schon mal einer an.
- Noch mehr PC-Erfahrung, z.B.: Excel, Powerpoint, Access.

*W*ünschenswert wäre:

- Na ja, so ziemlich alles, was eine Sekretärin und ein Mensch im Allgemeinen sonst noch so mitbringen kann. Ende.

Unklarheiten beseitigen

Wenn Sie auf ein Inserat mit solchen Unklarheiten stoßen – und das wird bei vielen der Fall sein – dann rufen Sie ungeniert an und klären Sie Ihre Fragen. Zwei, drei, nicht tausend! Ein guter, knapper, präziser Anruf ist nicht etwa lästig, sondern für beide Seiten wünschenswert: Sie können sich schon mal einen Namen machen und einen Riesenverstärker landen. Und der Personalmensch hat Sie schon mal gehört und einen ersten guten Eindruck gewonnen. Zwar hat die Frau Recrutti ihre Nummer nicht angegeben, aber wir nehmen jetzt wiederum wohlwollend an, dass Sie das einfach vergessen hat, wie so vieles in ihrem Inserat. Bilden Sie sich nicht ein, die Frau hat das extra gemacht und will nicht angerufen werden. Davon steht hier nichts.

Wenn Sie die Firma auch noch ein bisschen *spüren* wollen, dann klicken Sie sich durch die Website, besorgen Sie sich Zeitungsartikel, Geschäftsberichte, Kataloge. Nur dann wissen Sie wirklich mehr. Ach ja, da fällt mir noch ein:

Kleiner philosophisch-psychologischer Ausflug

Es ist schon erstaunlich, was wir alles mit Informationen machen, wenn wir keine kriegen. Davon sprachen wir schon. Wenn wir Informationen vorenthalten bekommen, wo wir sie erwarten, dann ergänzen wir die Wirklichkeit vor uns durch Erfahrungen in uns. Wir dichten was dazu, so wie wir denken, dass es sein könnte. Die Wahrnehmung und die Dichtung zusammen ergeben erst die Welt, wie wir sie uns vorstellen. Das ist eine Tatsache! Das heißt: Unsere Welt ist immer irgendwie falsch und nicht ganz richtig. Unsere Welt ist immer eine persönliche Konstruktion, ein Dichtung, eine Komposition – IMMER! Sie kann und muss deshalb laufend umgebaut werden.

Das Konstruieren ist gefährlich, wenn wir unsere Welt für die einzig bare Münze halten. Das Wenigste existiert da draußen wirklich – jedenfalls nicht so, wie wir's uns denken, es ist alles immer irgendwie eine Interpretation und Marke Eigenbau.

Denken Sie mal ein bisschen drüber nach. Unsere Welt ist wie Schweizer Käse: Die Luftblasen drin sind die kleinen Inseln von klarer, durchsichtiger, präziser Information. Damit die Luftblasen zusammenhalten, basteln wir unseren Käse dazwischen. Jeder Senn hat sein eigenes Rezept und seine Regeln, wie er seinen Käse macht. Weil wir von der Welt eh immer nur einen winzigen Bruchteil wissen, ist das meiste Käse, was wir von ihr halten. Trotz der paar Blasen von Wahrheit drin.

DIE WELT IST IMMER MARKE EIGENBAU

WIR SIND DIE SCHÖPFER UNSERER WELT

Darum hüte man sich vor jeglicher Art von Fundamentalismus!

Das Konstruieren ist aber auch ungeheuer schön, denn es macht uns zu Komponisten, Dichtern, Architekten und Erschaffern unserer Welt. Wir können ständig Dramen und Tragödien schreiben, aber auch Komödien oder Liebesromane, wir können wuchtige Symphonien oder leichte Operettchen schreiben, es hängt von uns ab. Das ist doch wirklich grandios, finden Sie nicht?

Also, kommen wir zurück: Wenn Sie nun die richtige Stelle gefunden und Ihre kleine Aida- und MSW-Analyse gemacht haben, dann geht's ans Werk, an die Umsetzung in ein knackiges Anschreiben. Wenn Sie ein richtiger Volltreffer sind, ist das weniger ein Problem. Aber was tun, wenn nicht? Dann geht's darum, gekonnt zu argumentieren, und genau das machen wir im Anschluss an die üblichen DOs & DON'Ts:

DOs & DON'Ts

Hier finden Sie das Wichtigste, was Sie beim Stelleninserate-Lesen tun und was Sie besser unterlassen sollten:

DOs

- Sich beim Bäcker bewerben, wenn man Bäcker ist ...

- Mit der richtigen Einstellung an die Stellensuche rangehen: »Jobs gibt's wie Sand am Meer, auch für mich!«

- Stellenanzeiger möglichst ganz lesen, auch mal Inserate unbekannter Firmen oder völlig fremdartiger Jobs. Das bringt haufenweise neue Ideen!

- Stelleninserate nicht allzu ernst nehmen! Damit halten Sie die Auswahl größer!

- AIDA-Analyse durchführen: Wo sind die wichtigen, wahren Informationen.

- Muss-Soll-Wunsch-Analyse durchführen: Was braucht's für den Job wirklich! Drei rote Kringel genügen meistens!

- Die schlagenden Argumente, warum gerade Sie der absolute Volltreffer sind, genussvoll aufbereiten.

- Wenn Sie nicht ganz passen, sich umso mehr *beWerben* und zeigen, dass Sie doch ganz gut passen!

DON'Ts

- ... und nicht beim Metzger!

- Verboten ist: »Es gibt ja eh nix, ich brauch' gar nicht erst anzufangen.«

- In jedem Stelleninserat nach Gründen suchen, weshalb Sie nicht in Frage kommen.

- Im Stellenanzeiger nur Ihre Rubrik lesen und nur die Inserate, wo Ihr Etikett drauf klebt.

- Jedes blöde Wort auf die Goldwaage legen, und vor lauter Wald die vielen Bäume nicht mehr sehen!

- Nicht genau lesen und sich auf Nebensächlichkeiten einlassen.

- S mit W und W mit M und M mit S verwechseln! Das gibt schlechte BeWerbungen!

- Das Argumente-Erfinden dem Dödel von Personalmenschen und damit dem Zufall überlassen.

- Beim geringsten Zweifel aufgeben oder hoffen, dass der Depp Ihre Defizite nicht bemerkt! Er merkt's auf jeden Fall!

Die Umsetzung in treffende Anschreiben

Wenn Sie die AIDA-Analyse und die Muss-Soll-Wunsch-Liste (MSW) erstellt haben, dann geht's an die Umsetzung in ein treffsicheres Anschreiben! Wenn Sie die MS- und ein paar W-Kriterien erfüllen, dann gehören Sie zur Zielgruppe der Firma, dann halten Sie sich nicht zurück, sondern schälen Sie Ihre Vorzüge heraus, sammeln Sie kräftige Verstärker und gehen Sie damit auf Werbetour, etwa folgendermaßen:

Beispiel Treulinde Passepartout

Sehr geehrte Frau Recrutti,

ich denke, ich habe Ihnen für Ihre Position als Sekretärin des Abteilungsleiters Steuern und Recht viel zu bieten:

- 4 Jahre <u>Treuhanderfahrung</u> in verwandter Position
- <u>Perfektes Deutsch</u> (ab Stichworten), gutes Französisch und Englisch
- Seit Jahren <u>sehr zufriedene Chefs</u>
- Sehr gute PC-Kenntnisse <u>Microsoft Office</u>

Anbei meine Unterlagen. Interessant für Sie dürfte vor allem mein nagelneues <u>First Certificate</u>, die verschiedenen <u>Computerkurse</u> sowie das Zwischenzeugnis meines jetzigen Arbeitgebers sein. Ich freue mich auf das Gespräch mit Ihnen.

Weil ich im Geschäft kaum zu erreichen bin und abends gerade einen weiteren Computerkurs (<u>Excel für Profis</u>) besuche, werde ich Sie am kommenden Dienstag telefonisch kontaktieren.

Bis dahin verbleibe ich
mit freundlichen Grüßen

Treulinde Passepartout

Das mit dem PC-Know-how, das nicht ausdrücklich gefordert war, hat Treulinde in einem knappen Telefongespräch erfahren und sich damit einen zusätzlichen Vorteil verschafft. Mit diesem knappen, Verstärker-gespickten Brief und dem Telefonat wird sie eingeladen.

Bombensicher! So wird's gemacht, wenn man wirklich passt! Was aber, wenn nicht?

1. Standardeinwand zu alt & zu viel Erfahrung

Wenn Sie das Gefühl haben, Sie seien zu alt, dann ist das vor allem auch Ihr Problem. Lassen Sie sich von Altersangaben in Inseraten nicht allzu sehr beeindrucken. Es gibt nur wenige Stellen, die *wirklich* altersabhängig sind. So können Sie etwa nicht Model werden in einer Seniorenzeitung, wenn Sie nicht über 60 sind!

ALT SEIN IST KEINE FRAGE DES ALTERS

Alt sein ist meist ein subjektives Problem. Wir haben in unserer Personalberatungs-Praxis schon so viele objektiv alte Leute vermittelt, die vor Vitalität fast explodiert sind, und schon so viele objektiv junge Leute nicht vermittelt, die vor Schlafmützigkeit fast schon tot waren! Ich mag das Märchen von *Ab 50 keine Chance mehr!* nicht mehr glauben. Der Erfolg liegt in etwas anderem.

UNMÖGLICH IST ETWAS SOLANGE, BIS JEMAND ES GETAN HAT

Erfolg liegt an der Überzeugung, der Konzentration und Energie, mit der wir Dinge tun, aber auch an den Bedenken und Ängsten, die uns daran hindern. Sehr vieles, was uns nicht gelingt, scheitert an den Selbstboykott-Mechanismen, mit denen wir uns das Leben verbauen. Wer selbst schon weiß, warum etwas nicht geht, darf sich nicht wundern, wenn er niemanden sonst überzeugen kann! Natürlich ist es in unserem kollektiven Jugendlichkeitswahn heute ab 50 sehr viel schwieriger, eine Stelle zu finden, aber es gibt Mittel und Wege, es eben doch zu schaffen. Die müssen Sie ergreifen und dann sind Sie dabei:

Beispiel Henriette Frühling

Sehr geehrte Frau Recrutti,

gerade wegen meines ungeheuer hohen Alters (ich bin uralt, nämlich 54!) habe ich Ihnen neben einschlägigen Berufserfahrungen einiges zu bieten, was eben nur Menschen meiner Generation zu bieten haben:

- Große persönliche Stabilität, Konstanz und Ausgeglichenheit
- Anpassungsfähigkeit auch an anspruchsvolle Chefs
- Gehaltsvorstellung des Marktes, nicht des Alters

Und darüber hinaus das Selbstverständliche:

- 25 Jahre Erfahrung als Sekretärin und kaufmännische Assistentin; ich weiß also, worum es geht
- im Geschäftsleben erprobtes Deutsch, Französisch und Englisch
- nur zufriedene und administrativ völlig entlastete Chefs
- sehr gute Computerkenntnisse, denn ich bin Neuem gegenüber nicht nur aufgeschlossen, sondern gehe aktiv drauf los.

Ich werde Sie gerne beim Vorstellungsgespräch davon überzeugen. Anbei meine Unterlagen. Sie erreichen mich per E-Mail fruehling@henriette.com, unter 031 256 56 56 tagsüber oder 031 374 74 74 abends ab 19 Uhr.

Die gute Frau Frühling ist clever, finden Sie nicht? Sie packt die möglichen Alters- und Zu-Teuer-Bedenken des Personalmenschen beim Schopf und kontert gekonnt und verstärkend mit einem Schuss Selbstironie, Humor, aber vor allem auch mit Reife und Souveränität. Da weiß doch jemand wirklich, wovon sie spricht. Und wie dezent sie den Umgang mit schwierigen Chefs umschreibt!

Mit diesem Brief wird sie nicht immer, aber auf jeden Fall mehr Erfolg haben als mit einer steifen, altersadäquaten 08-15-Lösung, mit der sie mit Sicherheit durch die 08-15-Auswahlkriterien fällt. Manch ein Personalmensch wird sich nämlich sagen: »Herrgott, warum soll ich mir diese Frau nicht mal ansehen! Sie hat ja wirklich recht, da haben wir endlich 'ne langfristige Lösung für den Meier – die verheizt er nicht so schnell!« Und dann noch ein überzeugendes Telefongespräch – das kann doch nur klappen!

2. Standardeinwand zu jung & keine Erfahrung

Wenn Sie ein Muss-Kriterium nicht erfüllen, dann wird's schwieriger. Dann stellt sich als erstes die Frage, ob das überhaupt der richtige Job ist für Sie. Wenn Sie das immer noch glauben, gibt's nur eine Lösung: Sie legen dem Personalmenschen dar, dass das Defizit ganz schnell aufgeholt ist, denn Sie haben die entsprechende Weiterbildung schon begonnen oder so:

WAS DU NOCH NICHT KANNST, DAS KANNST DU NOCH LERNEN!

Beispiel Fränzi Weißnix

Sehr geehrte Frau Recrutti,

ich biete fast alles und bald noch mehr, als Sie von der neuen Sekretärin für den Leiter Steuern & Recht erwarten:

- Ein paar Monate Erfahrung in einem Anwaltsbüro
- Perfektes Deutsch (ab Stichworten)
- Einen sehr zufriedenen Chef
- Sehr gute Kenntnisse Windows 98 und Word 6

Seit Januar bin ich daran, meine jetzt schon ganz passablen Französisch- und Englischkenntnisse auf ein gutes Niveau zu bringen. Ich besuche deshalb intensive Sprachkurse:

- Abendschule Bärlauch: Business English-Intensiv (4 h/Woche)
- Privatstunden: Konversation Französisch (1 Abend/Woche)

Anbei meine Unterlagen. Interessant für Sie dürften vor allem die verschiedenen Computerkurs-Zeugnisse sowie das Zwischenzeugnis meines jetzigen Arbeitgebers sein. Ich freue mich auf das Gespräch mit Ihnen. Weil ich im Geschäft nicht gut zu erreichen bin und abends meine Sprachkurse besuche, werde ich Sie am kommenden Dienstag telefonisch kontaktieren.

Das liebe Fränzi Weißnix ist nicht auf den Kopf gefallen und weiß ganz schön viel. Hier wird aus dem Defizit fehlender Sprachkenntnisse ein Verstärker gemacht. Denn dass diese Frau vor Power und Initiative fast platzt, dürfte jedem klar sein. Auch das sucht Frau Recrutti: Jung, dynamisch, noch lernwillig etc. Also einladen!

SIND SIE IN IHREM LEBEN BLOSS ZUSCHAUER?

Sie sehen: Es gibt viele Möglichkeiten, den Dingen der Welt ein bisschen nachzuhelfen. Dass man dabei aktiv sein muss, versteht sich von selbst. Wer seinem Leben tatenlos zusieht, darf sich nicht wundern, wenn es an ihm vorbeizieht.

3. Standardeinwand zu teuer & überqualifiziert

Wenn Sie zu teuer sind für einen Job, weil Sie wahrscheinlich überqualifiziert sind, dann haben Sie zwei Aufgaben: Sie müssen zeigen, dass Sie nicht zu teuer sind, oder glaubhaft machen, dass Sie mit weniger auch zufrieden sein können, geld- und jobmäßig. Sehr gekonnt gemacht hat das einer meiner BeWerber:

Beispiel Fridolin Scheintot

Fridolin Scheintot, ein 56-jähriger Telekommunikations-Ingenieur war nach landläufiger Meinung völlig out of race, viel zu alt für die Welt und die modernen Technologien und viel zu verwöhnt in Sachen Prestige und Geld. Er hat – ganz und gar unscheintot – anstelle eines Anschreibens eine Analyse der Telekommunikations-Infrastruktur unseres Kunden vorgelegt. Clevere Idee! Er hatte sich vorher per Telefon schlau gemacht und daraufhin mehrere Verbesserungsvorschläge ausgearbeitet, von denen einer, das hat er vorgerechnet, das Unternehmen satte 200.000 Euro Kosten eingespart hätte.

Das hat er proaktiv gemacht, also von sich aus, ohne irgendeine Gegenleistung des Unternehmens. Es war einfach ein Geschenk. So ein Lieber! Sein einziger Kommentar im Anschreiben: Mit diesem Vorschlag sei die Gehaltsdifferenz zu den jungen, unerfahrenen Ingenieuren schon für Jahre bezahlt. »Und ich habe noch ein paar Sachen mehr auf Lager, die ich Ihnen gerne in einem persönlichen Gespräch zeigen werde.«

Schon geradezu brilliant, der Junge, finden Sie nicht? Sehr offensiv und gar nicht tot. Der clevere Fridolin hatte blitzartig eine Einladung auf dem Tisch und kurze Zeit später den Vertrag in der Tasche als Leiter Telematik in einem weltweit agierenden Konzern. In jedem Schulbuch steht das Gegenteil, nämlich dass so was nicht möglich ist. Es *ist* möglich, die Geschichte ist *nicht* erfunden. Er wird demnächst in dieser Stelle pensioniert. Natürlich hat's auch noch gefunkt zwischen dem technischen Leiter und ihm, aber Fridolin wäre ohne diesen Brief sofort *aus Altersgründen* ein Knif geworden. Verstehen Sie, um was es geht? Weniger spektakulär könnte es so aussehen:

Beispiel Bernadette Willfast geb. Nixmehr

Sehr geehrte Frau Recrutti,

Sie werden sich wundern, dass ich mich für diese Stelle bewerbe, denn ich war in meiner Berufslaufbahn bereits Direktionsassistentin eines Konzernleiters und kaufmännische Leiterin einer mittelgroßen Dienstleistungsfirma. Dennoch bin ich überzeugt, dass ich für Ihr Unternehmen eine sehr gute Option darstelle. Gleichzeitig scheint mir der Job für die nächsten Jahre auch meinen persönlichen Bedürfnissen genau zu entsprechen.

Ich werde dank meiner fachlichen Qualifikationen und beruflichen Erfahrungen Ihren Abteilungsleiter Steuern und Recht bestens entlasten können, denn ich bin in diesen Themen seit Jahren zu Hause. Andererseits sind meine Kinder aus dem Haus, ich bin (fast) frei von finanziellen Verpflichtungen und deshalb in dieser Hinsicht ziemlich flexibel. Und ich habe nach wie vor den Ehrgeiz, einen hervorragenden Job zu machen, aber keine Absicht mehr, zwei Stufen pro Jahr auf der Karriereleiter zu nehmen.

Anbei meine Unterlagen. Sie erreichen mich im Geschäft unter 01 345 67 67 oder privat unter 01 567 78 89.

Ich freue mich auf Ihren Anruf

Wenn die Firma tatsächlich nur ein Küken sucht, dann fliegt Bernadette Willfast-Nixmer aus dem Rennen, klar. Wenn nicht, dann ist sie zumindest im grauen Zielbereich. Wer weiß, was Frau Recrutti alles in den Sinn kommt, wenn sie so ein Kaliber an Bord holt: »Vielleicht schafft die den Job in kürzerer Zeit für weniger Geld« oder »Die könnt' ja nicht nur dem Meier, sondern auch dann und

wann dem Hugentobler die Kohlen aus'm Feuer holen. Oder dieses ewige Reorganisations-Projekt an die Hand nehmen oder endlich die eingebildete Ruckelshauser rausruckeln.« So spricht's in Frau Recruttis Gehirn, angetörnt von Bernadettes subtilen Ideen, und – schwups – liegt ihr Dossier bei den Eizulas.

Spüren Sie, worauf es ankommt? Wenn Sie nicht im Zielbereich liegen, dann nützt es nichts, um den heißen Brei herumzureden und so zu tun, als wär kein Problem weit und breit. Das Problem beim Schopf packen, es zu einem Plus machen, die Gedanken des Personalmenschen steuern, in neue, positive Richtungen lenken, das ist das Rezept, mit dem Sie definitiv besser fahren.

4. Standardeinwand Geschlecht

Sind Sie eine Frau? Das ist Ihr Fehler, nicht meiner. Wenn Sie sich doch nur ein bisschen Mühe geben würden, dieses Manko endlich zu beseitigen! Oder wollen Sie Ihr ganzes Berufsleben als Frau verbringen, also mal ehrlich?

Zynik ist hier *nicht* fehl am Platz, denn das Thema geht auf keine Kuhhaut: Obwohl selbst wir hier oben in den Alpen schon gemerkt haben, dass auch Frauen in einem gewissen Sinne Menschen sind, obwohl diese Erkenntnis, man glaubt es kaum, in der Schweizer Verfassung steht, verdienen Schweizerinnen noch heute 10–30 Prozent weniger für gleiche Arbeit und sind, je höher es geht, desto weniger vertreten. Ganz oben herrscht das reine Testosteron und die Unterbesetzung der Frauen liegt bei satten 100 Prozent. So ist das! Frauen kommen für gewisse Jobs *nicht in Frage* oder kriegen für etwas mehr Arbeit etwas weniger Lohn.

IN DEN CHEFETAGEN HERRSCHT DAS REINE TESTOSTERON

Das sind keine Klischees, sondern harte Fakten. Es gibt Frauen- und Männerjobs, ganz klar: Ein Model für Männermode kann keine Frau sein! Das ist keine Diskriminierung. Aber viel mehr Jobs fallen mir kaum mehr ein, die *wirklich geschlechtsabhängig* sind. Ein anderer noch knapp akzeptabler Grund sind Teamzusammensetzungen: Man will einen Mann, weil's im Team keinen oder zu wenige hat. Alles andere ist *immer* Diskriminierung, wenn jemand wegen seines Geschlechts abgelehnt wird. Was kann man da tun?

- Sich freuen, dass in den letzten 50 Jahren schon so viel erreicht wurde, auch das ist eine Tatsache.
- Nicht auf Alice Schwarzer schimpfen, sondern anerkennen, was solche Frauen geleistet haben.
- Weiterkämpfen für Mutterschaftsversicherungen, Lohngleichheit, Quoten, Kindertagesstätten etc. etc.
- Clevere Anschreiben schreiben, z.B. so:

Beispiel Her(r)mann Mann

Sehr geehrte Frau Recrutti,

ich denke, ich habe Ihnen für Ihre Position als Sekretärin des Abteilungsleiters Steuern und Recht viel zu bieten.

- 4 Jahre <u>Treuhanderfahrung</u> in verwandter Position
- <u>Perfektes Deutsch</u> (ab Stichworten), gutes Französisch und Englisch
- Seit Jahren <u>sehr zufriedene Chefs</u>
- Sehr gute PC-Kenntnisse <u>Microsoft Office</u>

Anbei meine Unterlagen. Interessant für Sie dürfte blablabla etc. pp.

Ich freue mich auf das Gespräch mit Ihnen. Weil ich im Geschäft nicht gut zu erreichen bin und abends gerade einen Super-Computerkurs besuche, werde ich Sie am kommenden Dienstag telefonisch kontaktieren. Ach ja, ich habe bloß einen Fehler, ich bin ein Mann!

Ein ziemlich freche, offensive, aber sehr wirksame Methode, diese Problematik zu kontern. Wenn der Leiter Steuern und Recht partout eine Frau will, dann hat unser Hermann eh keine Chance. Mit diesem Brief, in dem Hermann mit lauter Verstärkern ein Riesen-Ja in Frau Recrutti erzeugt, wirkt der Schlusssatz wie ein Paukenschlag und provoziert die *Egalité*-Gefühle jedes vernunftbegabten Menschen. Man kommt sich ertappt vor und fängt an zu trotzen: »Ich doch nicht, so doof sind bloß die andern. Den laden wir ein!«

So, das wär's. So viel zu den Stelleninseraten aus der Tagespresse und die Art und Weise, darauf erfolgreich zu reagieren. Die meisten freien Stellen allerdings werden gar nicht inseriert. Das ist logisch. Inserieren ist sehr teuer, also versucht man's *meistens* erst mal auf die billigere Art. Deshalb gibt es den *großen grauen Stellenmarkt*. Der graue Markt ist viel größer als der so genannte öffentliche in den Zeitungen und darf deshalb bei der Stellensuche auf *gar keinen Fall* ignoriert werden, sonst ist man wirklich wieder einmal selber schuld!

Den grauen Stellenmarkt richtig nutzen

Der größte Teil der offenen Stellen wird wegen der hohen Insertionskosten nicht ausgeschrieben, sondern unter der Hand besetzt, gewissermaßen unter Ausschluss der Öffentlichkeit. Das ist der *graue Stellenmarkt*. Es gibt offene Stellen, die sind so unöffentlich, dass nur ein paar Wenige davon wissen und der Markt geradezu stockfinster wird. Weshalb das so ist?

WARUM DER
GRAUE STELLENMARKT
SO GRAU IST

Heute leider aktuell: Ein Kunde entlässt mehrere hundert MitarbeiterInnen, stellt aber gleichzeitig neue Spezialisten ein. Das kann man fast nur auf inoffiziellem Wege tun, weil es für die Entlassenen und die Gewerkschaften wirklich unerträglich ist.

Keine Zeit: Ein anderer Kunde hat so viel zu tun, dass er vor lauter Stress schlicht keine Zeit hat, eine anständige Suchkampagne zu starten. Dabei hat er zehn Stellen offen.

Abwarten und Tee trinken: Viele Unternehmen suchen latent und warten einfach, bis die Richtigen irgendwie von alleine anmarschieren. Dazu werden oft auch die eigenen Mitarbeiter lanciert. Sie sollen, oft gegen 'ne gute Erfolgsprämie, ihre Bekannten anbaggern.

Andere Kunden wollen eigentlich Leute anstellen, planen neue Projekte, gehen aber nicht so recht dran und brauchen nur den richtigen Kick, sprich den richtigen Kandidaten vor der Nase.

Geheim: Ein Kunde will eine Niederlassung in der Schweiz eröffnen und sucht die gesamte neue Organisation zusammen. Das will er aber vor der Konkurrenz so lange wie möglich geheim halten. Außer der Geschäftsleitung und dem Personalberater weiß niemand nix.

Das ist der mehr oder weniger hell- bis dunkelgraue Stellenmarkt. Wussten Sie, dass ein einziges halbwegs großes Inserat in der Tagespresse zwischen 1.000 und 3.000 Euro kostet, eine Seite in der

Frankfurter Allgemeinen etwa 40.000 Euro. Bevor Personalmenschen inserieren, versuchen sie alle anderen Wege – logo. Deshalb ist der graue Stellenmarkt so *riesengroß*. Habe ich Sie überzeugt?

Ich schätze, dass vielleicht ein Viertel der offenen Stellen überhaupt in der Tagespresse ausgeschrieben ist! Je höher dotiert die Position, desto eher läuft's über Personalberater oder Head Hunter. Top-Positionen werden *alle* über Executive Search-Firmen besetzt.

Und jetzt kommt der Gag: Der größte Teil der BeWerberInnen beschränkt sich beim Suchen auf den *offenen Markt*, auf die Stelleninserate in der Tagespresse: Ich denke, rund drei Viertel der Stellensuchenden balgen sich um einen Viertel der in der Presse ausgeschriebenen Stellen.

Geht Ihnen ein Licht auf? Daraus folgt: Auf dem *offenen Markt* sind Sie einer unter vielen. Auf dem *grauen Markt* sind Sie hingegen eine von wenigen und keineswegs eine graue Maus. Also:

DIE ROTE MAUS
IM GRAUEN
STELLENMARKT

Stürzen Sie sich auf den grauen Stellenmarkt!

Der ist fast wichtiger als der offene, weiße Markt. »Wie macht man das, wo ist der graue Markt, wie komme ich da dran?«, werden Sie mich fragen. Auf den folgenden Seiten finden Sie gewissermaßen die Taschenlampen, mit dem Sie den dunklen bis grauen Stellenmarkt ausleuchten können:

• Das Internet
• Die Personalberater
• Das private Netzwerk

Sie werden staunen, wie viele Möglichkeiten es gibt!

So finden Sie
Jobs im Internet

Das Internet rechnen wir noch zum grauen, allerdings langsam ziemlich hellgrauen Stellenmarkt. Grau ist er deshalb, weil es immer noch viele Menschen gibt, die über keinen Internet-Zugang verfügen oder schlicht ignorieren, was für ein überwältigendes Informationsangebot ihnen da entgeht. Das Internet ist *das ultimative* Vehikel, um elektronische Informationen ökonomisch und ökologisch um die ganze Welt zu verteilen, sogar dorthin, wo Sie wohnen. Schade ist, dass viele Berufsgruppen nach wie vor noch wenig vertreten sind. Je technischer und akademischer, desto eher finden Sie was, je sozialer, gewerblicher und handwerklicher, desto eher finden Sie nix.

ZEITUNGEN SIND INFORMATIONS-VERTEILUNG PER LASTWAGEN

Es gibt fünf Wege, um im Internet Stellen zu finden:

Nr. 1: Direkt auf die Firmen-Website, logisch

Novartis, Credit-Suisse, Allianz, Siemens etc.: Wenn Sie es auf eine konkrete Firma abgesehen haben, dann besuchen Sie deren Firmen-Website. Fast jede Firma hat eine eigene Stellen-Übersicht. Aber das ist kalter Kaffee, das wissen Sie eh schon, oder? Auf den Stellen-Sites finden Sie v.a. auch die Namen, Telefonnummern und E-Mail-Adressen potenzieller Ansprechpartner. Benutzen Sie für den Direktkontakt zu Firmen auch Linklisten auf Portalen, Suchmaschinen, Job-Datenbanken etc.

Nr. 2: Job-Datenbanken

Da gibt's mittlerweile brutal viele, aber wenige gute. Wir empfehlen Ihnen einen kurzen Blick auf die Datenbankübersicht hinten im Buch. Und sonst surfen Sie ein bisschen rum. In Deutschland z. B.: *www.job.de*, *www.monster.de*, *www.c-cn.de* (für Studenten und Akademiker), *www.jobboerse.de*. Es gibt noch x andere, aber die meisten können Sie vergessen. Interessant sind auch Fach-Stellenmärkte mit klarer Spezialisierung auf eine Berufsgattung oder Branche. Da machen Sie sich am besten über ihren Branchenverband schlau oder surfen etwas rum.

Für Europa schauen Sie am besten bei *Google* unter den Verzeichnissen. Da finden Sie die besten Links. International führend sind *www.monster.com*, *www.topjobs.com*, *www.scout24.com* und *www.stepstone.com*, aber dann verlieren wir den Überblick.

Nr. 3: Job-Search-Engines

Mittlerweile gibt's clevere Job-Suchmaschinen, die das Internet nach Stellen absuchen, gutstrukturierte Resultate und keinen Datenmüll liefern. In Deutschland: *www.jobrobot.de* mit einem Riesenangebot an Stellen aus Firmen und Job-Datenbanken. Die Besten in der Schweiz sind der *www.stellenanzeiger.ch* und *www.jobsuchmaschine.ch*, die Job-Datenbanken und Firmensites abbilden.

Nr. 4: Abo-Dienste

Neben dem manchmal aufwändigen Rumturnen auf den Jobdatenbanken können Sie auch Abonnent von Suchdiensten werden: Sie geben Ihre E-Mail-Adresse und ein Suchprofil mit den wichtigsten Schlagwörtern der gesuchten Stellen ein, und dann kriegen Sie passende Angebote automatisch zugemailt. Keine eigene Suche mehr, kein Durchblättern mehr durch dicke Zeitungen, das machen die Maschinen, und zwar immer präziser und vollständiger. Je cleverer Ihr Suchprofil, umso genauer auch die Ergebnisse.

Die meisten großen Jobdatenbanken bieten solche Abo-Dienste an. Wenn Sie eine Stelle suchen, dann sind solche Abos *obligatorisch*! Sie wissen, was das heißt, oder? Ohne Abo gibt's keine Ausrede mehr, Sie würden keine Stelle finden, gell!

Nr. 5: Generelle Suchmaschinen à la ...

Google, Yahoo!, Altavista und wie sie alle heißen: Die haben bald alle Job-Such-Algorithmen entwickelt und spezielle Jobsites im Angebot. Aber die Ergebnisse sind oft ungenau, und es gibt so viele Jobs, es ist zum Verrücktwerden. Deshalb lieber auf die Job-Datenbanken, -Suchmaschinen und die Abos setzen. Dann haben Sie eh genug zu tun.

ABO-DIENSTE SIND FÜR DIE STELLENSUCHE EIN MUSS

Wenn Sie diese Möglichkeiten des Internets ungenutzt lassen, dann sind Sie wirklich selber schuld! So viel zu den Stellenanzeigern in Print- und elektronischen Medien. Was aber, wenn's gar keine Anzeige nirgendwo nicht gibt? – Da gibt's ja noch Personalberater!

So geht man um mit merkwürdigen Personalberatern

Personalberater sind seltsame Wesen und haben einen schillernden Ruf: *Menschen- und Sklavenhändler, Profit-Geier, unseriös, inkompetent, geldgierig, schlappes Gespräch und nie mehr was gehört,* so vernimmt man allenthalben. Stimmt alles, hab' ich alles selbst erlebt. Es gibt die geldgierigen Schlitzohren, aber es gibt auch die Lieben und Netten, die ihre Arbeit ernst nehmen – auch wenn sie ebenfalls geldgierig sein sollten. Es gibt in der Branche krasse Unterschiede! Es kommt auf Sie an, denn jeder kriegt den Personalberater, den er verdient!

Wozu braucht's die eigentlich?

Personalberater sind das Schmiermittel des Arbeitsmarktes, sagt man, d.h. ohne sie geht die Welt nicht unter, mit ihnen geht's aber in Sachen Jobkarussell etwas einfacher – manchmal. In hohen Chargen werden *alle* Positionen, in Spezialgebieten je nachdem zig-Stellenprozente über Berater und Head Hunter besetzt.

Erfahrene Personalberater kennen viele Personalmenschen und Firmen, und zwar von innen heraus. Sie wissen viel über die Möglichkeiten einer Karriere und können Ihnen deshalb wertvollen Rat geben. Sie kennen Ihr Gehaltsniveau, sie wissen von vielen Stellen des grauen Marktes und verfügen über Insider-Infos, an die Sie alleine nie und nimmer drankommen. Das kann außerordentlich nützlich sein. Aber wie können Sie so einen Berater optimal für sich einspannen und wann wird's gefährlich?

Was tun die überhaupt?

Wir Personalberater verdienen Geld, indem wir Leute wie Sie finden und an Firmen vermitteln. Für unsere Kunden (das sind die Firmen, denn nur die Firmen zahlen) wollen wir möglichst genau die Richtigen finden. Und wenn wir die an der Angel haben, dann sollen sie möglichst einen Arbeitsvertrag unterschreiben.

Entweder wir haben den Auftrag einer Firma, eine bestimmte Position zu besetzen. Das nennt man *Auftragsgeschäft.* Dann machen

wir Inserate oder sprechen mögliche Kandidaten direkt an (*Head hunting* oder schöner *Executive Search*). Oder aber wir arbeiten im Auftrag von Stellensuchenden: Dann suchen wir die richtige Stelle für Sie. Das nennt man *Erfolgsgeschäft*. Man könnt's auch *Job-Hunting* nennen. Geld kriegen wir auch hier von der Firma, aber erst, wenn Sie dort einen Vertrag unterschreiben. Ist der Arbeitsvertrag nur auf Zeit, dann heißt das *Temporärgeschäft* und die Personalberatung engagiert Sie selbst und vermietet Sie an die Firma.

Das ist Personalberatung in zehn Zeilen. Die Beratergilde macht deswegen immer ein Riesenbrimborium, damit sich alles schlauer anhört, aber jeder macht genau das hier und nichts anderes.

Weil immer die Firmen zahlen, kommt es vor, dass gewisse Berater Sie gegen Ihre Interessen in eine Stelle rein zu manipulieren versuchen, aber das machen nur die Hässlichen, Bösen und Geldgierigen. Beobachten Sie Ihren Berater also genau! So was spürt man. Wenn er Sie zu sehr bedrängt und mit abenteuerlichen Argumenten daherkommt, dann aber hallo und aufgepasst:

ACHTEN SIE
AUF DEN $-BLICK

Ich selbst hatte Philosophie und Literatur studiert und war ein blutjunger, ahnungsloser Journalist mit gerade mal zwei Jahren Berufserfahrung. Ein Personalberater, mittlerweile is' er pleite (komisch), wollte aus mir den Marketingverantwortlichen eines Deponie-Technologie-Unternehmens machen. Er hat aus seinem Zauberhut die skurrilsten Gründe hervorgekramt, weshalb gerade ich der Mann für die Müllkippe sei. Ich war so jung und von dem neuen Wort Marketing so fasziniert, dass ich ihm fast geglaubt hätte. Dann würde ich Ihnen hier jetzt erhellen, was in der Finsternis eines Abfallhaufens vor sich hingärt und wie man daraus mit neuster Technik sogar Babynahrung machen könnte – aber wahrscheinlich hätte ich schon lange Selbstmord begangen.

REIF FÜR DIE MÜLLKIPPE

VIELE WEGE FÜHREN
IN DIE IRRE,
EIN PAAR ABER AUCH
NACH ROM

Damit auch Sie nicht auf dem Kompost landen, ohne es zu merken, hier die wichtigen *golden rules* zum Umgang mit Personalberatern:

Nr. 1: Nur seriöse Unternehmen konsultieren

Arbeiten Sie nur mit ausgewiesenen Unternehmen und Beratern zusammen. Der Personalberater verkauft Sie schließlich an Ihren zukünftigen Arbeitgeber – und wer kauft schon einem Ekel was ab. Vertrauen Sie Ihrem Gefühl: Wenn Sie innerlich *Njet* sagen zu einem Personalberater, dann sagt das auch ein potenzieller Arbeitgeber. Der Ruf des Beraters färbt auf Sie ab. Ist er ein schwarzes Schaf der Branche, dann werden Sie auch eins, *määäh*.

SCHWARZE SCHAFE
FÄRBEN AB

Nr. 2: Fragen Sie nach seinem Spezialgebiet

Was nützt Ihnen der schönste Consultant, wenn er von Ihrem Fachgebiet keine Ahnung hat. Wie soll er Sie verkaufen, wenn er schlicht nicht weiß, was Sie eigentlich den ganzen Tag lang so machen, und wenn er die Firmen nicht kennt, die für Sie am interessantesten sind. Rufen Sie am besten vorher an und fragen Sie nach. Riecht es nach Feld-Wald-und-Wiesen-Vermittlung, dann rate ich zur Vorsicht. Wer auf allen Hochzeiten tanzt, den sollte man nicht heiraten! Zu Deutsch: Der versteht von allem herzlich wenig.

Nr. 3: Sagen Sie ruhig Nein

WENN ER SIE
NICHT ÜBERZEUGT,
DANN AUCH KEINEN
PERSONALMENSCHEN

Trauen Sie sich ruhig, einen Personalberater abzulehnen, wenn er Sie als Mensch, Berater und Verkäufer oder von seiner Fachkompetenz her nicht überzeugt. Wir sind zwar sensible Wesen, aber um unsere zarten Seelen geht's hier nicht, sondern um Ihre Zukunft, und das ist keine Nebensache. Wenn er Sie nicht überzeugt, wird er auch keinen Personalmenschen überzeugen.

Nr. 4: Das Beratungsgespräch nutzen

Beim Gespräch mit einem Consultant läuft eigentlich dasselbe ab wie sonst in einem Interview: Sie beWerben sich, vergessen Sie das nicht! Wenn Sie den Personalberater nicht überzeugen, wird er sich nicht für Sie ins Zeug legen.

Aber: Wir sind auch Ihre persönlichen Berater, Sie dürfen uns ruhig auch ein bisschen ins Jacket heulen, also Probleme ansprechen und um Rat fragen: »Wie soll ich mich verhalten, was soll ich sagen wenn, wie bewerten Sie dieses Zeugnis, was für ein Gehalt soll ich fordern, welche Ausbildung wär noch sinnvoll, was halten Sie von Firma x und y, ich habe immer den Drang, meine Chefin ins Bein zu beißen, warum hasst sie mich bloß?«, etc.

Fragen Sie diese Fragen bedenkenlos, gute Consultants können Ihnen wirklich weiterhelfen. Dafür sind wir da. Aber achten Sie darauf, dass Sie dabei den Glauben des Personalberaters an Sie nicht zerstören (z.B. das mit dem *ins Bein beißen*, naja).

Wenn Sie so skurrile Probleme haben, dass er Sie plötzlich verachtet, dann legt er Sie ad acta, und da wollen Sie ja wirklich nicht hin, oder? Ist ja auch doof dort. Findet er Sie hingegen traumhaft, dann findet er für Sie auch den Traumjob.

Nr. 5: Machen Sie sachte Druck

Wenn Sie einem Consultant sich und Ihre Unterlagen überlassen, und er sich für Sie zu engagieren verspricht, dann bleiben Sie am Ball, sonst vermodern Sie auf der Reservebank.

Treffen Sie klare Vereinbarungen, rufen Sie jede Woche an und fragen Sie nach dem neusten Stand. Personalberater sind heutzutage arme Kerle, die sich durch Berge von Dossiers durchkämpfen müssen. Da bleibt schon mal was liegen. Seien Sie also lieb mit uns! Melden Sie sich regelmäßig und fragen Sie nach, wie's steht. Erfahrungsgemäß wandert Ihr Dossier dann wieder nach oben im Stapel. Wenn nach Wochen nichts geschieht und der Berater nur noch dumme Ausreden stammelt, sollten Sie ernste Töne anschlagen. Fragen Sie, weshalb er Sie nicht richtig betreut, vielleicht lernen Sie was dabei. Und dann wechseln Sie den Berater.

OHNE DRUCK VERMODERN SIE AUF DER RESERVEBANK

Nr. 6: Ihre Mitarbeit ist wichtig

Wenn ein Consultant sich kostenlos für Sie geradezu aufreibt, immer wieder Stellen vorschlägt, Super-Vorstellungsgespräche organisiert und Ihnen die Jobsuche wirklich professionell abnimmt, dann ist er ein Lieber und Guter, oder? Ergo kooperieren Sie mit ihm, das hat er verdient. Erklären Sie präzise, welche Stellen Sie interessieren, welche nicht und warum. Dann wird Ihr Consultant sich immer besser auf Sie fokussieren, und Sie haben noch mehr davon. Das kann sich sogar Jahre später, beim nächsten Stellenwechsel, noch auszahlen. Geben Sie Rückmeldungen nach Vorstellungsgesprächen, damit der Consultant nicht verhungert, der Arme. Auch er braucht Feedback, Motivation und ein bisschen Lob.

IHR FEEDBACK IST SEIN LEBERWURSTBROT

Nr. 7: Den Markt spielen lassen

Natürlich werden Sie mehr als einen guten Berater einspannen, wenn Sie schlau sind. Das ist legitim – würd' ich auch so machen, auch wenn viele unserer Konkurrenten sich deswegen die Haare raufen. Wir haben das gar nicht gerne, aber nur, weil uns ein anderer die Provision wegschnappen könnte. Viele von uns drängen deshalb auf Exklusivität, aber das ist nur für uns gut, nicht für Sie. Kein Berater hat allein *alle* guten Kontakte, auch wenn sie das behaupten. Sie lügen einfach.

Nr. 8: Achtung vor Doppelspurigkeiten

Achten Sie jedoch unbedingt darauf, dass Sie wissen, welcher Berater was für Sie tut. Managen Sie Ihre Consultants. Geben Sie ihnen die jeweils besten Kunden für eine Kontaktnahme frei und

sperren Sie andere *ausdrücklich*. Keine Hemmungen und Mauscheleien, sondern Offenheit und Transparenz. Liegt Ihr Dossier bei einer Firma in doppelter oder gar dreifacher Ausführung auf dem Tisch, fällt das auf Sie zurück. Sie outen sich als unsorgfältiger Stellen-Winsler, der nicht mal so was im Griff hat. Die Firma muss eruieren, welcher Consultant ohne Ihr Einverständnis ihr Dossier rumgeschickt hat, wem sie die Provision schuldet, muss bei Ihnen rückfragen und alles is' peinlich. Das ist sehr unangenehm und ein Mega-Filter für *Sie* – und für den unschuldigen Personalberater.

Nr. 9: Achtung vor Massenversand

Wehren Sie sich deshalb vor allem gegen blinde, massenhafte Dossierverschickereien. Das machen ein paar Oberspezialisten unserer Branche: Dossier in den Computer, Mailprogramm starten, und dann *send mail to everybody all over the world*. Was das mit Beratung zu tun hat, ist mir schleierhaft. Sie verlieren vollends die Kontrolle und Ihr Dossier landet im besten Fall sogar bei Ihrem jetzigen Arbeitgeber, tralali, tralala. Das haben wir tatsächlich schon erlebt. Da kam bei allen aber helle Freude auf.

Nr. 10: Wer's nicht tut, is' selber schuld

Sie sehen: Wenn Sie es schaffen, einen guten Consultant für sich zu mobilisieren, dann erhöhen Sie Ihre Chancen massiv. Gute Consultants haben ein großes Netzwerk, dass sie für Sie aktivieren. Und sie haben Einfluss auf ihre Kunden, ziemlich erheblichen sogar. Ihr Rat entscheidet mit über Einstellung oder Ablehnung eines BeWerbers. Wenn Sie Ihren Consultant überzeugen, wird er sich für Sie stark machen und dafür sorgen, dass Sie Ihre Traumstelle bekommen. Nutzen Sie das aus, es lohnt sich!

Wer es richtig macht mit uns, dem öffnen wir Tür und Tor. Wer uns außer Acht lässt oder gar verachtet, der lässt sich ein großes, sahniges Teil von der großen, fetten Stellentorte entgehen und ist wieder mal selber schuld.

Wenn Sie Personalberater einspannen, dann haben Sie an Ihr persönliches Bekanntennetz mit einem neuen Knoten ein ganzes Netz neuer Verbindungen angehängt, nämlich den ganzen Bekanntenkreis des Personalberaters. Sie haben nichts anderes getan als professionelles *networking*. Davon im nächsten Kapitel:

Networking:
Netze auswerfen und
Fäden spannen

Networking ist die Kunst, immer im richtigen Moment die richtigen Leute zu kennen. Sehen wir mal ab von Beziehungsnetzen, die Sie als Tochter oder Sohn eines Königs, Hollywood-Stars oder Milliardärs einfach erben, wie viele Leute kennen Sie? Sie werden erstaunt sein, wie wenige es sind. Auch wenn Sie viele Leute kennen, es sind nicht Tausende. Und wenn Sie die noch wegnehmen, von denen Sie eigentlich nur den Namen und ein bisschen Smalltalk über's Wetter kennen, werden's maximal 100 sein. Im ganzen Leben begegnen wir Normalsterblichen bestenfalls 1.000 wichtigen Menschen. Maximum! So klein ist unsere Welt. Eigentlich wenig, wenn man sie den über 6 Milliarden Menschen gegenüberstellt, die's im Moment grad gibt, plus die, wenn ich richtig gerechnet habe, über 8 Milliarden, die im Laufe unseres Lebens geboren werden, um die Gestorbenen zu ersetzen. Sie haben die 500 Speicherplätze Ihres Handys nicht annähernd ausgeschöpft. Kaum 100, stimmt's?

FISCHERS FRITZ FISCHT FRISCHE FISCHE

Aber – und jetzt lernen wir die Bedeutung von Networking kennen – jeder von den 100 kennt wieder 100, und das sind schon 10.000. Und die wieder 100, dann sind wir schon bei 'ner Million. Bloß um drei Ecken rum! Über fünf Ecken sind wir bei 10 Milliarden, mehr als es Menschen gibt. Unglaubliche Rechnung, nicht?

ÜBER FÜNF ECKEN MIT DER MENSCHHEIT VERBUNDEN

Es gibt ein eindrückliches Experiment, wie real diese Netze sind. Dabei wurden Briefe um die ganze Welt verschickt, aber nicht per Post. Sie durften nur an persönliche Bekannte weitergegeben werden. Die Briefe kamen alle nach ein paar Handwechseln an, zum Beispiel der vom Jodler Peter aus Lützelflüh an den Pizzaiolo Francesco in Chicago (erfunden): »Ich kenn' doch Fred, der fährt nächste Woche in die USA, holdrihö.« Und Fred: »Ich treff' doch in New York Sammy aus Chicago.« Und Sammy: »I know Alister, der lived doch in the gleich district.« Und Alister: »Ich love doch Betty, she wohns in der 20th street.« Und Betty fragt Vincence, der immer im »Don Quijote« die Pizzas von Francesco isst. So geht das!

Jetzt wissen Sie, wie wichtig *networking* ist! Wir müssen ja nicht gleich die ganze Welt umarmen, aber wenigstens die Richtung einschlagen. Erfolgreiche Menschen verfügen über die Gabe, ihre Fäden überall hinzuspannen und die wichtigen, tragfähigen nicht

mehr reißen zu lassen! Wie machen die das? Es geht nicht darum, an blödsinnigen Cocktail-Partys ein paar dümmliche Wörtchen mit Mr. Oberwichtig zu ergattern und dann zu meinen, man sei auch ein bisschen oberwichtig. Um Himmels willen, nein! Das Knabberzeug und die Proseccos sind meistens das Beste, was es bei solchen Anlässen zu holen gibt. Es geht darum, was Sie tun können, um *Ihren* Bekanntenkreis zu aktivieren, zu kultivieren und ihn um ein paar wichtige Menschen zu erweitern. Das genügt meistens schon. Networking ist eine Lebenseinstellung, nicht bloß eine Stellensuchstrategie.

Wer tut mir gut?

Erstellen Sie eine Liste von Menschen, die Sie kennen: Eltern, Onkels, Tanten, Freunde, ArbeitskollegInnen, ChefInnen, Lieferanten, Kunden, Nachbarn, Bekannte, ehemalige Mitschüler, MitstudentInnen, KursmitbesucherInnen, Vereinsfreunde, Bekannte inklusive Beruf und Firmen, in der sie arbeiten oder gearbeitet haben. Besser noch ist eine Datenbank mit Serienbrief- und E-Mail-Funktion! Und machen Sie gleich 'ne Beurteilung zu jedem: Wer ist wirklich wertvoll, wer ist wirklich nützlich für mich und wofür? Nur schon beim Nachdenken darüber werden Ihnen ungeahnte Türchen aufgehen und Sie werden merken, wer Ihnen wo und wie allenfalls Hilfen, Infos und Tipps geben kann.

Das klingt zwar schrecklich utilitaristisch, aber es ist durchaus im Sinne von *Wer tut mir gut und bereichert mein Leben?* gemeint. Wir machen uns viel zu wenig Gedanken darüber, mit wem wir überhaupt unsere Lebenszeit verbringen. Überlegen Sie mal, wie viel Leben sie schon mit Knalltüten verplempert haben, statt sich um die wirklich wertvollen Menschen Ihres Lebens zu kümmern.

Sobald Sie die Liste haben, dann frischen Sie Ihre Kontakte systematisch im Hinblick auf die Stellensuche auf: Telefonieren, E-Mails oder Briefe schreiben, Kaffee trinken oder Essen gehen, nach Hause einladen etc. Systematisch heißt:

- Nicht alle auf einmal, sondern bloß die, die Ihnen wirklich wertvoll sind, sonst machen Sie's eh nicht. Sagen wir drei pro Stellensuchtag, ok?
- Regelmäßig: Monatlich, vierteljährlich, jährlich. Terminieren Sie das, es ist wirklich was wert. Sonst vergessen Sie plötzlich Ihre bärtige Tante Berta, und das wär schlimm, denn die kennt doch den steinreichen Scheich von Brunei von der Bridgerunde her.
- Stellen Sie konkrete Fragen, nicht einfach bloß »Hallo, Tantchen, wie geht's denn so, wollt mich mal wieder melden«, das bringt nicht viel. Sondern so:»Du, Tante Berta, ich such' nen

neuen Job und du kennst doch diesen Scheich da. Könntest du den nicht anhauen für mich? Ich bring dir auch meine Unterlagen vorbei, und du hast dann mindestens 'ne Pizza gut bei mir und darfst mir auch wieder mal einen Kuss geben« (von wegen Bart). Menschen tun anderen im Allgemeinen gerne einen Gefallen. Man fühlt sich dann so gebraucht, nützlich und wohltätig.

• Terminieren Sie das Nachhaken nach der Bridgerunde!
• Tun Sie es heute schon, nicht erst, wenn Sie's dringend brauchen. Macht eh viel mehr Spaß und bereichert das Leben. Vielleicht macht Sie der Scheich ja zum Alleinerben, wenn Sie schön lieb mit ihm sind.

Wem tun Sie gut?

GUTE BEZIEHUNGEN
SIND IMMER
SYMMETRISCH

Beziehungen, von denen nicht beide Seiten in etwa gleichviel profitieren, brechen ziemlich schnell ab. Ziemlich unromantisch, aber so sind wir Menschen nun mal, elend berechnend. Sie werden deshalb nur Beziehungen halten können, in die Sie mindestens gleichviel reingeben, wie sie rauskriegen. Das bedeutet zum Glück auch: Schleimer bleiben im eigenen Gesabber stecken, schlurpf.

Machen Sie sich deshalb keine Illusionen, dass der Scheich von Brunei an Ihnen interessiert wäre. Er ist nur in Ihre Tante Berta und deren umwerfenden Bartwuchs vernarrt. Wenn Sie keine Tante Berta und auch sonst nichts zu bieten haben, dann vergessen Sie's. Oder überlegen Sie, wem Sie gut tun und wessen Leben Sie wie bereichern können. Wenn Sie was zu geben haben, dann geben Sie's. Haltbare, gute Beziehungen sind *immer* symmetrisch. Erfolgreiche Networker verteilen mit vollen Händen: Gefälligkeiten, Dank, Lob, Lachen, Informationen, Anerkennung, Sympathie, Interesse, Zeit, kleine Hilfen, Einladungen, zu guter Letzt auch manchmal Material oder Geld, und alles, ohne sich anzubiedern.

Ich bin deshalb auch diesen Networking-Erfolgsbüchern gegenüber skeptisch, die Ihnen zeigen wollen, wie Sie an Mr. und Mrs. Unerreichbar rankommen. Machen Sie keine Wissenschaft und keinen Krampf draus, lassen Sie sich nicht zu einem Schleimer machen. Holen Sie aus Ihrem persönlichen Netzwerk raus, was eh schon drinsteckt. Damit haben Sie bereits genug zu tun.

Nein sagen und sich abgrenzen können

Lebenszeit ist extrem kostbar, weil unersetzlich. Sagen Sie ab sofort *Nein* zu Kontakten, die Sie bloß nerven und langweilen. Grenzen Sie sich ab. Das klingt hart, aber es geht auch um die Zeit der anderen, die sich von Ihnen etwas versprechen, das Sie ohnehin

nicht halten wollen. Also weshalb veräppeln Sie sich und die andern? Lassen Sie schlechte Kontakte bleiben, sie bringen keinem der Beteiligten etwas. Das ist auch bloß am Anfang hart, irgendwann ist die Sache erledigt, sie hätt ja eh keinem der Beteiligten was gebracht.

Kennen lernen, wen Sie noch nicht kennen

Hier wird's schwieriger. Ich habe die meisten wertvollen Neukontakte über meine Bekannten zustande gebracht. Wer mit einem Bekannten was unternimmt, lernt dessen Bekannte kennen, mit denen er wieder was unternehmen kann, um dann deren Bekannte zu treffen. So geht das Lawinenspielchen.

DAS LEBEN WIRD'S SCHON RICHTEN

Das lässt sich kaum auf die Schnelle machen, das braucht Zeit, das ist ein Prozess, eine Lebenshaltung. Tun Sie's einfach und dann lassen Sie dem Leben seinen Lauf. Es wird's schon richten.

Mein größtes Geschäft habe ich übrigens in meinem Stammlokal angebahnt. Ich schreibe das, obwohl man mir davon abgeraten hat, wegen schlechtem Eindruck und so. Aber es stimmt: Ebendort habe ich viele wichtige Leute kennen gelernt, denn es ist das Lokal, in dem am meisten Personalchefs und IT-Freaks ihren Feierabend einläuten. Ich meine natürlich keine Saufkneipen, wo Sie unterm Tisch jene selbst ernannten Manager antreffen, die sich tags darauf als notorische Suffköppe entpuppen.

Internet-Networking

Das Internet ist die moderne Lösung für das Networking. Was für ein Problem Sie auch haben, im Internet gibt's todsicher ein Diskussionsforum oder eine Newsgroup, die sich um nichts anderes kümmert als genau um das. Gute Newsgroups sind ein Eldorado für Informationen, Erfahrungsaustausch und Kontaktanbahnung. Ich löse heute jeden IT-Fehler mit Anfragen in Newsgroups, aber auch alle Probleme mit der Erziehung des Hündchens meiner Nachbarin. Wenn Sie's noch nie getan haben, dann müssen Sie's unbedingt ausprobieren, es lohnt sich.

Was Sie alles sonst noch tun können

Hier finden Sie eine Übersicht von nicht allesamt ernst gemeinten Ideen, die unsere Seminarteilnehmer in verschiedensten Brainstormings zum Thema *Networking* zusammengetragen haben.

Wo und wie lerne ich die wichtigsten Leute kennen?

- In einen / zwei Vereine (Sport, Musik u.ä.) eintreten und...
- ...Vereins-Bekanntschaften aktivieren.
- Lawineneffekt: Aus jedem Bekannten zwei neue holen:
  »Kennste nicht jemanden, der mir bei xy helfen könnte?«
- Interessengemeinschaften beitreten: Wirtschafts-, Berufs- und
  Branchenverbände, Lions, Rotary, Geheimloge.
- Berufsverbände, Gewerkschaften kontaktieren.
- Kirchgemeinde kontaktieren.
- Verwandte, Freunde, Bekannte, ...
- ehemalige Kunden, Lieferanten, ...
- ehemalige Geschäftsfreunde, -partner, ...
- ehemalige Arbeitskollegen, Chefs, Angestellte, ...
- Schul- / Studien- / Kurs-Kollegen aktivieren.
- Wieder mal 'ne riesige Party organisieren.
- Den kalten Freundeskreis aufwärmen.
- Banken / Treuhänder aktivieren.
- Vernissagen / Ausstellungen / Cocktail-Partys besuchen.
- Kurse, Seminare, Workshops besuchen – vgl. den Erfahrungsbe-
  richt unseres Veterinärimmunologe auf Seite 220. Wäre der
  nicht in unsrem Kurs gewesen, wär er jetzt in der Gosse.
- Intensive Besuche schmuddliger Dancings und Bars?!?

Wie mache ich mich bekannt?

- Publikationen, Artikel schreiben. So hat sich einer unserer Semi-
  narteilnehmer einen Bombenjob verschafft: Er hat über ein
  Arbeitslosen-Projekt im Ausland eine vielgelesene Berichtsserie
  für die Lokalzeitung verfasst und wurde aufgrund dessen enga-
  giert!
- Referate und Vorträge halten.
- Bücher verfassen.
- Selber Seminare, Kurse durchführen – und wenn's Tanzkurse
  sind – wen man da nicht alles kennen lernt.
- Eigene, lebendige, nützliche Website ins Internet.

Wie komme ich zu Infos

- Internet nutzen.
- Suchmaschinen: Google, Altavista, Yahoo! etc.
- Stellenanzeiger Print und Internet.
- Telefonbuch, weniger gut.
- Branchenverzeichnisse, Gelbe Seiten, Ragionenbuch.

- Datenbanken, Gelbe Seiten etc.
- Mitgliederverzeichnisse aller Art, ...
- Messe-, Ausstellungs-Kataloge durchforsten, Ausstellungen und Messen besuchen.
- Handelsregister, Wirtschaftspresse, Handelsamtsblatt lesen.
- Berufsberater, Berufsinformations-Zentren.
- Staatliche Anzeiger.

Stellen- und BeWerbungskreis erhöhen

- Spontan- / BlindbeWerbungen schreiben.
- Temporärbüros, Personalberater einschalten.
- Chiffre-Inserate beantworten und Selbstinserate schalten.
- Outplacement-Firmen kontaktieren.
- Management-auf-Zeit-Vermittler einspannen.
- In Bewerberpools von Grossunternehmen und...
- ...in Internet-Abo-Dienste einschreiben.
- Newsgroups im Internet frequentieren, das ist ein gigantisches Networking-Reservoir.

Netzwerk fördernde Aktivitäten

- Telefonmarketing, d.h.: Rumtelefonieren.
- Aufträge akquirieren und selbständig werden.
- Zwischenjob unter der persönlichen Würde übernehmen.
- Persönliche Mobilität ausdehnen (vgl. Seite 218).
- Hobby zum Beruf machen: Bergführer, Tauchlehrer, Tanzlehrer, Model werden. Wie wär's?
- In eine Hilfsorganisation eintreten.
- Ein Ehrenamt übernehmen; in einem Organisationskomitee oder Vereinsvorstand mitmachen.
- Die richtigen Lokale aufsuchen.
- Selber Feste organisieren.
- Clochard werden.

Nehmen Sie sich die erfolgversprechendsten Ideen heraus und wenden Sie sie konsequent an. Es lohnt sich und es macht Spaß!

So, jetzt haben wir alles beisammen: Das Anschreiben, den Lebenslauf, die Zeugnisse und die richtige Stelle. Hier noch eine Zusammenfassung der wichtigsten guten Taten und schlimmen Sünden. Wenn Sie alles schön brav gemacht haben, da passiert's dann plötzlich: Sie bekommen die Einladung zum Vorstellungsgespräch. Oh Schreck, zitter, bibber! Sie haben es zwar geschafft, aber was nun?

DOs & DON'Ts

Sehr überzeugt hat mich ein Verkaufsleiter, der sich einen Tagesplan für die Stellensuche verpasst hat: »Bevor ich das Tagesziel nicht erreicht habe, darf ich nichts anderes tun. Aber wenn, dann krieg ich 'ne dicke Belohnung.« Ihm sind die meisten dieser DOs zu verdanken. Und er hat natürlich sehr bald eine Stelle gefunden.

DOs

- Stellenanzeiger und Wirtschaftsteil zweier lokaler Tageszeitungen und einer überregionalen Zeitung durchlesen – die ganzen. Mehr Firmen, Kontaktadressen und Ideen finden Sie nirgends!

- Jeden Tag 1 h Internet-Forschung: Jobdatenbanken, Firmenwebsites, Branchenverbände, Institutionen. Da können Sie surfen bis in alle Ewigkeit!

- Sich in jeden möglichen Abonnementsdienst eintragen und bei dürftigen Resultaten sofort umprogrammieren.

- Jede mögliche Stelle sehr genau nach MSW-Kriterien analysieren; abgestimmtes Anschreiben verfassen; Kontaktperson checken, evtl. Lebenslauf anpassen und dann los!

- Networking 1: Jeden Tag einen substanziellen Kontakt mit einer Zielfirma: Anruf, Brief, E-Mail.

- Networking 2: Jeden Tag ein bis zwei wertvolle Menschen kontaktieren und was Konkretes fragen, vereinbaren, tun.

- Networking 3: Jede Woche einmal die Personalberater anrufen.

- Pro Woche mindestens zwei substanzielle, richtig gute Bewerbungen oder Spontanbewerbungen versenden.

DON'Ts

- Nur den vermeintlich *eigenen* Stellenteil lesen, sich mit der *Von-Wirtschaft-versteh'-ich-eh-nix*-Einstellung rausmogeln oder mit der *Es-ist-sowieso-nix-dabei*-Attitüde schnell mal durchblättern.

- »Internet ist nur was für Technofreaks, nix für mich. Außerdem hat's viel zuviel Zeugs drin« oder »Computer sind eh dämlich.«

- Erst gar keinen Anlauf nehmen oder wenn nix kommt, die dummen Suchroboter in Grund und Boden verdammen.

- Auf jede Stelle das Standard-Anschreiben mit dem Standard-CV einsenden, möglichst noch mit *Sehr verehrte Damen und Herren* versehen.

- »Ach, das hat sowieso keinen Wert« oder »Das mach' ich lieber morgen.«

- Networking und soziales Verhalten auf unbestimmte Zeit verschieben: »Allein zuhaus' ist's doch so schön. Menschen sind doof.«

- Abwarten, Tee trinken und immer saurer werden, weil die sich nicht melden.

- Für jede mögliche Stelle tausend Gegengründe konstruieren, um es schließlich bleiben zu lassen.

Vorstellungsgespräch – no problem

Von der Horrorvision zur Erfolgsstory! Das Vorstellungsgespräch ist für viele Menschen eine Horrorvision, besetzt mit allerlei Hokus Pokus über zähnefletschende Personalmenschen, doppelbödige Moral, Boxkampf-Stimmung und Spießrutenlauf. Es geht so weit, dass einige vor Personalmenschen mehr Angst haben als meine Tochter vor Jack the Ripper oder Leonardo DiCaprio.

Dabei ist es doch so: Wenn Ihre BeWerbung zu einem Vorstellungsgespräch führt, dann können Sie sich schon mal beglückwünschen! Sie sind unter den ersten Fünf platziert! Jetzt geht es nur noch darum, zur Number One zu werden und sich optimal zu verkaufen!

SIE HABEN SCHON MINDESTENS DIE BRONZEMEDAILLE

Und das trainieren wir jetzt. In diesem Kapitel finden Sie:

- Was Sie da eigentlich erwartet.
- Wie man clever fragt: Kleine Einführung in die Interviewtechnik. Wenn Sie das gelesen haben, können Sie Personalmensch werden.
- Wie der *Primacy Effect* wirkt.
- Was Personalmenschen fragen: Heiße Fragen, überzeugende Antworten.
- Was Sie die Personalmenschen fragen können.
- Wie man über Geld redet.
- Was Ihr Körper alles über Sie sagt, wie Sie Ihren Körper zum Botschafter Ihrer Vitalität machen, wie das mit der Schauspielerei funktioniert etc.
- Von Accessoires bis Händedruck: Der Teufel liegt im Detail.
- Was Sie gegen zu viel Nervosität tun können.

Was Sie da eigentlich erwartet

Das klassische Drehbuch jedes Vorstellungsgesprächs hat verschiedene Phasen, die meistens schön brav hintereinander absolviert werden, aber auch so ein bisschen ineinander verschachtelt sein können. Wichtig ist, dass Sie wissen, was da auf Sie zukommt. Dann wird alles viel einfacher und durchsichtiger. Also, das geht so:

1. Die »Warming up«- und »Smalltalk«-Phase

KEINE ANGST VOR DEM WETTERBERICHT

Sie kommen zur Türe rein, drücken sich das Händchen und wärmen sich ein bisschen zusammen auf, wie die Turner beim ersten lockeren Rundendrehen. Man schwätzt ein bisschen über Kleines und Belangloses: Das Wetter, die Anreise, die Innendekoration oder über die Witterung, die eh allen bekannt ist.

Denken Sie ja nicht, dass Sie diesen Teil überspringen können! Es ist wie das Beschnuppern bei Hunden, nur diskreter (Sorry!): Wir wollen herausfinden, wer das ist da drüben, einfach mal so grundsätzlich. Das geht am besten mit kleinem Geschwätz – Smalltalk.

In dieser Phase zeigt sich, ob jemand kommunizieren kann, ob er locker oder steif ist, zugänglich oder reserviert, ein Schwätzer oder ein stilles, ergründlich' Wasser. Wer hier nicht entspannt mitmacht, qualifiziert sich als Eigenbrötler, Kommunikationsneurotiker, als arrogant, trocken oder schüchtern.

Nach 2 bis 5 Minuten ist der Zauber meistens von selbst vorbei. Wenn nicht, sollten Sie dann langsam signalisieren, dass Sie zur Sache kommen wollen, indem Sie immer knappere Antworten geben und vor allem immer erwartungsvoller gucken. Das wirkt. Und dann kommt, wenn der Personalmensch ein Profi ist, die...

2. Kurze Planungsphase

Profi-Personalmenschen erklären, wie lange Sie in welcher Reihenfolge miteinander worüber sprechen werden und ob Sie einverstanden sind. Sagen Sie hier schön brav »Oh ja, super, genau so will auch ich's«, wenn Sie sich nicht bereits hier als Querulant und Besserwisser verurteilen wollen. Es sei denn, Sie ergänzen noch etwas,

was wichtig ist und was vergessen wurde, z.B. die Präsentation der Stelle oder so Kleinigkeiten. Damit zeigen Sie Eigenständigkeit und Überblick. Und dann geht's meistens folgendermaßen weiter:

3. Präsentation des Unternehmens

Sie bekommen anhand von Folien, Blättern oder Glanzlackbroschüren gezeigt, was da für ein toller Arbeitgeber Ihrer harrt. Eine gute Gelegenheit für Sie, nicht nur Informationen und wichtige Zwischentöne zu sammeln, sondern sich durch gekonnte Gegenfragen oder Ergänzungen als informierter, interessierter und bestens vorbereiteter Kandidat zu profilieren, etwa so:

»Ich habe kürzlich von Ihrem Produkt Schaumi gehört, das soll ja unerhört gut sein« oder »Ich habe da in Ihrem Jahresbericht gelesen, dass... Haben Sie noch ein paar Details dazu?«

Das wirkt. Der Personalmensch merkt, dass Sie hellwach und dabei sind. Aber treiben Sie's nicht auf die Spitze, indem Sie die Gesprächsleitung übernehmen.

Die Präsentationsphase kommt oft auch erst nach Phase 4 und 5, damit Sie nicht schon zuviel wissen und im Interview dann *der Spur nachreden* können. Und dann kommen meistens wirklich Sie dran:

4.1. Ihr Lebenslauf

Das Kapitel startet meistens etwa so:»Erzählen Sie doch einmal, was Sie in Ihrem Leben so alles getan haben?« oder»Geben Sie doch einmal einen kurzen Abriss über Ihren Werdegang« oder ähnlich. Hier geht's noch nicht ums Detail. Es geht darum, ob Sie überhaupt reden und prägnant, präzise und konsistent Ihr Leben schildern können. Verlieren Sie sich nicht in unwichtigem Kleinkram:

Ich wurde als Kind einer armen Bauernfamile im Emmental geboren, mein Vater war Bauer und mein Großvater auch. Der war außerdem noch Imker und deshalb dachte ich mir schon damals, als ich als Junge von zwölf Bienen gestochen wurde, ich sollte vielleicht lieber nicht usw.

Wichtig ist, dass Ihr Leben *Sinn* macht, Ihre Schritte begründbar und nachvollziehbar sind und dass alles irgendwie zusammenhängt. Das können Sie üben! Wenn Sie hier schon völlig danebenhauen, haben Sie einen Vorteil: Das Gespräch dauert nicht lange und wird höflich, aber zügig beendet. Wenn nicht, geht's ins Detail.

4.2. Interview

Dann kommen die vielen Fragen der Personalmenschen, vgl. Seite 136. Jetzt interessieren die Details Ihrer bisherigen Erfahrungen, Ihr Fachwissen, aber auch Ihre Persönlichkeit, Ihre Berufspläne, Visionen, Ihr soziales Umfeld, Sie als Privatperson etc. Wenn Sie mehr wissen wollen zur Intervieweret, dann erfahren Sie das weiter unten im Kapitel Fragetechnik auf Seite 130. Haben Sie keine Angst, nachzufragen, wenn Sie eine Frage nicht verstanden haben. Aber nicht:»Könnten Sie vielleicht bitte die Frage nochmal wiederholen, ich hab's nicht verstanden« = ich bin ein Blödi = Filter, sondern: »Was genau wollen Sie wissen?«, »Wie meinen Sie die Frage genau?« oder ähnlich. Dann ist eher der andere der Dummkopf, weil er so unklar gefragt hat.

ZICKEN STELLT NIEMAND EIN

Werden Sie nicht zickig, wenn Sie eine Frage nicht gerade toll finden. Wenn Sie auf beleidigt machen, haben Sie verloren. Vielleicht ist so eine Frage auch nur ein Test, wie Sie in schwierigen Gesprächssituationen reagieren. Beißen Sie sich dann am besten einen freien Fingernagel ab!

5. Die Stelle und Ihre Aufgaben

Jetzt kommt der Personalmensch dran, wenn er sich noch für Sie interessiert. Wenn nicht, wird dieser Part meistens sehr kurz oder übersprungen und man geht ans Abschiednehmen. Jetzt geht's um die Stelle, die Aufgaben im Einzelnen, die Organisation drum herum, die Erwartungen, die Ziele etc. Haben Sie auf keinen Fall falsche Hemmungen: Fragen Sie nach, haken Sie ein. Die meisten (Personal-)Menschen haben eine angeregte Diskussion lieber als einen langen Monolog. Hier können Sie auch zeigen, dass Sie mitdenken und -diskutieren können. Und außerdem erfahren Sie Wichtiges über Ihr zukünftiges Leben, falls Sie die Stelle annehmen. Und Sie können viele Verstärker einsetzen durch Hinweise auf Ihre Berufserfahrungen:

»'Ne Messe organisieren, super! Das hab' ich bei xy schon gemacht, da habe ich die ganze Messe in Travemünde auf die Beine gestellt. Hat unheimlich Spaß gemacht und toll geklappt.« Oder: »Wir haben auf der Baustelle die Befestigungselemente von der Konkurrenz verwendet, die hatten einige heftige Nachteile.«

Am Schluss dieses Teils kommt sicher auch die Frage, ob Sie noch Fragen haben. Hier sollten Sie möglichst schweigen und dumm an die Decke gucken, damit man merkt, dass Sie am Ende sind. Nein, natürlich nicht! Im Ernst: Es gibt immer etwas zu fragen! Aber fragen Sie nicht:»Wie viel Ferien hat man in Ihrem Laden?« oder »Wie sind die Sozialleistungen?« Das zeigt, worauf Sie im Leben großen Wert legen. Vorsicht: Filter Total. Details auf Seite 147.

6. Sind Sie die Richtige oder der Falsche

Irgendwie wird in dieser ganzen Diskussion auch die Grundfrage beantwortet: »Kann er's / sie's oder nicht? Sind Sie die Richtige? Stimmen Ihr Profil und die Anforderungen überein?« Ich habe schon Interviews erlebt, wo das direkt gefragt wurde, etwa so:

»Sie haben jetzt alles über die Stelle gehört. Was meinen Sie: Was können Sie, was nicht, wo müssen Sie noch aufholen. Nennen Sie mir drei Gründe, weshalb wir gerade Sie engagieren sollten?«

WARUM UM GOTTES WILLEN GERADE SIE?

Nur nicht nervös werden: Eine tolle Chance für Sie, nochmal richtig zu zeigen, was in Ihnen steckt. Fangen Sie mit dem an, was kein Problem ist, bringen Sie fulminante Beispiele als Verstärker. Erklären Sie aber auch präzise, was Sie nicht können. Das sieht nach gesunder Selbsteinschätzung und Kritikfähigkeit aus. Je nebensächlicher das, was fehlt, für den Job ist, umso weniger wirkt's als Filter. Wenn Sie jedoch die Kernaufgaben nicht beherrschen, dann flunkern Sie um Gottes willen nicht lange herum. Sie würden nicht glücklich werden in dem Job.

7. Der Vertrag & die Konditionen

Und jetzt, ganz zum Schluss und oft erst im zweiten oder dritten Gespräch geht's um die Details eines möglichen Vertrages. Hier wird sicher auch das Gehalt verhandelt. Bleiben Sie gelassen und machen Sie hier nicht die Fehler, die die meisten machen. Wie leicht Lohnverhandlungen sind, das zeige ich Ihnen auf Seite 150.

8. Klare Vereinbarung zum Schluss

Irgendwann geht's ans Verabschieden. Aber nicht einfach: »Wir sehen uns dann, adele & tschüss«, sondern mit einer klaren Vereinbarung in der Tasche. Wer ruft wann wen an, wer macht bis wann noch was, z.B. Unterlagen nachreichen, Vertragsentwurf schicken etc.? Erst dann *tschüss*, erst dann! Haben Sie keine Hemmungen, auf einer klaren Vereinbarung zu bestehen. Erstens qualifiziert Sie das als Mensch, der weiß, worauf's ankommt. Zweitens nehmen Sie den Personalmenschen in die Pflicht und drittens bleibt das Gespräch kein Wischiwaschi, sondern hat ein konkretes Ergebnis.

Voilà, so sieht's aus. Das wird geschehen im Vorstellungsgespräch. Natürlich laufen die Phasen ineinander, sind von Gespräch zu Gespräch etwas anders sortiert, auf zwei Gespräche verteilt, aber im Wesentlichen kommt genau das und mehr nicht! Mehr haben wir Personalmenschen einfach nicht zu bieten! Ist das nicht beruhigend? Bereiten Sie sich genau darauf vor und dann rein in die Geschichte! Es wird schon schief gehen!

Wie man in den Wald hineinruft

Kleiner Kurs in Sachen Fragetechnik: Wer richtig fragt, kriegt richtige Antworten! Es gibt Leute, die schaffen es nicht, ein richtiges Gespräch zu führen. Sie denken, alle anderen seien nicht gesprächig. Dabei haben sie nur den Trick nicht raus, wie man Menschen zum Reden bringt – oder sie labern einfach selber zu viel Zeugs.

Wie machen denn das die Profis im Vorstellungsgespräch? Was haben sie für Tricks, die Sie zum Reden bringen? Es liegt an den Fragen, ganz einfach! Hier finden Sie die wichtigsten Infos zur Fragetechnik. Wenn Sie die beherrschen, bringen Sie jeden dazu, Ihnen bald einmal sogar den Code seiner Kreditkarte zu verraten:

1. Geschlossene oder Ja/Nein-Fragen

Alle Fragen, auf die's eigentlich nur eine sehr knappe Antwort oder *Ja* oder *Nein* zu sagen gibt, sind so genannte *geschlossene* Fragen. Ein guter Ausdruck, denn der Antworter bleibt verschlossen und schweigt, was soll er denn anderes machen, z.B.:

Sind Sie heute morgen aufgestanden? Heißen Sie Max Müller? Haben Sie am soundsovielten Geburtstag? Wie heißt Ihre Tochter? Wie groß ist Ihre Schuhnummer?

Mit solchen Fragen ist *jedes* Gespräch nach 5 Minuten tot. Eine gefährliche Unterart sind...

2. Suggestiv-Fragen

Dabei wird die Antwort schon in der Frage untergeschoben:

Sie haben doch viel Erfahrung im Verkauf? Es ist doch richtig, dass Sie was vom Service dieser Druckmaschinen verstehen? Wie ich im Lebenslauf gesehen habe, haben Sie zwei Jahre sehr gute Erfahrung als Klempner?

Man kann hier etwas mehr erzählen, aber eigentlich doch nur bestätigen, was der Frager hören wollte. Gefährlich v.a. für den Frager, weil er nicht erfährt, was Sie zu sagen haben, sondern lediglich das, was er selbst hören will. Diese Frageform wütet unter unerfahrenen Personalmenschen. Deshalb machen sie auch so viele Besetzungsfehler! Und ein Gespräch kommt so nie in Gang.

3. Offene Fragen, die Gesprächsanheizer

Offene Fragen verlangen nach mehr. Sie öffnen den Antworter und er *muss* was erzählen. Sie fangen meistens an mit *Was, Warum, Wie* und sind eine schlichte Aufforderung zu reden:

Was haben Sie gestern den ganzen Tag gemacht? Warum haben Sie sich beworben? Wie sehen Sie das mit den Palästinensern?

Sie spüren schon beim Lesen, wie Ihr Denkmotor anspringt, gell? Probieren Sie's mal aus: Löchern Sie jemanden mit zehn geschlossenen Fragen! Das Gespräch wird *nie* anlaufen. Sie werden einander ziemlich öde finden und die Situation wird immer pein- und peinlicher. Doch bevor der andere davonrennt, stellen Sie auch nur *eine* offene Fragen, und es sprudelt nur so. That's it!

Das war eine formale Einteilung von Fragen in offene, geschlossene und Suggestivfragen. Es gibt noch eine clevere *inhaltliche* Unterteilung, die sehr aufschlussreich ist:

1. Fakten- & Informations-Fragen

Das sind simple Fragen nach Fakten:

Wann sind Sie geboren? Wie heißen Sie? Welche Schuhnummer haben Sie? Von wann bis wann haben Sie studiert?

Auch Informationsfragen sind eher geschlossen, sobald die Info draußen ist, bricht die Rede ab.

2. Erzählfragen

Erzählfragen enthalten eine klare Aufforderung, irgendetwas ausführlicher zu erzählen, etwa so:

Erzählen Sie mal etwas über Ihre letzte Stelle? Wie war's denn auf Ihrem Trekking in der Wüste Gobi?

Antworten Sie hier am besten: *Schön!* – Nein, im Ernst: Erzählfragen drücken die Erwartung aus, dass Sie reden sollen. Also erzählen Sie was Schönes. Denn mit solchen Fragen wird auch getestet, ob Sie überhaupt irgendetwas erzählen können.

3. Bewertungsfragen

Das sind Fragen nach Ihrer Meinung und ob Sie so was wie eine eigene Meinung überhaupt haben:

Was denken Sie über Merkel und Koch oder über Calmy-Rey und Leuenberger? Was halten Sie von den Videoclips auf Viva? Wie finden Sie den allabendlichen Megatod im Fernsehen? Soll man Bush und Ahmadinedschad in den Zoo stecken?

4. Einschätzungsfragen

Ähnlich gerichtete Fragen zielen eher auf die Zukunft und Ihre Einschätzung möglicher Entwicklungen auf der Welt ab:

Wie wird sich das Internet auf die Gesellschaft auswirken? Wie wird Deutschland in 20 Jahren aussehen? Was wird die Norderweiterung der Schweiz bis nach Kiel für Auswirkungen auf die Milchwirtschaft haben?

RADIKALE HABEN'S SCHWERER IM LEBEN

Ein möglichst überzeugtes »Keine Ahnung, hab' ich noch nicht überlegt, weiß ech nech« zeichnet Sie aus als klaren Kopf und gesellschaftskritischen Denker. Im Ernst: Sagen Sie, was Sie denken. Vermeiden Sie Extrempositionen, außer, Sie sind sich sicher, dass das gut ankommt. Dann sollten Sie meiner Meinung nach immer noch überlegen, ob Extrempositionen an sich 'ne gute Sache sind.

5. Handlungsfragen

Das sind *Was-würden-Sie-in-Situation-xy-tun*-Fragen. Hier geht's um Ihre spontane Problemlöse-Fähigkeit. Antworten Sie möglichst: »Hmm, das muss ich mir, äh, genauer überlegen, hmm, äh?« oder »Ja, ehm, das is würklich ein Problääm?« Ein weiteres Plus: Kratzen am Kopf oder Kraulen des Barts wirken blitzgescheit und extrem kreativ. Bringen Sie Lösungen ein, möglichst präzise und klar strukturiert. Hier beweisen Sie, ob Sie ein Schnell- oder Langsamdenker sind, ein Analytiker oder Chaot, ein Konservativer oder ein Progressiver, ein Lösungs- oder ein Problem-Mensch. Keine Angst vor unperfekten Antworten. Es geht nicht darum, die definitive Lösung zu präsentieren, sondern Ihre Fähigkeit zu demonstrieren, ein Problem anzugehen.

Hier zeigt sich auch, ob Sie ein Einzelkämpfer oder ein echter Teamplayer sind. Denn wenn Sie spontan MitarbeiterInnen in Ihre Pläne einbeziehen, Aufgaben delegieren und Aufträge vergeben, wird Ihre behauptete Teamfähigkeit sehr viel glaubwürdiger.

6. Provokations-Fragen

Kaum erklärungsbedürftig, oder? Makabre Beispiele:

Für Frauen: Wann wollen Sie denn schwanger werden? Sie haben sicher nichts dagegen, die Sache mit der Kaffeemaschine zu übernehmen? (suggestiv und provokativ) Oder für Farbige: Von welchem Stamm sind Sie eigentlich? Oder für Moslems: Wo ist denn Mekka von hier aus gesehen? Haben Sie Ihren Teppich selbst geknüpft?

Solche Fragen sind unschicklich, machen aber für Kaderkräfte durchaus Sinn, wenn sie nicht so schräg sind wie meine hier. Wer hier unsouverän und zickig reagiert, qualifiziert sich als Ritter der Witwen und Waisen, als Robin Hood, ständig in Kämpferpose gegen das Unrecht dieser Welt und voller Angst, gemein behandelt zu werden. Schwieriger sind so Fragen wie:»Weshalb sind Sie denn immer noch arbeitslos? Weshalb sind Sie in Projekt ABC gescheitert? Sie verdienen doch viel zu viel, weshalb? Ihr Zeugnis ist so schlecht, da haben Sie wohl ziemlich viel in den Sand gesetzt?«

Geschickt kontern, ruhig und souverän bleiben, ja nicht ausrasten und als Querulant mit Verfolgungswahn reagieren. Denn wahrscheinlich wird nur auf zugegeben brutale Art getestet, ob Sie solchen Provokations-Situationen gewachsen sind. Wenn nicht, wäre das ohnehin die falsche Firma für Sie.

7. Keine-Ahnung-Fragen

Mit ähnlicher Absicht werden vor allem Managern auch Fragen gestellt, von denen Sie schlicht keine Ahnung haben können:

Was halten Sie vom Innenminister von Bhutan? Wie tief ist der Hopschel-See auf'm Simplon? (Hopschel = *Frosch* auf Oberwalliserdeutsch. Den See gibt's übrigens wirklich! Es sind sogar Hopschla drin!) Könnten Sie mir erklären, wie ein Eidountnou funktioniert?

Dabei geht's darum, ob Sie auch Schwächen und Nichtwissen locker zugeben und damit umgehen können. Oder ob Sie kalte Hände und Schweißausbrüche bekommen, zu stottern anfangen, in die Tischkante beißen, um schließlich irgendwelche Ausfluchts-Antworten zusammenzudichten. Es ist ein Test Ihrer Selbstsicherheit. Kein Grund zur Panik. Alles Absicht. Sagen Sie einfach: »Sorry, das weiß ich nicht. Aber ich könnte das soundso rauskriegen. Hat das Bedeutung für den Job?« Ach ja, da fällt mir so zwischendurch noch ein:

Kleiner philosophischer Ausflug

Das Wissen unserer Zeit explodiert exorbitant. Noch nie hat die Menschheit so viel gewusst – alle zusammen wenigstens. Aber jeder Einzelne von uns hat von alldem, was man heutzutage wissen könnte, je so wenig gewusst. Objektiv ist das Wissen enorm gewachsen, subjektiv wird's immer kleiner, gemessen am Gesamtwissen.

Das gibt uns manchmal das Gefühl, keine Ahnung zu haben. Und leider stimmt das je länger je mehr. Und würde man das ganze Leben lang nur die Schulbank drücken, wir wüssten immer noch verschwindend wenig, schon weil innerhalb von fünf Jahren immer die Hälfte eh schon nicht mehr stimmt. Das gibt uns aber auch die Lockerheit, dass wir durchaus nicht alles zu wissen brauchen, weil das niemand nicht mal ansatzweise mehr kann. Die Managerfehlleistungen der letzten Jahre beweisen es. Ich denke, sogar der liebe Gott hat langsam Mühe, sonst würd' er nicht so ein Chaos veranstalten. Es macht uns Menschen auch gleicher, denn angesichts des Riesenwissens, das möglich wäre, ist jedes noch so clevere Menschenhirn immer noch ziemlich hohl. Nicht böse gemeint, eher beruhigend.

Das heißt aber auch, heute geht es zwar immer noch um Kompetenzen, aber immer mehr auch darum, über die Inkompetenz hinwegzutäuschen und so zu tun als ob. Die Inkompetenz-Kompensations-Kompetenz ist das, was wirklich zählt. Das haben vor allem Manager oder auch Informatiker bestens drauf. Noch nie gab's so viele gescheiterte Führungskräfte und so viele unternehmerische Misserfolge und krasseste Fehleinschätzungen wie in den letzten Jahren. Aber alle Manager sehen immer so aus, als hätten sie alles im Griff und wüssten bestens, wo's lang geht. Aber sie wissen's nicht. Wie auch?

Aber kritische Blicke, Maßanzüge und Seidenschals, perfekte Folien, eloquente Reden mit viel Fachgesimpel und schon ist klar: Der weiß alles, ich weiß nix! Dabei können sie bloß den Alleswisser besser spielen, so gut, dass sie es selbst am meisten glauben. Das soll keine Verbreitung billiger Klischees sein, sondern ein klarer Hinweis darauf, worauf es so sehr ankommt: Auf Überzeugungskraft und nicht nur auf Fähigkeiten, auf den Glauben an sich und die Sache und nicht auf tausend Diplome, auf Ihren Mut und Ihre Begeisterungsfähigkeit und nicht nur auf Ihren Verstand, auf Ihr Selbstvertrauen, aller Lücken und menschlicher Unzulänglichkeit zum Trotz!

Das nur so nebenbei. Zurück zur Fragetechnik: Bewertungs-, Einschätzungs-, Handlungs- und Provokations-Fragen werden meistens nur Fach- und Kaderkräften gestellt, aber denen mit Sicherheit. Also für Normalsterbliche kein Grund zur Panik! Damit Sie von alldem nicht hinterrücks überrascht werden, bereiten Sie sich vor! Überlegen Sie, welches die so genannten kritischen Erfolgsfaktoren für eine Position sind und überlegen Sie sich *vorher*, wie Sie das allenfalls meistern würden. Wenn Ihnen jetzt schon nix einfällt, sind Sie der falsche Mensch für den Job.

WIR WISSEN IMMER NUR DAS WENIGSTE

So, jetzt sind Sie theoretisch bereits Interview-SpezialistIn, denn viel mehr gibt's nicht zu machen in einem guten Gespräch. So lernt man Menschen kennen! Was der Personalmensch übrigens mit Ihnen macht, das sollten Sie natürlich auch mit ihm machen: Ihn interviewen zu Unternehmen, Job, ChefInnen, Klima, Personalpolitik etc. Fragen Sie richtig, dann werden Sie alles erfahren. Das hilft übrigens auch sonst im Leben: Beim Telefonieren, beim Sprechen mit Kindern, Lebenspartnern, MitarbeiterInnen, beim Flirten, beim Therapieren, beim Verkaufen, am Stammtisch oder sonst wo. Probieren Sie's aus – es funktioniert!

Die ewig gleichen Fragen der Personalmenschen

Grundsätzliches

Personalmenschen sind auch nur Menschen, haben ihre Grenzen und sind fantasielos (das darf ich sagen, weil ich selber einer bin!). Deshalb fragen sie ganz fade immer dasselbe. Hier finden Sie alle wichtigen Fragen, auf die Sie eine Antwort parat haben müssen:

- Grundsätzliche Fragen zu Persönlichkeit, Motivation und Selbsteinschätzung
- Fragen zur fachlichen Qualifikation
- Fragen an Führungskräfte
- Heikle Fragen zur Arbeitslosigkeit, an Frauen, an Senioren
- Sonst noch heikle Fragen

WESHALB SIE, AUSGERECHNET SIE?

Personalmenschen haben eine einzige Aufgabe: Sie kennen zu lernen, um zu beurteilen, ob Sie ins Unternehmen und zur Stelle passen! Keine andere Motivation treibt uns an. Deshalb heißt die grundlegende Hauptfrage, die Sie beantworten müssen: »Weshalb sollen wir Sie, ausgerechnet Sie engagieren?«

Wenn man diese Grundfrage und die dazugehörigen effektiven Fragen kennt, kann man sich darauf vorbereiten. Dann hat man alles im Griff und hat absolut keinen Grund mehr, nervös zu werden. Denn man hat ja auf alles eine gute Antwort.

Die meisten Menschen sind nervös bis sehr nervös, wenn sie ins Interview kommen, vor allem, weil sie nicht genau wissen, was sie da erwartet. Sie haben Angst vor Fangfragen, bösen Hinterhalten, vor Black Outs, vor der eigenen Nervosität. Aber keine Angst: Personalmenschen können gar nicht sonderlich orginell sein, denn das Thema ist immer dasselbe. Deshalb gibt es auch nur eine sehr beschränkte Anzahl von etwa 30 Fragen, die gestellt werden.

VORBEREITEN HEISST: VOR DEM TERMIN!

Hier sind sie, die *gefürchteten* Fragen der Personalmenschen. Mehr ist nicht! Bereiten Sie sich auf diese Fragen vor. Vorbereiten heißt: *Vor* dem Termin! Denn während des Gesprächs fällt Ihnen spontan bestimmt nix Gescheites ein. Dann kommt der verlorene Blick zum lieben Gott an der Decke, die kalten Finger, das rote Gesicht, die

blöde Antwort und das Rennen ist gelaufen. In unseren Kursen üben wir Vorstellungsgespräche, und ich kann Ihnen sagen: Die Allermeisten gehen ziemlich belämmert und sprachlos wieder aus der ersten Übung, weil sie merken, dass es ohne Vorbereitung nicht geht. In dieser außergewöhnlichen Stress-Situation sind nur die wenigstens souverän, eloquent und Frau der Lage. Außer: Sie sind hervorragend vorbereitet. Also tun Sie das!

Fragen zu Lebenslauf & Fachkompetenz

Ihre fachlichen Qualitäten sind bereits so gut wie unbestritten, wenn Sie eingeladen werden. Dennoch wird natürlich danach gefragt, meistens ziemlich am Anfang. Es geht um Ihren *Lebenslauf*, Ihre *Ausbildung* und Ihre *bisherigen Stellen*, anders gesagt, um Ihr *Wissen*, Ihr *Können* und Ihre *Erfahrung*. Deshalb fragen wir genau danach, etwa so:

- Schildern Sie doch mal Ihren bisherigen Werdegang in Sachen Ausbildung & Beruf?
- Weshalb haben Sie diese oder jene Ausbildung gemacht?
- Weshalb haben Sie diesen Beruf gewählt?
- Weshalb haben Sie die Stelle x oder y gewechselt?
- Welches sind Ihre persönlichen Ziele: Kurz-, mittel- und langfristig?
- Wo wollen Sie in zwei, fünf, zehn Jahren stehen?
- Was haben Sie an den letzten Stellen genau gemacht? Was genau waren Ihre Aufgaben? Was war Ihre Verantwortung?
- Was haben Sie genau in diesem oder jenem Projekt getan?
- Was beurteilen Sie an der letzten Stelle als positiv / negativ?
- Was können Sie am besten / was nicht so gut?
- Wo liegen Ihre fachlichen Stärken / Schwächen?
- Weshalb, denken Sie, sind Sie heute auf dem neusten Stand?
- Weshalb glauben Sie, dass Sie die in Frage stehenden Aufgaben meistern können?
- Welche Sprachen sprechen Sie wie gut?
- On peut continuer en français?

Bei den Fragen zum Lebenslauf geht es primär um den Zusammenhang und die Logik Ihres Lebens. Macht das Sinn, was Sie bisher getan haben und tun wollen? Sind Richtungswechsel, Stellenwechsel, auch Brüche im Lebenslauf erklärbar, plausibel und nachvollziehbar? Bei den Fachfragen geht's um die Details Ihres Könnens. Tischen Sie hier reichlich auf: Zahlen, Fakten, Methoden, Hilfsmittel, einfach alles. Knallen Sie Arbeitsbeispiele auf den Tisch, soweit möglich. Zeigen Sie, was Sie drauf haben.

Fragen zu Ihrer Person

Sind die Fachfragen geklärt, dann geht es um Sie als Mensch: Wie sind Sie so privat? Kann man's mit Ihnen aushalten? Was ist Ihnen wichtig im Leben? Wie denken Sie über die Welt etc.? Können Sie arbeiten? Letzlich geht es uns darum: Passen Sie in die Firma, ins Team und werden Sie ein guter Mitarbeiter sein. Die meisten Stellenbesetzungen gehen nämlich nicht wegen fachlicher Unfähigkeit schief, sondern aus Gründen der *falschen Chemie*. Deshalb sind diese Fragen die Wichtigsten! Oder würden Sie mit jemandem arbeiten wollen, der zwar fachlich ein Ass, menschlich aber ein Aas ist? Die Fragen dazu können so aussehen:

- Nennen Sie mir drei persönliche Stärken / drei Schwächen?
- Was sind Sie für ein Mensch?
- Weshalb halten Sie sich für hilfsbereit, teamfähig, dynamisch etc.?
- Worauf legen Sie in Ihrem Beruf Wert?
- Was denken Sie über Ihre letzte Chefin?

FACHLICH EIN ASS,
MENSCHLICH EIN AAS

- Was ist Ihnen wichtig?
- Was waren Ihre größten beruflichen oder privaten Erfolge und Misserfolge?
- Wie erfolgreich waren Sie bisher – nach Ihren Maßstäben?
- Was machen Sie in Ihrer Freizeit?
- Welche Hobbys haben Sie?
- Was für Sport treiben Sie und wie häufig?
- Welche Zeitungen, Bücher, Magazine lesen Sie?
- Welches war der letzte Kinofilm, den Sie gesehen haben?
- Was haben Sie in den letzten Ferien gemacht?
- Wie lange wollen Sie bei uns bleiben? (Für Frauen: Verkappte Frage nach dem Kinderkriegen! Bitte nicht aufregen! Das wollen wir einfach irgendwie wissen.)

Es gibt sehr viele solcher Fragen. Sie gehen alle ums Ausleuchten Ihres Privatlebens. Seien Sie nicht empfindlich und zickig, wenn Ihnen eine Frage indiskret erscheint. Sie sind nicht so gemeint. Aber wie sonst können wir erfahren, wer einem da gegenübersitzt?

Fragen zur fraglichen Stelle

Dabei geht es um Ihr Verständnis und Ihre Einschätzung der zur Diskussion stehenden Position, etwa in der Art:

- Wieso haben Sie sich bei uns beworben?
- Was interessiert Sie an dieser Stelle?
- Nun, was denken Sie über diese Stelle? Entspricht sie Ihnen?

- Wie lange brauchen Sie, bis Sie die Aufgaben im Griff haben?
- Wie schätzen Sie die Risiken ein?
- Was fehlt Ihnen noch, um die Aufgaben zu bewältigen?

Heikle Fragen an Frauen

Frauen haben einen kleinen Nachteil, wenn auch nur diesen, aber der wirkt sich in Sachen Stellenbesetzung massiv aus: Sie können schwanger werden! Schwangerschaft und Mutterschaft sind ein nicht wegzudiskutierendes Problem, solange es keine flächendeckenden Institutionen gibt wie Versicherungen, Tagesstätten, Krippen. Solange das nicht der Fall ist, ist das mögliche Kinderglück gar kein Segen für Personalmenschen. Frauen, so leid mir das tut, es ist die unschöne Realität! Eine Schwangerschaft kann ein Unternehmen ein Vermögen kosten. Und dafür wird dem Personalmenschen höchstpersönlich der Kopf abgerissen. Deshalb wollen sie's wissen, aber weil sie sich nicht trauen, fragen sie etwa so:

- Wie sieht das so mit Ihrer Zukunft aus?
- Was haben Sie mittelfristig für (private) Pläne?
- Wir haben hier eine männerdominierte Firma: Können Sie sich das vorstellen? Können Sie sich durchsetzen?
- Wir haben einen Kinderhüte-Dienst, wie finden Sie das?
- Proaktiv für Dreiste: Wann wollen Sie eine Familie gründen und Kinder kriegen?

Ich rate Ihnen, egal was Sie gerade für Pläne haben: »Kinder, iiiiich, neeeeiiiiiin, quiiiiiiiik, niiiiiiiiiiemals!!!« Und dann einen Sprung auf den Stuhl, als wär Ihnen gerade Beelzebub persönlich begegnet, und der Personalmensch kann wieder ruhig schlafen. Wenn's dann doch passiert kurz nach der Einstellung, sagen sie »Ups!« Das hilft!

Sonst noch heikle Fragen

Weitere heikle Fragen betreffen dunkle Flecken im Lebenslauf, Arbeitslosigkeit, Kündigungen etc. Bereiten Sie sich auf diese speziell gut vor, damit auch Negatives als Verstärker daherkommt:

- Weshalb haben Sie diese Ausbildung abgebrochen?
- Warum wollen Sie Ihre jetzige Position aufgeben? Warum haben Sie Stelle x oder y aufgegeben?
- Weshalb ist das Zeugnis hier so schlecht?
- Was für Probleme hatten Sie an dieser Stelle?
- Weshalb sind Sie arbeitslos / schon so lange arbeitslos?

Fragen zu Führungsstil & Manager-Fähigkeiten

Hier geht's um eine einzige Sache: Können Sie führen und den Job erfolgreich bewältigen. Haben Sie das Potenzial zu noch mehr. Das müssen Sie beweisen:

- Wie führen Sie? Wie ist Ihr Führungsstil?
- Wo und wie haben Sie's gelernt?
- Warum wollen Sie überhaupt führen?
- Wie viele MitarbeiterInnen haben Sie geführt?
- Welche Probleme hatten Sie damit?
- Weshalb glauben Sie, dass Sie eine gute Führungskraft sind?
- Was tun Sie, um on top zu bleiben?
- Wie selektionieren Sie BeWerberInnen? Wie stellen Sie Ihre Crew zusammen? Was für Anforderungen haben Sie?
- Welche Kriterien legen Sie an?
- Haben Sie schon MitarbeiterInnen entlassen müssen? Wie haben Sie das gemacht und warum?
- Was ist Ihres Erachtens das Schwierigste am Führen?
- Was waren Ihre größten Erfolge und Misserfolge?
- Was tun Sie, wenn...? Wie würden Sie Problem x oder y lösen? Wie würden Sie Projekt a oder b angehen?
- Welche Tendenzen könnten für unser Unternehmen, unsere Konkurrenz, unseren Markt künftig maßgebend sein?
- Welches sind die kritischen Erfolgsfaktoren der Position?
- Wir haben folgende Probleme: xyz. Wie würden Sie die lösen?
- Wie stellen Sie sich die *ersten hundert Tage* bei uns vor?

Es gibt natürlich etliche Bücher mit Tausenden von Fragen. Eines, das wirklich tiefgründig ist, ist das Buch *Das geheime Wissen der Personalchefs* von Herdwig Kellner – echt clever. Aber verlieren Sie nicht den Überblick. Behalten Sie die zentralen Fragen im Auge: *Können Sie's oder können Sie's nicht?*

Wichtiger als die Frage zu kennen ist natürlich, die richtigen Antworten zu geben oder jedenfalls nicht die grundfalschen. Das Problem ist nur, es gibt keine richtigen oder falschen Antworten, sondern nur solche, die wie Filter oder solche, die wie Verstärker wirken, und das hängt so sehr von der Situation, der Stelle, der Firma, dem Personalmenschen und Ihnen ab, dass ich Ihnen hier keine Vorlagen geben kann. Aber ein paar Fallbeispiele, wie Sie's machen oder nicht machen sollten:

DOs & DON'Ts

So zwischendurch statt der üblichen DOs und DON'Ts hier ein paar Gesprächssequenzen aus der Praxis. Lachen Sie ja nicht, das alles könnte Ihnen auch passieren:

PM = Personalmensch
K = KandidatIn

Der Aufschneider

PM: »Was haben Sie denn an dieser letzten Stelle genau gemacht?«

K: »Wir waren für den Betrieb, den Unterhalt und die ständige Verbesserung einer Fünf-Millionen-Franken-Maschine für die vollautomatische Abfüllung von aluminiumverpacktem Streichkäse in Kartonschachteln zuständig. Ein Mordsding, seeeehr kompliziert, kann ich Ihnen sagen! Wir waren für alles verantwortlich, die Produktionsplanung, den Betrieb, die Personalplanung, die Terminüberwachung, einfach für alles.«

PM: »Ja und was haben Sie genau gemacht, Sie reden immer von *wir*? Waren Sie der Betriebsleiter?«

K: »Ja, wie soll ich sagen, nicht direkt. Ich hatte eine Teilverantwortung.«

PM: *Soso, hab' ich dich erwischt!* »Und was genau war Ihre Teilverantwortung?«

K: »Ja eigentlich – wie soll ich sagen – eigentlich hab' ich die Kartons in die Maschine gefüllt und wieder rausgenommen.«

Wenn Sie sich schon mit fremden Federn schmücken, dann nicht so durchsichtig wie unser Freund hier. Das fliegt immer auf!

Der König ohne Königreich

PM: »Sie waren also Projektleiter?«

K: »Ja, ich war für die ganze Planung, Termine, Technik, Ressourcen, Arbeitseinteilung etc. verantwortlich.«

PM: *Super, klingt richtig gut.* »Wie viele MitarbeiterInnen waren denn in Ihrem Projekt beschäftigt?«

K: »Ja, also, eigentlich direkt nicht so viele, die waren eigentlich auch nicht mir direkt unterstellt, sondern in anderen Projekten, und nur zeitweise in mein Projekt involviert.«

PM: »OK, wie viele Leute waren denn Ihnen direkt unterstellt?«

K: »Ja, also, direkt? Also direkt eigentlich keine, das Projekt war nicht so groß, ich habe das eher alleine gemacht.«

PM: »Na ja, ok, aber dann sind Sie streng genommen kein Projekt*leiter*, denn Sie leiten ja niemanden. Sie waren einfach für eine bestimmte Aufgabe verantwortlich, ist das richtig?«

K: »So könnte man's auch formulieren.«

PM: »Dann haben Sie auch keine Mitarbeiterplanung, Arbeiteinteilung außer für sich selbst gemacht, was ja fast jeder Mitarbeiter in jeder Firma tut?«

K: »Ja eigentlich schon...«

Passen Sie auf mit allzu hochtrabenden Ausdrücken, die mehr Gehalt suggerieren, als Sie zu bieten haben. Das kann bös' ins Auge gehen!

DOs & DON'Ts

Die Hilfsbereite

PM: »Wie würden Sie sich denn selbst so charakterisieren?«

K: »Och«, *überleg, überleg,* »ich bin hilfsbereit und teamfähig, das bin ich.«

PM: »Wie zeigt sich denn das? Wann waren Sie das letzte Mal hilfsbereit?«

K: »Ich? Ja, wann?« *Noch mehr überleg.* »Keine Ahnung, fällt mir grad nix ein.«

PM: »Spenden Sie denn dann und wann mal für einen karitativen Zweck?«

K: »Nein, wo denken Sie hin! Ich? Niemals! Das nützt doch eh alles nichts.«

Wirkt nicht gerade überzeugend, merken Sie's? Bereiten Sie sich auf solche Fragen vor und bringen Sie blumige Beispiele Ihrer ach so großen Hilfsbereitschaft oder was weiß ich was, etwa so:

PM: »Wann waren Sie denn das letzte Mal hilfsbereit?«

K: »Letzthin hatte eine Kollegin einen Riesenversand zu machen, der musste einfach am nächsten Morgen raus. Da hab' ich ihr nach Feierabend noch geholfen – bis fast um Mitternacht.«

Uiii, wie schön! Da jubiliert des Personalmenschen Herzilein und freut sich innig!

Der Hochalpine

PM: »Sie schreiben, Sie machen als Hobby Hochgebirgstouren. Das ist ja spannend! Auf welchem 4.000er waren Sie denn das letzte Mal?«

K: »Na ja, in den letzten zwei Jahren hatte ich nicht so viel Zeit, es ist schon eine Weile her, seit ich 'ne große Tour gemacht habe.«

PM: *Ehrlich interessiert.* »Ja und was war denn die letzte größere Sache?«

K: »Also, das war auf den Pilatus. Da sind wir mit der Seilbahn hochgefahren und sind dann ein bisschen rundrumspaziert.«

Nicht so was, bitte! Nur weil's irgendwie cool wirkt, darf man sowas nicht behaupten. Wie steht er denn jetzt da? Mit der Oma im Bähnli auf diesen Hügel hoch!

Der Intellektuelle

PM: »Was lesen Sie denn so für Tages- oder Wochenzeitungen?«

K: »Vor allem die Frankfurter Allgemeine Zeitung!«

PM: *Ups? Hätt ich ihm gar nicht zugetraut.* »Lesen Sie auch den Wirtschaftsteil?«

K: »Ja, klar ...« *Leicht nervöser Blick.*

PM: »Was war denn der letzte Artikel, der Sie beeindruckt hat?«

K: »Jaa, ehm, naja...« *Grübel, denk, Blick durch die Decke bohr, Schweißperlen.*

PM: »OK, lassen wir das...«

Das war geblufft Junge, hab' ich dich erwischt. Ein dicker Minuspunkt!

Der Franzose

PM: »Ich habe gelesen, Sie sprechen fließend Französisch, ja?«

K: »Naja, bin ein bisschen aus der Übung ...« *Lächel, verlegen grins.*

DOs & DON'Ts

PM: »Alors, c'est fantastique, j'aime parler cette langue. Vous auriez la gentillesse de continuer en français, s'il vous plaît?«

K: »Äh, äh, si, si, anche io wudré parlerare in franzä...« *schwitz, keuch, heul.*

Tun Sie sich so Peinlichkeiten nicht an, das hält doch kein Schwein aus! Und Sie verlieren auf der ganzen Linie!

Der Vielredner

PM: »Weshalb steht in Ihrem Zeugnis, Sie seien sehr kommunikativ, reden Sie etwa zu viel?«

K: »Um Himmels willen, nein, wir sind doch zum Arbeiten da, hoho! Das war nämlich so: Der, der wo das geschrieben hat, war zwar mein Chef, aber der hatte ein Verhältnis mit der Sekretärin des Abteilungsleiters, und blabla, und noch mehr blabla...«

PM: *5-Minuten-Lächel* »OK, wenden wir uns einem anderen Thema...«

K: »Nur noch schnell, das muss ich Ihnen noch erklären, da war dann noch dieser Hausmeister, der hatte es auf mich abgesehen und mich angeschwärzt, weil er mich erwischt hatte beim Falschparkieren im Parkhaus blablabla, maßlos blablablablabla.«

PM: *10-Minuten-Knurr* »Lassen wir das. Ich wollte eigentlich noch...«

K: »Jaja, aber sonst wissen Sie ja gar nicht alles, weil der Hausmeister, dem seine Kinder, die hatten, ungeheuer viel blabla, extrem viel und noch mehr blabla...«

Dem armen Personalmenschen fallen mit den Jahren die Zähne aus, und er schmeißt Sie raus! Ganz sicher! Damit er was zu beißen hat, sagen Sie lieber lachend:

K: »Ja, ich bin tatsächlich sehr kommunikativ. Ich gehe aktiv auf Menschen zu, habe viele Freunde und Bekannte und bin einfach eher extrovertiert. Ich bin mehr ein Mensch für die Kundenfront, für den Verkauf oder so. Aber ich kann auch stundenlang hoch konzentriert an einer Arbeit sitzen, die mich packt, das macht mir keinerlei Mühe.« *Punkt.*

Der Schweigsam-Geheimnisvolle

PM: »Was haben Sie denn an der letzten Stelle so gemacht?«

K: *Lange Pause.* »Ja, also, was man halt so macht.« *Achselzuck, lange Pause.*

PM: »Ja OK. Ich wollt's schon ein bisschen genauer wissen, na?«

K: *Sehr lange Pause* »Jaaa, äääh, mmmh, was gibt's da schon zu sagen. Ich war halt Mechaniker wie alle.«

PM: *Wohlwollend.* »Aber erzählen Sie mir doch ein bisschen was darüber!« *Motivierend lächel.*

K: *Mega-lange Pause.* »Na, was war das schon, halt so mit Metall und Maschinen und so.« *Schweig, verlegen-in-die-Ecke-starr.*

PM: *Kniend, flehend.* »Aber bitte, bitte, sagen Sie mir doch, was Sie da den ganzen Tag gemacht haben!«

K: *Ultra-mega-lange Pause.* »Ich war vor allem in der Dreherei.« *Schweig.*

DOs & DON'Ts

PM: *Verdorrend, ihm fallen die ersten Blätter ab.* »Bitte, bitte, so rede er doch mit mir! Warum schweiget er nur? Hasset er mich? Sprich, guter Mann, bitte sprich!« *Hände ring.*

K: »Hm!?!?!«

Spätestens an dieser Stelle lässt sich der arme Personalmensch heulend in die Psychiatrie einliefern! Denn Schweigen ist die schlimmste Folter für Personalmenschen.

Der Clochard

PM: *Forschend.* »In Ihrem CV ist zwischen 1999 und 2001 eine lange Lücke. Da haben Sie wohl etwas vergessen. Was haben Sie denn da getan?«

K: *Schroff.* »Darüber will ich eigentlich nicht reden!«

PM: *Huch?!?* »Wie bitte?«

K: »Darüber will ich nicht reden, wirklich nicht!«

PM: *Stotter...* »Ja also, ähm, ich würde aber doch gerne nur so in etwa wissen, was in dieser Zeit in Ihrem Leben geschehen ist. Es sind fast drei Jahre. Sie müssen ja nicht ins Detail gehen.«

K: *Verlegen, aber bestimmt.* »Nein, lieber nicht.«

PM: »Also Herr K., das macht mich doch sehr unsicher. Sie müssen mir schon vertrauen, sonst können wir in Zukunft bestimmt nicht zusammenarbeiten. Das verstehen Sie doch?«

Es ist schon lange vorbei! Der Personalmensch denkt an alles Üble dieser Welt. Je schräger er selbst ist, desto Schrägeres wird ihm dabei einfallen. Und K. ist den Job los.

Dabei wär's doch so einfach:

K: *Verträumt.* »Ach Gott, war das schön! Sorry, ich hab's im Lebenslauf nicht erwähnt: Ich war auf einer ziemlich langen Reise. Am schönsten war Südostasien, da habe ich wochenlang auf dem Strand gelegen und das Leben einfach genossen, die Seele baumeln lassen und ins weite, blaue Meer geschaut. Das war einfach wunderschön. Dieses Reisen ohne Druck, Termine, Stress, Verpflichtungen – ich kann Ihnen sagen, das war eine Lebensphase aus echter chinesischer Seide, intensives Leben pur blabla...«

PM: *Träum, schluchz, ach hätt' ich das doch auch mal gemacht, seufz, vom-Strand-und-Hulahula-träum. Abdrift.*

K: *Wieder nüchtern, sehr aufrecht und seriös.* »Aber irgendwann wollte ich wieder was Richtiges anpacken. Darum bin ich zurückgekommen und habe diesen tollen Job gefunden. – *Stutz.* Hallo, Sie, Personalchefchen, kommen Sie zurück, wir sind hier, hier am Tisch in Ihrem Büro, wo starren Sie denn hin...« *Winkiwinki, tätschel, schüttel!*

Die Wirre

PM: *Frohlockend.* »Was wissen Sie denn schon über unsere Firma?«

K: *Ruheloser Blick in alle Richtungen.* »Ja, im Internet, wo, wenn ich geklickt..., da vorgestern abend, nein, gestern, da waren, äh, die Bilder haben mir gefa..., weiß sonst nicht recht, wegen aber das wusst' ich schon, aber alles ande..., mein Kollege wusste das auch nicht, über Produkte hab' ich im Katalog was, den hatt' ich noch vom letzten...«

DOs & DON'Ts

PM: *Am-Kopf-kratz.* »Hä?«

Solche Äußerungen hör' ich viel, Sie werden es kaum glauben, vielleicht nicht ganz so wirr, aber doch ziemlich am Abgrund. Das liegt einfach an der fehlenden Vorbereitung oder an der weitverbreiteten, schlechten Angewohnheit, sofort zu reden und erst Tage später zu überlegen, was man eigentlich sagen wollte.

Der Flüssige

PM: *Kommt ins Wartezimmer.* »Guten Tag, Herr Meier. Es ist schon zehn nach neun, sorry, dass ich Sie habe warten lassen. – Seltsam, wie riecht's denn hier?«

K: »Hicks. Jguten Tag. Nja, hab' ich mir auch jedacht, hia riecht's so gomisch.«

PM: *Leicht irritiert.* »Also, kommen Sie doch bitte rein, setzen Sie sich... Und, haben Sie uns gut gefunden?«

K: »Hicks. Bin mimm Zuch jekommen. Das is' jans gut – ja mimm Zuch – ich nehm' imma 'n Zuch...«

PM: *Sehr irritiert, auf-dem-Stuhl-rumrutsch.* »Entschuldigen Sie die direkte Frage, aber, aber haben Sie getrunken?«

K: »Naja, im Zuch, da hab ich mir so 'n kleines Weinchen spendiert... nur so 'n klitzekleines.«

PM: »Aber hören Sie, es ist kurz nach neun Uhr? Ich muss Sie das jetzt fragen: Haben Sie vielleicht ein kleines Alkoholproblem?«

K: »Na, nu werdense ma nich' frech hia. Man wird doch noch morgens im Zuch en kleines Gläschen Wein dringen dürfen, ohne dass eim so 'n kleiner Perso-nalchef anmacht? Ich werde Sie verklagen, wenn Sie mir nochmal so kommen!«

Das Gespräch nahm ein abruptes Ende. Die Story ist nicht erfunden, nur ein bisschen gekürzt.

Der Herr K. war ein ziemlich hohes Tier, der PM hatte richtig Angst vor ihm. Die Klage wegen Verleumdung kam nicht, wahrscheinlich hat er sich an nichts mehr erinnert.

Die Müde

Eine Variante:

PM: »Hallo, Fräulein, ich hab' Sie was gefragt? Hallo!« *Wart, wart, langsam unruhig.* »Was haben Sie denn? Sie schlafen mir hier aber nicht etwa ein?« *Noch bedeutend unruhiger.* »Hallo, hören Sie mich noch? Um Himmels willen, warum verdrehen Sie denn die Augen so? Oh Gott, jetzt rutscht sie mir noch unter den Tisch. Was soll ich denn mit ihr machen?«

K: *Schlummer, schnarch, langsam-ins-Nirvana-verreis. Die Valium wirken etwas stärker als geplant.*

Klar, dass es in dieser Weise absolut nicht geht. Nicht mal ein winziges Molekül von irgendeiner toxischen Substanz im Blut ist erlaubt. Das ist zwar sonnenklar, leider waren diese Fälle nicht gerade Seltenheit.

Die Detailfixierte

PM: »Also, jetzt hab' ich lange genug geredet über die Stelle und unsere Firma. Was meinen Sie? Haben Sie noch Fragen?« *Erwartungsvoll guck!*

K: *Am-Kopf-kratz.* »Ja, die Pensionskasse

DOs & DON'Ts

würd' mich interessieren. Und vor allem die Abzüge für das Krankentaggeld bei schwangeren Frauen unter 30. Bei meinen letzten beiden Arbeitgebern hat der Abzug um 0,042 Prozent differiert. Aus unerfindlichen Gründen. Ich bin von Pontius bis Pilatus gelaufen, um zu erfahren, warum das so ist, aber niemand konnte es mir genau sagen, wirklich genau.«

PM: »Ja also, das weiß ich eigentlich auch nicht so genau, aber das ist ja nicht so wichtig.«

K: *Energisch.* »Oh doch, das ist schon wichtig, der Teufel liegt im Detail. Und wenn man so was nicht von Anfang an klärt, dann gibt's später sicher mal Ärger...«

Diese Frau wird später die Milben in Ihrem Teppich zählen, so viel ist klar. Damit hat sich das vielleicht ganz verheißungsvolle Gespräch erledigt. Für mich ist so was ein Todesurteil. Eine ähnliche Variante ist:

Der Ferienkünstler

PM: »Also, haben Sie vielleicht noch Fragen?« *Erwartungsvoll guck!*

K: *Wiederum-am-Kopf-kratz:* »Ne Frage? Ich? Ich weiß nich', ähm, ähm, eigentlich, was soll ich sagen, nein.« *Überleg. Grübel. Grins.* »Ja, wie viel Ferien gibt's denn in Ihrem Laden?«

Ziemlich klar, weshalb Sie einen Job wollen. Jedenfalls nicht, um viel zu arbeiten. Und *niemand* hat einen *Laden.* Selbst die letzte Mickey-Mouse-Bude ist ein *Unternehmen* oder eine *Firma,* klar?

Ich hoffe, die Beispiele haben Ihnen gezeigt, wie der Hase in etwa so läuft, wie er in der Spur bleibt oder in den Abgrund hoppelt.

So, dann können wir ja langsam einen Schritt weiter gehen. Nein, einen hab' ich noch, einen hab' ich noch:

Der Hohle

PM: »Also, haben Sie vielleicht noch Fragen?« *Erwartungsvoll guck!*

K: *Noch-mehr-am-Kopf-kratz, es blutet schon ein bisschen:* »Ähm, ähm, ähm, eigentlich: Nööööö!« *Gähn, blödguck.*

Das sieht doch sehr nach Hohlheit aus, finden Sie nicht? Damit Ihnen auch im ärgsten Stress noch was einfällt, hier Ihre obercleveren Fagen an die Personalmenschen.

Ihre cleveren Fragen an Personalmenschen

In jedem Vorstellungsgespräch kommt früher oder später die Frage, ob Sie noch Fragen haben. Hier geht es nicht nur darum, Ihnen Rede und Antwort zu stehen und Sie mit guten Informationen zu motivieren. Es geht auch um eine weitere Qualifikation von Ihnen.

Das Originellste, was Sie sagen können, ist »Nein, eigentlich nicht, mir fällt nix mehr ein!« Und dann noch ein etwas verlorener, fantasieloser Blick an die Decke – und der Eindruck ist perfekt. Wenn Sie zu dieser Gruppe gehören, dann schauen Sie sich die lange Liste unten an und stellen Sie nie mehr *keine* Fragen!

STELLEN SIE NIE MEHR KEINE FRAGEN

Am besten ist es, Sie legen den Geschäftsbericht, den Firmenkatalog, einen Prospekt auf den Tisch, den Sie sich vorher beschafft haben oder zücken eine vorbereitete Fragenliste. Clevere Fragen zeigen Vorbereitung, Systematik, Intelligenz, Interesse und Stil! Unten finden Sie ein paar Anhaltspunkte, was Sie alles fragen können. Halten Sie sich nicht sklavisch an meine Vorgaben. Seien Sie kreativ! Es geht immerhin um Ihr Leben:

Fragen zur Position

Das sind die Wichtigsten. Denn hierin liegt Ihr zukünftiger Lebensinhalt – vergessen Sie das nicht:

- Welches sind die eigentlichen, genauen Aufgaben?
- Welche Aufgaben beanspruchen mich voraussichtlich am meisten / wie lange?
- Was tue ich, wenn ich morgens zur Türe hereinkomme? Wie sieht ein ganz normaler Arbeitstag aus?
- Wer ist mein/e Chef/in? Wer sind meine TeamkollegInnen?
- Wo bin ich hierarchisch angesiedelt, wem zugeordnet? Wie sieht das Organigramm aus?
- Welches sind die Leistungserwartungen, Zielgrößen, Messlatten? Woran werde ich gemessen?
- Wer misst die Leistung und wie?
- Wie sehen Form und Dauer der Einarbeitung aus?
- Gibt's eine Mentorin?

• Warum ist die Stelle frei?
• Was für Möglichkeiten bietet die Position längerfristig?

Fragen zum Unternehmen

Das sind die Zweitwichtigsten. Denn mit dem Unternehmen und seinen Produkten sind Sie in den nächsten Jahren verheiratet:

• Facts & Figures: Umsatz, Gewinn, Gesellschaftsform, Besitzer, Aktionäre, Verwaltungsrat, Entscheidungsträger?
• Wie sieht die Umsatz-, Cash Flow- & Ertragsentwicklung der letzten Jahre aus?
• Wer sind die Geschäfts-, Abteilungs-, Projekt-, Team-LeiterInnen?
• Welche Abteilungen, Divisionen, Teams gibt es überhaupt?
• Seit wann besteht das Unternehmen?
• Bestehen Tochtergesellschaften / Beteiligungen?
• Wie viele MitarbeiterInnen sind insgesamt und in den Bereichen Verkauf, Administration, Produktion, Informatik, Forschung und Entwicklung beschäftigt?
• Besteht ein Beschaffungs-, Verwaltungs-, Marketing-, Vertriebs-, Personal-, Qualitäts-Konzept etc.?
• Wer sind die Zielgruppen des Unternehmens?
• Wie sieht die durchschnittliche Auftragshöhe aus?
• Wie sieht das Berichtswesen, Reporting, Controlling aus?
• Wie sehen Marktstellung, Marktanteil, Mitbewerber aus?
• Wie positionieren Sie Ihre Produkte im Vergleich zu den Mitbewerbern?
• Wo ist Ihr Unternehmen besser als die Konkurrenz?
• Sind Diversifikationen (horizontal, vertikal), Akquisitionen, Desinvestitionen geplant?
• Welche Probleme lösen Sie am Markt, beim Kunden wie?
• Was ist die entscheidende, tragende Unternehmensidee?
• Wo will das Unternehmen kurz-, mittel- und langfristig hin?
• Wie sehen Firmenleitbild, Strategie, Vision und Mission aus?

Auch wenn Sie es vielleicht nicht glauben, weil's zum Teil so schlau klingt: Dies sind nicht bloß Fragen für Führungskräfte.

Fragen zur Unternehmenskultur

Das sind eigentlich die Allerwichtigsten, aber auch irgendwie heikle Fragen. Denn die Unternehmenskultur bestimmt Ihr zukünftiges Lebensgefühl. Ich zähle auf Ihr Gespür, wie weit Sie gehen können. Zu viele und vor allem indiskrete oder gar untolerierbare Fragen können Sie aus dem Rennen schmeißen, also mit Gefühl vorgehen:

- Wie ist die Unternehmenskultur?
- Und wie die Führungskultur?
- Was für ein Betriebsklima herrscht?
- Wie ist denn mein/e zukünftige/r Chef/in so?
- Wie wird intern informiert?
- Gibt es ein Ausbildungsprogramm?
- Wie steht es mit der Mitarbeiterentwicklung?
- Gibt es eine institutionalisierte Karriereplanung?
- Wie hoch ist die Personalfluktuation? (heikel!)

Formale Fragen

Das sind natürlich auch wichtige Fragen. Aber stellen Sie die nicht am Anfang, sondern eher gegen Schluss der Vorstellung. Denn das Wichtigste einer neuen Stelle ist der Inhalt der Arbeit, das Team und die ChefInnen, nicht die Rente in 20 Jahren:

DAS LEBEN FINDET JETZT STATT, NICHT IN FERNER ZUKUNFT

- Lohn und Gehalt? Details zur Gehaltsverhandlung gleich anschließend.
- Gewinnbeteiligung? Bonus? Fringe benefits?
- Spesenreglement?
- Sozialleistungen?
- Firmenauto? Bahnabonnement?
- Ferienregelung?
- Umzugsvergütung?

Und dann hat sich's irgendwann mal ausgefragt und Sie sollten zum Abschluss kommen. Und das hängt dann oft einfach nur noch am Geld:

Die peinliche Rede vom schnöden Mammon

Über die Naturhemmung der Deutschen, über Geld zu reden – auch für Schweizer und Österreicher geeignet!

Fragen Sie mal einen flüchtig Bekannten, wie viel Geld er verdient. In Deutschland werden Sie sogar bei guten Bekannten auf Granit beißen und ein geheimnisvoll-nichtssagendes Lächeln ernten. Voll ins Fettnäpfchen:

Über Geld redet man nicht! Du Depp!!!

GELD UND CHARAKTER SIND NICHT DASSELBE

Diagnose: Die Deutschen haben ein Riesenproblem, über Geld zu sprechen. Bei Schweizern isses noch schlimmer. Denn sie denken: Wer wenig verdient, ist ein schlechter, wer viel verdient, ist ein guter Mensch. Und weil wir ja alle zu wenig verdienen, zumindest verglichen mit Bill Gates, sind wir alle schlechte Menschen. Ein tiefes Gehalt preiszugeben, ist *obermegapeinlich*. Deshalb arbeiten wir auch so viel. Das schlechte Gewissen! Ein Supergehalt zuzugeben, ist ebenfalls äußerst peinlich, denn es zeigt, wie viel besser man ist als all die andern. Deshalb lieber bedeutungsvoll lächeln und so tun, als sei man mindestens Erbe einer Bank, was zumindest in der Schweiz ja meistens der Fall ist.

Und dann erst noch ein Gehalt zu verhandeln. Oh Gott, peinlich, peinlich, ach wie peinlich, all das.

Regel Nr. 1: So nicht!

1. Runde – Gong: Ich stelle bei einem sehr guten Kunden einen sehr guten, ziemlich hochkarätigen Manager vor. Nach einem sehr erfolgreichen Gespräch (ich hab' mich schon auf die Provision gefreut, hihihi) antwortet er auf die Frage: »Was wollen Sie denn verdienen?« mit der Gegenfrage, »Was haben Sie sich denn so gedacht?« Tolle Antwort. Ich sitze daneben und denke: »Ups?« Das denk' ich öfter in solchen Situationen, ein guter Gedanke!

2. Runde – Gong: Der Personalmensch guckt zu Recht ein biss-chen düpiert, denn wer kassiert schon gern auf eine liebliche Frage eine brutale Gegenfrage. Und er fragt – noch freund-lich: »Wir haben schon so unsere Ideen, aber ich wollte wissen, was Sie sich denn so vorgestellt haben?« Da erwacht des edlen Ritters Kampfesgeist und die Naturhemmung im Bewerber: »Grummel, chnorz, murks, jaja, äh, ehm, aber Sie haben doch sicher ein Gehaltssystem, wo ist denn die Stelle da angesiedelt?« Ein Tiefschlag unter die Gürtellinie, schlicht unanständig! Ich sitze daneben, werde etwas weißlicher und denke: »Doppel-Ups?!?« Auch kein schlechter, wenn auch völlig unnützer Gedanke.

3. Runde – Gong: Personalmensch wird gar bitterlich. Es zuckt durch seinen Kopf »Herrgottnochmal, ich hab' zuerst gefragt!« Und es kommt dick und süß-sauer: »Natürlich haben wir ein Gehaltssystem, aber ich will jetzt von Ihnen wissen, was für einen Preis Sie haben!« Ich versinke daneben in meinem Stuhl, werde hellweiß, suche mit meinem Bein nach dem Bein meines Bewerbers, um ihn unsanft zu treten, aber der holt schon zum letzten, endgültigen Schlag aus:

4. Runde: »Ich will Ihnen nicht einfach so eine Zahl nennen, das hängt doch vom Job ab und von Ihrem Unternehmen, was können Sie denn so zahlen?« Schrei!!! Ich beiße in die Tischkante und dem Bewerber ins lebende Fleisch, ich küsse den armen Personalmenschen tröstend auf die feuchte Stirn, das Rennen ist gelaufen. Mein Mann meint, er sei ein starker Verhandler und habe eben gewonnen, dabei ging er gerade auf die Bretter und hat's nicht mal gemerkt. K.O.

Er wurde steif-höflich verabschiedet – und ich war meine Provision los und der Junge seinen neuen Job. So geht das nicht! Tun Sie das NIIIIIIEEEEE!!! Dabei ist das alles so einfach:

Regel Nr. 2: Take it easy

Antworten Sie doch ganz simpel auf die Frage »Was wollen Sie denn verdienen?« mit:

Sehen Sie, ich habe an meinem letzten Job 2.500 Euro pro Monat verdient und würde jetzt gern 300 Euro mehr haben. Ich finde, aufgrund meiner gerade abgeschlossenen Ausbil-dung und der größeren Verantwortung in diesem tollen Job bei Ihnen ist das ein vernünftiger Preis, was meinen Sie?

KOMPROMISSBEREIT SEIN HEISST NICHT, EIN DEPP ZU SEIN

Tralali! Das ist doch schon alles! Wenn Sie eine Übergeldsprechhemmung haben, üben Sie halt ein bisschen.

Und mit der wichtigen Schlussfrage zeigen Sie Verhandlungsbereitschaft und Niveau. Man kann anfangen zu diskutieren. Wundervoll! Ich finde: *Hart sein ist hart!* Werden Sie *soft*, zeigen Sie Kompromissbereitschaft. Aber auch Selbstbewusstsein: Kompromissbereit sein heißt nicht, ein Depp zu sein und sich über den Tisch ziehen zu lassen. Das hat man in Deutschland weitestgehend vergessen – sorry für den Tritt! Und in Amerika erst!!!

Tipp Nr. 1: Schummeln verboten, hihihi!

Bei der Höhe des bisherigen Gehalts dürfen Sie z. B. in der Schweiz durchaus ein bisschen arabisch werden und ein paar Prozent draufschlagen. Das nennt man dort seltsamerweise nicht *lügen*, das heißt feilschen. Erzählen Sie ja niemandem, dass ich Ihnen das hier empfehle. Es kostet mich meinen Ruf, Job, Kind, Haus, Hund. Ich muss Clochard werden, wenn meine Kunden das erfahren. Aber es ist besser für Sie! Sie müssen beim *Feilschen* allerdings sicher sein, dass Ihr neuer Chef nicht mit Ihrem jetzigen Billard spielt oder so was. Dann fliegt es auf – dumm gelaufen!

Ich habe bei meinem ersten Stellenwechsel in jugendlichem Übermut zwei Drittel auf den bisherigen Lohn draufgeschlagen. Es herrschte Hochkonjunktur, und die wollten mich unbedingt. Ich habe zur Motivation noch 500 CHF auf meine schon überrissene Forderung draufgekriegt. Ein Riesensprung – SOOOVIIIIEL GÄÄÄÄÄÄLD!!! Ich bin fast umgefallen und konnte mir endlich teure Rahmjoghurts kaufen. Aber es war mein Marktwert. Ich war vorher massiv unterbezahlt.

Tipp Nr. 2: An der Nordseeküste...

Nördlich von Basel wird bei der BeWerbung oft der Lohnauszug verlangt. Nachträglich. Das *Feilschen* kann also ziemlich ins Auge gehen. Vorsicht! In Deutschland weht auch ein etwas rauerer Wind. Man haut einander öfter tüchtig drauf – das merkt man als Schweizer schon auf der Autobahn!

Ich denke dennoch, dass da auch Menschen sitzen – irgendwie. Und dass alle Menschen auf angenehme, kompromissbereite Verhandlungspartner eher angenehm und nicht mit Knalleshärte reagieren. Das ist der Trick.

Tipp Nr. 3: Bestimmtheit zeigt Charakter

Bestimmtheit kann sehr positiv wirken. Wenn Sie sehr klare Vorstellungen über Ihren Preis haben und es nett, sympathisch, aber bestimmt rüberbringen, so kann das sehr positiv wirken:

Einer unserer neuen Mitarbeiterinnen wollte ich persönlich 200 Fränkli unter dem geforderten Lohn geben. Obwohl eine eher zurückhaltende Person, kam Ihre prompte Antwort: »Sorry Herr Kühnhanss, ich habe wirklich genau diesen Lohn gemeint, nicht 200 weniger. Ich bin das auch wert. Sie werden sehen.« Da wurde mir meine Kleinlichkeit gar peinlich und meine Überzeugung stieg, genau die Frau gefunden zu haben, die mir meinen Laden schmeißen würde. Und sie war jedes Fränkli wert.

Und jetzt kommt natürlich die klassische Frage: »Was kann ich denn verlangen, was ist mein Marktwert?!?« Und das ist eine schwierige Frage, denn Sie sind kein Rahmjoghurt mit einem festen Preis. Das ist das Problem.

Wie viel bin ich wert?

Eine der am häufigsten gestellten Fragen ist: Was für ein Gehalt kann ich fordern? Wie viel bin ich wert? Dann antworte ich immer: »Materialmäßig ungefähr 7 Cents, denn Sie bestehen eigentlich zu 70 Prozent aus Wasser, der Rest is' 'en bisschen Kohlenstoff, Amalgam und ein paar Substanzen, die heute als Sondermüll gelten, der für ca. 2 Euro teuer entsorgt werden müsste. Sie schulden mir also 1,93 Euro!«

Auf Deutsch: Hier herrschen größte Unsicherheiten, denn niemand weiß was Genaues. Hier lauert auch Gefahr: Wenn Sie zu teuer sind, fliegen Sie raus; sind Sie zu billig, wird man entweder misstrauisch und Sie fliegen auch, oder Sie kommen auf einer zu tiefen Ebene eines Gehaltssystems zum Zug und werden ausgebeutet. Das ist Tatsache. Es ist halt ein Markt und eine ausgesprochene Verkaufssituation – geradezu basarmäßig und orientalisch.

Also sollten Sie *vor* einem Gespräch wissen, was Sie denn verlangen können. Das wär schön! Aber: Statistiken helfen wenig. Durchschnittswerte haben kaum Aussagekraft für Sie persönlich. Es gibt meines Wissens keine wirklich guten Erhebungen, nur so Hochglanz-Salärumfragen v.a. für Führungskräfte. Aber was nützt Ihnen so ein Durchschnitt wie:»Männlich, 34, in Frankfurt wohnhaft, Betriebswirt, bei einer Bank, mit einskommadrei Kindern, 64.567 Euro.« Das nützt gar nichts. Ich kenne nämlich einen, der verdient 129.134 Euro mit Ihrem Profil und einen andern, armen Ähnlichen, der ist gerade arbeitslos. Durchschnitt: Genau 64.567 Euro. Das Gehalt hängt von so vielen Faktoren ab, es gibt keine verlässlichen, guten Zahlen. Ich rate Ihnen deshalb ganz simpel:

• Rumfragen, was vergleichbare KollegInnen verdienen.
• Wichtig: Zu lokalen Personalberatern gehen und fragen, wie sie das sehen. Dafür sind wir da! Wir wissen's wirklich aus erster Hand, wir kennen die Bandbreiten.
• Und dann: Sich gut verkaufen, wie in diesem Buch empfohlen. Das heißt: Einfach ausprobieren und *feilschen*.
• Vor allem an der persönlichen Überzeugungskraft und Ihrem Selbstbewusstsein arbeiten, das kann Ihr Gehalt um sagen wir mal lockere 15 Prozent nach oben treiben.

Ich weiß, das ist eigentlich eine dürftige Antwort, aber es gibt einfach keine Bessere, die auch noch seriös wäre. Machen Sie sich das Leben auch nicht unnötig schwer: Sie haben keinen *festen* Preis!

Was Frösche, Affen und Menschen gemeinsam haben

Das, was Sie am wertvollsten macht, das sind Sie selbst: Ihr Wissen, Ihre Erfahrung, Ihre Ausstrahlung. Also strahlen Sie mal tüchtig aus, denn das erhöht Ihren Preis massiv. Dazu allerdings müssen Sie auch darauf achten, was Sie alles sagen, ohne ein Wort zu sprechen. Sie können nicht *nicht* kommunizieren. Den größten Teil dessen, was Sie sagen, sagen Sie nicht mit Worten, sondern mit allem, was Sie nicht sagen: Mimik, Gestik, Haltung, Outfit, Kleidung, Frisur, Accessoires. Para- und nonverbale Kommunikation heißt diese Form des Informations-Austausches. Aber das kennen Sie ja wahrscheinlich, zumindest vom Ausdruck her.

DAS MEISTE SAGEN SIE OHNE WORTE

Glauben Sie aber ja nicht, was in vielen so genannten BeWerbungs-Ratgebern zu lesen ist, nämlich, dass Sie mit ein paar einstudierten Handbewegungen einen routinierten Personalmenschen über den Tisch ziehen können – außer Sie packen ihn wirklich am Kragen und ziehen wie blöd.

Hier kriegen Sie deshalb auch keine Bewegungs- und Grimassen-Tipps, wie Sie sie in jedem Mittelklasse-Management-Seminar serviert bekommen. Hier geht es um:

- das richtige Verständnis von Körpersprache.
- die Widerlegung des fatalen Irrtums, es gebe eine gute und eine schlechte Körpersprache und die gute sei trainier- und kontrollierbar.
- den optimalen Einsatz Ihrer ganzen Person im Vorstellungsgespräch mit Haut und Haaren, Kleidern und Schuhen, Krawatte und Foulard, Siegelring und Perlenkette.

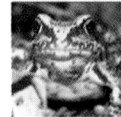

Die drei Gehirne in unserer Birne

Sorry für den saloppen Titel, aber irgendwie gefiel mir der Goethe-ähnliche Reim hier. Ein bisschen Biologie und Evolutionslehre am Anfang: Vor 500 Millionen Jahren hat der liebe Gott die Reptilien gemacht und Ihnen ein Stammhirn gegeben. Das *Ihnen* ist bewusst groß geschrieben, denn was ein Krokodil im Kopf hat, das haben auch Sie in demselben. Es ist das gleiche Gehirn, das dem Krokodil seine Reflexe, seinen Hunger, seine Atmung und seine Sexualität gibt wie bei uns. Tse, tse, tse. Genetisch gesehen haben wir ohnehin etwa 50 Prozent identischen Gencode mit den Krokis.

Vor rund 200 Millionen Jahren hatte derselbe liebe Gott den Einfall mit den Säugetieren und hat die Mäuse gemacht oder so. Er hat Ihnen das Kleinhirn und mit der Zeit auch immer mehr Großhirn gegeben. Mäuse und Menschen haben ebenfalls die gleichen Gehirne im Kopf. Wenn wir Dinge sehen und hören, Gefühle entwickeln und gewisse Dinge lernen können, dann hat das mit dem Kleinhirn zu tun, das ziemlich identisch ist bei allen Säugern.

Und dann begann das mit dem Großhirn, dessen Entwicklung erst seit 50.000 Jahren abgeschlossen sein soll. Mit den Schimpansen, die auch über ein schönes Großhirn verfügen, haben wir mindestens 95 Prozent des Gencodes gemeinsam. Stellen Sie sich das vor: Affen sind uns zu 95 Prozent verwandt, fast so nahe wie Onkels und Tanten, in gewissen Fällen vielleicht sogar noch näher. Ich jedenfalls habe eine Tante, da bin ich mir nicht so sicher. Schimpansen sind also unsere Brüderchen und Schwesterchen. Wenn wir uns dann noch vorstellen, wie wir mit unseren Artgenossen umspringen, dann gute Nacht.

Der Affenmensch, der da vor 50.000 Jahren Feuerchen machte, ist biologisch mit uns identisch. Ötzi ist ein alter Bruder. Würd' er heute leben, wär er vielleicht Käsehändler oder Pfarrer oder so.

Aber von Sprache konnte vor 50.000 Jahren wohl noch keine Rede sein. Aber – und das ist nun der Gag – denken Sie ja nicht, die Jungs und Mädels hätten sich damals nicht unterhalten. Die haben sich bestens unterhalten! Und zwar mit uralten, über Jahrmillionen ausgezeichnet erprobten Kommunikationsmustern, mit Bewegungen, Gebärden, Haltungen, Grimassen, Lauten, Gurren, Quieken, Gerüchen, Reflexen etc. Und das hat bestens funktioniert. Man kommunizierte mit dem ganzen Körper und wurde verstanden. Man

AFFEN STEHEN
UNS NÄHER ALS
TANTE BERTA

konnte damals allerdings sehr schwer lügen! Körpersprache ist ziemlich ehrlich! Meistens!

Und dann kam das mit den Schweizern, den Deutschen und den Österreichern auf, und die erfanden noch ein bisschen Kultur-Körpersprache dazu. Aber nur ein bisschen. Für unser Thema ist höchstens wichtig, dass auch diese Kultur-Körpersprache auf jeden Fall immer schon vor uns da war und älter ist als Sie und ich. Wir haben das einfach mit der Muttermilch eingesogen. Wenn Sie jemanden zu sich winken, dann winken Sie z.B. genau umgekehrt wie die Araber. Das ist in Fleisch und Blut.

»Und warum erzählen Sie mir diese tolle Theorie?« – die übrigens nicht von mir und vor allem keine Theorie, sondern erhärtetes Naturwissenschafts-Wissen ist – ja warum?

- Unser Gehirn ist Fleisch gewordene Information und milliardenfach erprobte Erfahrung.
- Körpersprache basiert auf uralten, biologischen Programmen, geschieht reflexartig-intuitiv und ist absolut ausgereift. Sie ist deshalb per se in Ordnung und gut. Ich traue da der Evolution mehr als jedem selbst ernannten Management-Guru. Wir können uns auf sie verlassen!
- Es ist kaum möglich, unehrlich zu sein – jedenfalls hält man das nicht lange durch. Körpersprache ist ehrlich. Ihr Körper sucht und findet immer einen Weg, sich auszudrücken. Da können Sie trainieren, was Sie wollen.
- Körpersprache ist Ausdruck Ihres Befindens. Fühlen Sie sich gut, so kommunizieren Sie das mit jeder Faser, fühlen Sie sich schlecht, ebenso. Es ist unmöglich, sich schlecht zu fühlen und das Gegenteil davon nach außen zu geben. Jeder halbwegs sensible Mensch entlarvt Sie sofort und intuitiv.
- Körpersprache ist nicht eindeutig und präzise, denn sie ist nicht rational und nicht digital. Aber sie hat Bedeutung.
- Sie in gesprochene Sprache eindeutig zu übersetzen, ist nicht immer einfach und oft einfach unmöglich. Das haben Übersetzungen so an sich.
- Körpersprache ist am besten spontan. Spontaneität kann man nicht einstudieren. Das wär paradox. Logo!

DIE NATUR FINDET IMMER EINEN WEG SICH AUSZUDRÜCKEN

Um noch deutlicher zu machen, wie Körpersprache funktioniert, hier noch ein paar Spielchen. Einverstanden?

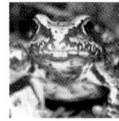

KÖRPER UND GEIST SIND
NUR ZWEI WÖRTER FÜR
DAS GLEICHE DING

WER SICH IMMERZU
SORGEN MACHT,
HAT BALD ALLEN
GRUND DAZU

Nr. 1: Das Zitronenspielchen

Denken Sie sich jetzt mal eine dicke, fette Zitrone. Stellen Sie sich die gelbe Saftkugel vor Ihr geistiges Auge. Haben Sie's? Und jetzt nehmen wir ein Messer und schneiden die Zitrone auseinander, der kühle, gelbe Saft quillt hervor, rinnt über Ihre Finger, Sie riechen das bitter-süße Schalengeraspel. Und jetzt nehmen Sie eine Zitronen-Hälfte, und beißen genüsslich hinein, Ihr Mund füllt sich mit dem sauren Saft. Mampf!

Spüren Sie, was passiert! Wenn Sie wirklich intensiv an die Zitrone gedacht haben, fließt Ihnen das Wasser im Munde zusammen. Ohne Zitrone, nur durch Ihre Einbildung! Geist und Körper hängen so eng zusammen, dass Sie irgendwie dasselbe sind.

Wenn Sie immer nur an Krankheiten denken, werden Sie krank oder sind es schon. Wenn Sie immer nur an Katastrophen denken, treten sie eher ein. Wenn Sie sich immer nur Sorgen machen, dann haben Sie bald auch allen Grund dazu.

Bis hierher war das Zitronenspielchen ja eigentlich noch nichts Erstaunliches. Wir wissen alle, dass die Vorstellungskraft den Körper beeinflusst. Aber die Geschichte funktioniert auch umgekehrt. Und das ist erstaunlich – denn es wird meist übersehen:

Nr. 2: Das Ich-bin-so-depressiv-Spielchen

Stehen Sie eben kurz einmal auf und lassen Sie das Buch Buch sein. Strecken Sie Ihre Hände ganz hoch in die Luft, atmen Sie einige Male ganz tief ein, fühlen Sie, wie die viele Luft angenehm in Sie hineinfließt und wie Sie groß und stark werden, strecken Sie sich hoch und noch höher hinaus, richten Sie den Blick hinauf in den Himmel und spüren Sie das Leben und die Kraft und das Ziehen in Ihrem Körper... – und jetzt versuchen Sie in dieser Haltung zu denken: »Ich bin depressiv! Gott, geht's mir schlecht! Ich bin ja so übel drauf! Was für ein armer Wicht ich doch bin!«

Lesen Sie nicht weiter! Tun Sie's einfach!

Haben Sie's gemerkt? Es geht nicht. Sie können keine Körperhaltung einnehmen, die Kraft, Leben und Freude signalisiert und gleichzeitig Traurigkeit denken und empfinden. Und dasselbe umgekehrt:

Nr. 3: Das Ich-bin-ein-toller-Hecht-Spielchen

Stehen Sie wieder auf und lassen Sie den Kopf hängen und die Schultern. Drücken Sie die Luft raus und starren Sie verdrossen in den Boden. Atmen Sie flach oder möglichst gar nicht mehr. Lassen Sie die Mundwinkel fallen und schauen Sie finster, ganz finster, ganz extrem finster – und jetzt versuchen Sie zu denken: »Ich bin heut' supergut drauf. Ich bin bester Laune. Meine Güte, geht's mir gut. Was bin ich bloß für ein toller Hecht!«

Auch das geht nicht! Nie und nimmer! Und was bedeutet das?

- Unser Denken beeinflusst unsere Erscheinung. Denken wir schlecht und viel Übles zusammen und sind wir mies gelaunt, drückt unser Körper das aus. Geht das über längere Zeit so, gräbt sich die Stimmung in die Falten Ihres Gesichts, sie nimmt die Kraft aus Ihren Muskeln, sie senkt Ihre Schultern, krümmt Ihren Rücken und verdüstert Ihren Blick. Sie denken nicht nur schlecht, sondern sehen auch so aus, als hätten Sie 'ne Zitrone im Mund – was wiederum Ihren Mitmenschen auffallen dürfte.

> WER NIE LACHT, SIEHT ECHT NICHT LUSTIG AUS

- Unsere Erscheinung aber beeinflusst auch unser Denken: Laufen Sie öfter mal aufrecht, strecken Sie sich öfter mal in den Himmel, kleiden Sie sich öfter mal ein bisschen besser oder rennen Sie öfter mal ein bisschen in der Gegend herum, lachen Sie öfter, dann werden Sie sich besser fühlen, Sie werden besser denken und weniger grübeln, mehr von sich halten und besserer Laune sein. Und mit der Zeit werden Sie sogar schöner. Echt! Aber das ist ein anderes Thema.

Was lernen wir daraus? Sie müssen sich nicht auf die äußere Körpersprache konzentrieren, sondern auf Ihr inneres Befinden achten und Ihre Seele hegen und pflegen. Dann kommt die richtige Körpersprache ganz von selbst! That's it! Daraus folgt, was Sie alles nicht tun sollten:

> GUTE KÖRPERSPRACHE KOMMT VON INNEN

- Hüten Sie sich davor, blöde Handbewegungen oder Haltungen zu üben und einzusetzen, das nimmt Ihnen im wahrsten Sinne des Wortes kein Affe ab. Es funktioniert nie und nimmer. Ich sehe die gequälten Flops jeden Tag! Konkret:
- Lassen Sie sich nicht einreden, die Hände müssten auf dem Tisch liegen, damit Sie die Stelle kriegen. Dann liegen die Hände zusammen mit Ihrer ganzen Aufmerksamkeit auf dem Tisch, ineinandergekrallt, blutentleert, mit weißen Knöcheln und verraten alles über Ihren Zustand. Sie werden nicht mehr

gut sprechen und früher oder später werden Sie's nicht mehr aushalten, sich ans Kinn fassen, im Gesicht herumfingern oder einen Kugelschreiber malträtieren – klick – klick – klick – klick – klick – klick – klick.

- Blickkontakt ist wichtig, sagt man! Aber halten Sie daran um Gottes willen nicht krampfhaft fest, wenn Sie's nicht ertragen. Sie kennen selbst die tränigen, angestrengten Augen eines Menschen, der Sie mit größter Mühe fixiert und mit aller Konzentration bei seinen eigenen Augen und sonst nirgends mehr ist. Das wirkt bloß irritierend.

LOCKER SEIN KANN MAN NICHT EINSTUDIEREN!

- Bemühen Sie sich nicht krampfhaft, die Hände *nicht* in die Hosentaschen zu stecken. Stecken Sie die Hände ruhig rein, wenn's Ihnen dabei wohler ist. Kein vernünftiger Mensch engagiert Sie wegen dieser vermeintlichen Regelverletzung heutzutage nicht. Ich habe schon viele Redner gesehen, die sich einen Pfifferling um so genannte Anstands- und Vortragsregeln gekümmert haben, und viele andere, die hatten das gesamte Knigge-Repertoire perfekt im Griff – die ersteren waren *immer* die Besseren!

- Studieren Sie keine lässig-coolen Sitzhaltungen ein. Denn was da so locker aussehen soll, wirkt meistens ausgesprochen steif, angestrengt und gespielt. Damit erreichen Sie das pure Gegenteil dessen, was Sie wollten: Sie wirken uncool!

- Üben Sie keine laute, starke Stimme, Sie werden Sauerstoffprobleme bekommen, wenn's nicht Ihrer Natur entspricht. Sie verbrauchen viel zu viel Luft und ersticken tendenziell daran. Ersticken wirkt alles andere als vertrauenerweckend.

- Studieren Sie auch kein fulminantes Anklopf-, Türöffnungs- und Händeabquetsch-Ritual ein. Den gepresst-dynamischen Eindruck werden Sie nicht über die nächste Stunde retten können, wenn Sie nicht wirklich dynamisch *sind*. Und das ist dann echt peinlich.

LACHEN, BIS SIE QUIETSCHFIDEL SIND!

Im Ich-bin-ein-toller-Hecht-Spielchen haben wir jedoch auch deutlich gespürt, wie stark der Körper den Geist beeinflusst. Der beste Beweis sind die in Mode kommenden Lach-Seminare. Dabei lacht man so lange völlig künstlich und blöd, bis man quietschfidel ist. Das funktioniert! Machen Sie mal so ein Seminar. Es ist zum Krähen und Krähen macht Spaß! Das können Sie sich mit ein paar wenigen Tricks zu Nutze machen, ohne gleich einen esoterischen Krampf draus zu machen. Hier sind die wichtigsten und einfachsten Tipps für's Vorstellungsgespräch:

- Setzen Sie sich einfach auf den Stuhl, aufrecht und gerade, mit Ihrem ganzen Allerwertesten auf der ganzen Stuhlfläche und dem ganzen Rücken an der ganzen Lehne. Weder vorne auf die

Kante noch halb liegend. Sieht schrecklich aus, weil Sie immer irgendwie am umfallen oder wegrutschen sind. Richtig in sich ruhend sitzen, das entspannt enorm.

- Wickeln Sie Ihre Beine nicht um die Stuhlbeine. Die Dinger gehören nicht zusammen, auch wenn beides *Beine* heißt. Es gibt Schlangenmenschen, die schaffen drei Umwicklungen pro Bein. Das strengt unerhört an und entzieht Ihnen unerhört viel Kraft. Stellen Sie beide Füße einfach solide vor sich hin auf den Boden, sodass Sie geradezu die Erdung spüren. Das wirkt ebenfalls sehr beruhigend.
- Luft ist das Lebenselixier schlechthin: Achten Sie deshalb auf Ihre Atmung, damit sie nicht auf Null- und Ohnmachts-Level absinkt. Ich vermute, das ist einer der Hauptgründe für Blackouts. Wenn Sie richtig durchatmen, werden Sie ruhiger und stärken Ihren Energiepegel, Ihre Konzentration, Ihre Stimme und Ihre Sicherheit.
- Nehmen Sie möglichst nichts in die Hände, was nicht hingehört. Weder den Kuli, sofern Sie ihn nicht brauchen, noch Nase, Ohren, Knie, lästige Pickel im Gesicht, Haare, Krawatte, kratzkratzfummelfummel. Es sieht einfach sehr nervös aus und signalisiert Ihrem Gesprächspartner und Ihrem Geist, dass alles sehr gefährlich und extrem nicht in Ordnung ist.

Aber tun Sie das alles nicht krampfhaft! Wenn der Kuli für Sie wie Ecstasy wirkt, dann behalten Sie ihn halt in den Fingern. Lassen Sie alle anderen eingeübten Körperverrenkungen weg. Sie wissen ja nun, warum. Und jetzt werden Sie sagen. »Ja um Gottes willen, ist das alles nix, was ich bisher einstudiert habe?« Ich sage Ihnen: Genau, für den Normalsterblichen isses nix! Konzentrieren Sie sich vielmehr darauf, dass Sie sich wohl fühlen im Vorstellungsgespräch, sorgen Sie für Ihre innere Sicherheit. Hand auf's ruhige Herz: Wo kommt denn die Nervosität und Unsicherheit her, die sich dann in so schlechter Körpersprache äußert wie Nasenbohren, Zehennägelkauen, Schwitzen, Bleichwerden, Zittern, Löcher-in-die-Decke-starren, Beine-ums-Mobiliar-wickeln etc.? Es ist die Unsicherheit,

- weil Sie nicht wissen, was auf Sie zukommt.
- weil Sie diese exponierten Gesprächs-Situationen nicht gewohnt sind und Ihnen das Training fehlt.
- weil Sie Angst haben, in ein gefährliches Quiz mit tödlichem Ausgang zu gehen, und der Personalmensch ist ganz böse, der legt Sie rein, stellt Fangfragen und will Sie fertig machen.
- Sie fühlen sich nicht wohl in Ihrer Haut, weil Sie sich nicht wohl fühlen in Ihrer Haut. Nicht wegen des Gesprächs, sondern überhaupt. Sie halten nichts von sich und finden, das Leben an sich ist zum Aus-der-Haut-fahren.

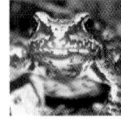

Gegen all das ist ein Kraut gewachsen, das recht schnell wirkt. Beim letzten Punkt geht's ein bisschen länger. Wenn Sie glauben, Probleme mit Ihrer Körpersprache und Ihrer Nervosität zu haben, nehmen Sie sich folgende Tipps zu Herzen, aber wirklich!

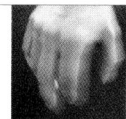

Der gekonnte Umgang mit dem eigenen Zittern

Wie Sie Ihr Zittern und Stammeln in Power umwandeln können! Ein wenig Nervosität ist sehr gut und konstruktiv, denn sie macht uns lebendig und reaktionsschnell. Nervosität ist ein Millionen Jahre alten Programm zur Steigerung unserer Reaktionsfähigkeit. Nervosität ist an sich also positiv. Wir haben schon die abgebrühtesten Manager bei uns gehabt. Und auch die waren nervös. Niemand nimmt Ihnen das übel. Ganz im Gegenteil: Ich bin sogar ein bisschen beleidigt, wenn Sie überhaupt nicht nervös sind. Echt! Schließlich geht's doch um was Wichtiges, und ich möchte möglichst sehr ernst genommen werden. Wenn dann einer in aller Seelenruhe daherkommt, scheint er keinen ordentlichen Respekt vor mir zu haben. Seien Sie also gefälligst ein bisschen nervös!

NERVOSITÄT HAT
UNS VOR DEN
BÄREN GERETTET

Im Ernst: Zu große Nervosität stresst, lähmt und blockiert, und das ist natürlich sehr unangenehm. Was können Sie tun, um Ihre Nervosität im Griff zu behalten? Hier die drei wichtigsten Tipps:

1. Sich seriös auf das Gespräch vorbereiten und
2. Sich seriös auf das Gespräch vorbereiten und
3. Sich seriös auf das Gespräch vorbereiten

Ich bin natürlich sehr für Spontaneität im Leben, aber die ist in schwierigen Situationen eben nur dann möglich, wenn man *sicher* ist. Und das geht nur mit Vorbereitung. So einfach ist das!

Bereiten Sie sich vor auf die Fragen, die kommen wie das Amen in der Kirche. Überlegen Sie sich *vorher*, was Sie auf welche Fragen sagen wollen. Studieren Sie das ein, und Sie sind gewappnet. Bereiten Sie sich vor auf die Firma, zu der Sie gehen. Immerhin sind Sie dort zu Gast und sollten schon aus reinem Respekt etwas mehr wissen als den bloßen Namen.

VORBEREITEN HEISST,
VOR DEM GESPRÄCH

Holen Sie sich Informationen: Den Geschäftsbericht, Prospekte, Kataloge, die Website. Bereiten Sie sich vor auf die Stelle. Was soll die Funktion überhaupt? Was wollen die denn eigentlich? Worin läge wohl der größte Nutzen für das Unternehmen, den ich bieten kann? Für Kader: Welches sind die kritischen Erfolgsfaktoren der Position und warum und wie kann ich diese erfüllen?

Und dann arbeiten Sie all die vielen Tipps & Tricks dieses Buches

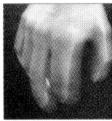

und einiger guter Erfolgsbücher durch. Dann wissen Sie genau, was auf Sie zukommt, und haben überhaupt keinen Grund mehr, Angst vor dem Unbekannten zu haben. Und Sie werden spüren: Wissen macht sicher!

Sie werden's schon bei der ersten Frage merken, die Sie früher ins Schleudern und zum Nägelkauen brachte, und auf die Sie jetzt eine überzeugende Antwort parat haben und aus dem Vollen schöpfen können. Diese Sicherheit wird Ihnen ein besseres Selbstbewusstsein geben, eine vitalere Haltung, einen leuchtenderen Blick, lockerere Hände, unbeschwerteren Blickkontakt etc. Und die Nervosität wird einer freudigen, energiegeladenen Spannung weichen!

Üben und trainieren – vor dem Spiegel

Denken Sie an einen Schauspieler, der seinen Text nicht beherrscht. Er kann sich nicht mehr locker einfühlen in seine Rolle, schielt zum Souffleur und verliert alle Spontaneität, die seine Körpersprache erst glaubwürdig machen würde. Er denkt immer an den doofen Text und sieht dabei schnell ziemlich alt aus. Also: Üben Sie Ihren Text, bis er Ihnen zum Hals raushängt. Etwas vom Besten ist das Üben vor dem Spiegel. Echt! Finden Sie komisch? Das haben vor Ihnen schon ganz andere gemacht. Nicht nur Demagogen. Man meint immer, ein Demagoge würde so seine Körpersprache trainieren. Das ist streng genommen falsch. Er stärkt in erster Linie sein Selbstvertrauen und wird dadurch stark genug für große Gesten.

Sie werden staunen, wie das Spiegel-Training Ihre ganze Erscheinung, vor allem aber Ihre innere Sicherheit verändert und stärkt:

Ich habe das selbst vor meinem ersten publikumsintensiven Auftritt getan, denn ich hatte offen gesagt nichts anderes als paaanische Angst! Die erste Spieglein-Show hat mich schier um den Verstand gebracht, so schlecht kam ich mir vor: Ein Kümmerling! Hängende Schultern, scheuer Blick, zittrige Stimme, das würde nie gut gehen! Die zweite Show war schon ein bisschen weniger mies. Das gab mir Mut. Ich inszenierte noch eine Dritte, und die war schon ganz passabel. Beim vierten Mal nahm ich mir vor, auszusehen wie James Bond, was Cooleres gibt's ja nicht! Und siehe da: Meine fünfte Show war dann schon nahe am Größenwahn.

So gestärkt ging ich zum Auftritt. Das Herz fiel mir zwar trotzdem noch in die Hose, ich hatte am Anfang ein paar Blackouts. Aber der kleine Rest von Bewusstsein, der noch am Leben war, erinnerte sich an meine Spiegel-Shows, es redete fast automatisch und nach 2 Minuten ging's mir plötzlich irgendwie gut und nach 10 Minuten richtig prächtig. Ohne

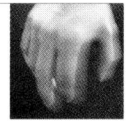

diese Übungen wär's der größte Misserfolg meines Lebens geworden – und ein entscheidender Wendepunkt: Denn ich hätte mich nie mehr auf so was eingelassen, mit enormen Konsequenzen für's ganze Leben. Spieglein am Schrank, ganz herzlichen Dank!

Böser Tipp: Üben Sie ruhig auch mal live, indem Sie sich auf Stellen beWerben, die Sie null interessieren und für die Sie überqualifiziert sind. Oder indem Sie zu Personalberatern gehen. Für diesen Tipp werden mich zwar meine BerufskollegInnen wiederum killen, aber das bin ich langsam gewöhnt.

ERFOLG VERLEIHT FLÜGEL, MISSERFOLG STUTZT SIE WIEDER

Machen Sie sich die Situation klar

Nochmal: Sie sind unter den fünf TopkandidatInnen, wenn Sie ins Vorstellungsgespräch gehen. Ihre Qualifikation ist bereits gegeben, sonst würden Sie nicht eingeladen. Also kein Grund zur Angst, sondern Grund für Stolz und Freude. Oder etwa nicht?

ES GIBT AUCH EIN LEBEN NACH DEM VORSTELLUNGS-GESPRÄCH!

Personalmenschen sind in erster Linie Menschen und keine Ungeheuer. Es gibt auch Schreckliche, aber das ist in erster Linie deren Problem. Sie können jederzeit aufstehen und gehen, wenn Sie einem Ungeheuer begegnen. Für die Firma, die ein Monster an ihren Eingang stellt, würde ich ohnehin nicht arbeiten wollen.

Personalmenschen haben keine bösen Absichten, sondern einen Job: Finde den richtigen Menschen für die Position! Personalmenschen haben deshalb selber Angst: Ist das der Richtige? Mach' ich auch keinen Fehler? Ist der wirklich so, wie ich glaube? Wenn ich immer falsch liege, verliere ich früher oder später selbst den Job!

Seien Sie also nett mit den armen Personalmenschen, auch wenn sie manchmal etwas sonderbare Fragen stellen. Die stehen auch unter Druck. Der Personalmensch will Sie in erster Linie persönlich und beruflich kennen lernen. Sagen Sie ihm alles. Dann können Sie beide beurteilen, ob Sie ins Team, in die Firma und zum Job passen. Denn nur dann werden Sie alle glücklich.

Sie halten nix von sich

Wenn Sie unter großer Unsicherheit, unter panischem Lampenfieber oder unbezwingbarer Schüchternheit leiden, dann ist das natürlich sehr belastend und meine Sprüche wirken wie der blanke Hohn. Aber auch da gibt es psychohygienische und selbsttherapeutische Möglichkeiten, sich mit der Zeit ganz OK und sogar richtig gut zu finden.

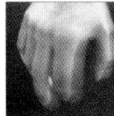

Investieren Sie viel Zeit ins Kapitel *Coach yourself* ab Seite 183. Es wird Ihnen ein ganzer Kronleuchter aufgehen!

Falls Sie sich in dieser Beziehung wirklich schlecht fühlen, große Schwierigkeiten haben und alles Training und Sich-Zusammennehmen nichts helfen will, dann suchen Sie einen Therapeuten auf. Wenn Sie einen Guten finden, kann er einen neuen Menschen aus Ihnen machen. Denn nichts wäre schlimmer, als wenn Sie sich wegen Ihrer Unsicherheit nirgends mehr vorstellen gehen. Das bringt Sie nicht weiter, sondern eher um.

9 weitere Mini-Tipps gegen den Bammel:

- Planen Sie genügend Zeit für den Weg ein; erkundigen Sie sich genau nach der Adresse, damit Sie sich nicht verfahren.
- Atemübungen: Es gibt Leute, die schwören drauf! Tief und ruhig Atmen – das wirkt Wunder. Noch besser: Einmal ein professionelles Atemtraining besuchen.
- Lassen Sie das Tee- oder Kaffee-Trinken, als wären Sie nicht schon zappelig genug. Wenn Medikamente nötig sein sollten, dann Betablocker, Valium, 'nen Joint oder Whisky oder so was. NEEEEIN, um Himmels willen! Allerhöchstens Notfalltropfen von Dr. Bach – wer dran glaubt!
- Natur: Setzen Sie sich für 20 Minuten an den Waldrand und hören Sie den Vögeln zu – die Jungs singen wirklich brillant!
- Musik: Hören Sie entspannende, schöne Musik; es gibt esoterische Sound-CDs mit Meeresrauschen, Vollmond-Geräuschen, Pinguin-Grunzen. Im Ernst: Einige sind wirklich sehr wohltuend und Balsam für die Seele.
- Überprüfen Sie Ihr Aussehen vor dem Spiegel und sagen Sie sich was Nettes:»Junge, Mädel, ich find dich gut, wir haben schon ganz andere Sachen zusammen geschaukelt!« Sie sind eh das, was Sie sind, und nichts anderes!
- Machen Sie regelmäßige Übungen wie autogenes Training, kreatives Visualisieren, NLP, Meditationen, Yoga, die Fünf Tibeter; einfach das, was *Ihnen* gut tut.
- Lesen Sie regelmäßig Erfolgs-, Positivdenk-, Wohlfühlbücher, irgendwelche, je mehr, desto besser. Das ist das beste Mittel gegen Sorgen, Misserfolge und Selbstboykott.
- Und vergessen Sie nicht: Selbst der Allerpersonalverantwortlichste ist nur ein Mensch!

AUCH DER ALLERPERSONAL-VERANTWORTLICHSTE IST EIN MENSCH

Hier noch ein paar clevere Übungen, nur so zum Eingewöhnen. Für irgend so etwas sollten Sie sich möglichst jeden Tag ein paar ruhige Minuten gönnen. Sie können Ihr Leben verändern.

Selbsttherapie statt Roche, Novartis, Aventis & Co.

Sie sind sicherlich auch schon mal in der Nacht aufgewacht und haben angefangen, sich Sorgen zu machen. Und je mehr Sie sich Sorgen gemacht haben, umso monströser sind sie geworden. Bis sogar das Frühstückmachen zur schier unüberwindbaren Katastrophe wurde. Und das Herz klopfte laut in die finstere Nacht hinaus, dass es von den Wänden gar schaurig widerhallte. Nach 2 Stunden Sorgenmachen waren Sie fix und foxi: Verschwitzt, voller Angst, feucht-kalte Hände und Füße, Panik vor der mickrigsten Mücke und zu Tode erschöpft.

Wenn Sie das schon mal erlebt haben, dann freuen Sie sich: Denn Sie können es offenbar! Denn was Sie da praktiziert haben, war effektvolles, vollwirksames Mental-Training, allerdings leider in die falsche Richtung! Sie haben sich 20 Tassen geistigen Kaffee eingeflößt und haben gezittert vor Nervosität. Super! Wirklich! Denn das könnten Sie auch umgekehrt! Eine Frage von Disziplin und Technik. Hier ist eine:

SICH SORGEN MACHEN IST MEDITATION, NUR FALSCH RUM!

Mittendrin oder weit darüber

Stellen Sie sich vor, Sie sitzen im Schwimmbad auf einer schönen Liegewiese und sehen einem Springer zu, der sich gerade auf dem 10-Meter-Turm auf seinen Sprung vorbereitet. Harmlos, nicht? Und jetzt stellen Sie sich vor, wie Sie selber ganz allein in luftiger Höhe stehen, nur noch mit den Zehen auf dem alleräußersten Rand des Sprungbrettes, und zwischen Ihren zitternden Füßen hindurch blicken Sie in die bodenlose Tiefe. Jetzt sieht die Sache schon etwas anders aus und wird brutal brenzlig – vor allem das Gefühl in der Magengegend. Spüren Sie es?

MITTEN IM LEBEN STEHEN KANN GANZ SCHÖN GRUSELIG SEIN

Wir Menschen haben die Fähigkeit, uns selbst aus Distanz betrachten zu können – aus der Sicht eines neutralen Beobachters. Clever gesprochen ist das *die dissoziierte Wahrnehmung* der eigenen Person. Nehmen wir uns von innen her wahr, so wie üblich, dann nennt man das *die assoziierte Wahrnehmung* seiner selbst. Wichtig

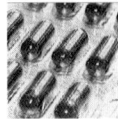

dabei ist, dass wir uns bei der dissoziierten Wahrnehmung nicht nur von unserem Blickwinkel entfernen, sondern auch von unseren Gefühlen: Wir verändern das Erleben der Situation! Das haben Sie beim Sprungturmbeispiel eben gemerkt, nicht? Das ist der wesentliche Unterschied zwischen der dissoziierten und der assoziierten Wahrnehmung. (Schon wieder was gelernt, gell!) Ist es mittendrin im Getümmel für Sie unerträglich, dann schalten Sie um, und machen Sie sich zum Überflieger, etwa so:

Übung 1: Helikopter-View

Stellen Sie sich eine Situation vor, die für Sie unerträglich war. Erinnern Sie sich, als würden Sie's nochmal erleben, Ihre Angst, Ihre Hilflosigkeit, alles.

Gehen Sie jetzt aus sich heraus und betrachten Sie sich aus der Sicht des Beobachters. Achten Sie darauf, wie sich dabei Ihre Gefühle verändern. Steigen Sie in den schönen, roten Hubschrauber, der da hinten für Sie bereit steht, heben Sie langsam ab und schauen Sie sich die Sache von oben und im Überblick an. Erst einmal im Zimmer rumfliegen, dann höher hinaus, Sie sehen die Straße und noch höher die Stadt und noch höher schließlich die kleine Mickey-Mouse-Schweiz, das herzige Bundesrepublikli und das Österreichlein. Und spätestens dann kommt: Über den Wolken, tralali tralali. Und noch höher hinauf sehen Sie Europa und endlich den blauen Planeten, der da in aller Stille und Erhabenheit wie eine leuchtende Perle durch den schwarzen Raum gleitet.

ÜBER DEN WOLKEN IST
DIE FREIHEIT GRENZENLOS

Sie können noch weitermachen: Das Planetensystem in seiner perfekten Harmonie, die Galaxis mit dem Staubkörnchen Sonne, die Galaxienspiralen, von denen unsere nur eine klitzekleine ist. Und wenn Sie jetzt noch weitermachen, sitzen Sie bald mal beim lieben Gott, und dann können Sie wirklich beruhigt sein.

Wichtig sind die Gefühle, die Sie während der Distanznahme erleben. Spätestens beim blauen Planeten werde ich selbst immer so seelenruhig, dass ich dem Piloten sage, er soll langsam umkehren, damit ich mich wieder über irgendwas aufregen kann. Von hier aus gesehen wirken unsere so genannten Probleme, Sorgen und Zänkereien nur noch albern und bedeutungslos.

Und es wird deutlich, was für ein wunderbarer Planet unsere unglaublich kleine Erde ist. Wie sie da durch das unendliche, kalte Universum saust, so einzigartig, so verletzlich, so winzig und so mutig. Wenn die Sonne ein 70 cm großer, glühender Ball ist, dann fliegt die kleine Erde in einem Abstand von 75 m in einem Jahr um

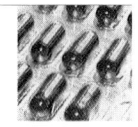

sie herum und ist ein kleiner Opal von 6,4 mm Durchmesser. Ist das nicht wirklich rührend? Dazwischen ist nichts außer die kleine Venus (6,1 mm) und der Mini-Merkur (2,4 mm). Ich werde, Sie merken es, immer ganz liebevoll-betroffen, aber auch ergriffen vor diesem absolut unglaublichen Wunder. Dass es die Erde gibt, dass es eine Atmosphäre gibt so dünn, wie die Wachsschicht auf einem Apfel, und dass am Grund dieses zarten Luftmeeres haben Menschen entstehen können, das ist ein so unerhört großer Zufall, dass man vor Gottes- und was weiß ich für Furcht nur noch staunen und dankbar sein kann für jede Sekunde, die wir an diesem spektakulären Mirakel teilhaben können. Was ist da schon ein Treffen mit einem Personalmenschen? Na, was noch?

MUTIGE, TAPFERE, KLEINE ERBSE IM NICHTS

Denken Sie jetzt an das nächste Telefon- oder Vorstellungsgespräch, dem Sie noch mit unguten Gefühlen entgegensehen. Steigen Sie in Ihren lieben, roten Helikopter und vergegenwärtigen Sie sich die Situation gefühlsmäßig aus der Optik des totalen Überfliegers.

Wenn Sie weit genug fort und ganz ruhig sind, prägen Sie sich etwas ein, was Sie besonders beeindruckt. Das kann ein Detail sein: Das Motorengeräusch, die Glaskuppel des Helikopters, die Frische des Windes, das blaue Juwel, genannt Erde, die Ruhe des endlosen Raumes. Prägen Sie sich dieses Bild ein. Es kann zu einem so genannten *Anker* werden, an dem das ganze Erlebnis und die Stimmung hängen bleibt. Der Anker wird es Ihnen leichtermachen, sich an die beruhigenden Gefühle der Helikopter-View zu erinnern!

IN DER SCHÖNSTEN BUCHT DEN ANKER WERFEN

Übung 2: Moments of Excellence

Manchmal – ich hoffe, möglichst oft – sind Sie in absoluter Höchstform: Alles geht, weit und breit kein Problem, die Welt steht offen! Manchmal – ich hoffe, möglichst selten – ist genau das Umgekehrte der Fall: Nichts geht, Probleme turmhoch, die Welt, ein Jammertal, Sie selbst, ein Wicht! Diese Grundstimmungen treten nicht zufällig auf, sie werden oft durch konkrete Auslöser aktiviert:

Sie hören nach Jahren das Lied, Ihr Lied und päng, da steht sie wieder da, die kleine Christine mit den blonden Zöpfli, und Sie sind schlagartig wieder verliebt wie damals mit 12. Oder Sie riechen plötzlich diesen Geruch, ja, genau den vom Lädchen um die Ecke. Und plötzlich sind Sie wieder der kleine Junge, ganz spitz auf Lakritz, für den eine Reise zum nächsten Block weit wie 'ne Reise nach China ist.

Das sind höchst wirkungsvolle Anker, sehen Sie? Solche Anker können Sie einüben, um sich in optimale Stimmung zu bringen.

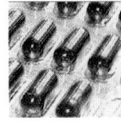

Weil wir nicht immer einen CD-Player mit Christinchens Lied mit uns herumtragen können, eignen sich zum Beispiel Ihre individuellen Körperbewegungen als Anker für eine exzellente Verfassung. Und das ist der Gag an der Sache: Solche Bewegungen gehen nicht nur einher mit so einer Verfassung, sie können diese effektiv auslösen wie im Ich-bin-ein-toller-Hecht-Spiel: Wer seine Hochform-Bewegungen kennt, kann sich in Hochform bringen, indem er sich so bewegt, als wenn er in Hochform wäre:

Stellen Sie sich eine Situation vor, in der Sie in absoluter Hochstimmung und in Topform waren: Einen Moment of Excellence, wie Sie ihn sich immer wieder wünschen! Vergegenwärtigen Sie sich diesen Moment! Denken Sie an Ihre Sinne: Was hören, sehen, schmecken, fühlen und riechen Sie? Und wie bewegen Sie sich, wie ist Ihre Körperhaltung? Erzählen Sie sich oder einer vertrauten Person laut diesen Moment! Spielen Sie ihn nach, möglichst vor dem Spiegel! Achten Sie dabei genau auf typische Bewegungen: Arme, Hände und Finger, Kopfhaltung, Schultern, Mimik etc.? Und jetzt testen Sie: Welche Haltungen, welche Bewegungen, aber auch welche Gerüche, Bilder, Töne bringen Sie im Nu in Hochstimmung?

Das sind Ihre Anker für Ihre *Moments of Excellence*. Setzen Sie sie ein, wenn Sie sich in Hochstimmung bringen wollen. Das geht natürlich nicht schwuppdiwupps. Das muss man üben! Seien Sie fantasievoll! Nutzen Sie den ganzen Reichtum Ihrer schönsten Erlebnisse. Ich versichere Ihnen, es wirkt.

Denn umgekehrt geht's ebenfalls, das werden Sie kaum bestreiten: Denken Sie nur daran, wie Sie jeden Morgen ganz zermuffelt und in sich versunken Zeitung lesen. Setzen Sie sich nur mal so hin und denken Sie dran, dann aktivieren Sie 1.000-fach eingeübte Anker zur permanenten Vergegenwärtigung allen Übels auf Erden im Allgemeinen und des eigenen Elends im Besonderen. Nur schon beim Gedanken daran hängen Ihnen die Ohren und die Mundwinkel inklusive Kopf runter, Sie atmen flach und werden bleich. Und dann haben Sie's geschafft: Sie fühlen sich richtig mies wie immer beim Zeitunglesen. Aber das bringt Ihnen und Ihrer Umgebung nichts, meinen Sie nicht auch? Denn das Wichtigste ist:

**Jeder Tag, an dem Sie das Leben genießen,
ist ein Geschenk an Sie und die Welt!**

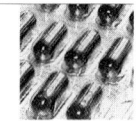

Ein wunderschöner Satz. Und weil er so wunderwunderschön ist, kommt er hier gleich noch einmal:

**Jeder Tag, an dem ich das Leben genieße,
ist ein Geschenk an mich und die Welt!**

Das alles da oben ist übrigens ein bisschen neurolinguistische Programmierung. Die Übungen sind übernommen von einem Klassiker in diesem Bereich: Frau und Herr Bessers Buch *Coach Yourself*, das leider vergriffen ist. Aber es gibt einen Haufen Bücher über NLP. Probieren Sie ein paar aus! NLP ist kein Wundermittel, das hier soll Ihnen nur einen Einblick geben in *eine* mögliche Methode, sich besser zu fühlen, die mir persönlich sehr eingeleuchtet hat.

Es gibt unheimlich viele Methoden, z.B. auch das einfache *kreative Visualisieren*: Dass wir uns alle mit kreativem Visualisieren enorm in Form bringen können, wissen Sie selbst durch Ihre nächtlichen, äußerst kreativen Sorgen-Eruptionen. Jeder Mensch kann sich die Möglichkeiten der Zukunft intensiv vorstellen, und das hat enorme Wirkung auf unseren Seelenzustand und auf unsere Tatkraft. Weshalb wir es oft attraktiver finden, uns ständig Übles vorzustellen, ist mir ein Rätsel. Das Gegenteil wäre bedeutend lustvoller, erfolgreicher, schöner. Also tun Sie's. Ab jetzt. Ein schönes, weises Büchlein dazu ist das von Shakti Gawain: *Kreatives Visualisieren*. Hört sich zwar sehr esoterisch an, isses aber nicht. Da steht's ganz einfach drin, auf kaum 100 Seiten – ein Buch voller einfacher Lebensweisheit.

> Die Zukunft kommt
> nicht als Geschick
> über den Menschen,
> sondern der Mensch
> kommt über die
> Zukunft
>
> Ernst Bloch

Gestärkt mit Yoga, neurolinguistischem Programmieren, kreativem Visualisieren, autogenem Training, Meditation etc., können Sie das Vorstellungsgespräch ruhig und gelassen auf sich zukommen lassen. Strotzend vor Selbstbewusstsein wird es Ihnen leicht fallen, schon gleich am Anfang einen sehr guten Eindruck zu machen. Denn die ersten 180 Sekunden entscheiden ziemlich viel, aber bei weitem nicht alles!

Der berühmte Primacy Effect

Es braucht einige wenige Sekunden bei der ersten Begegnung mit einem unbekannten Menschen, bis wir ihn irgendwie klassifiziert und in unserem Hirn eingeordnet haben. Wir haben ein Art Kommode mit vielleicht 20 bis 100 Schubladen im Gehirn, je nachdem, wie differenziert und menschenfreundlich wir sind. Die Kommode ist geschnitzt aus unserer subjektiven Erfahrung mit Menschen, denen wir vorher im Leben einmal begegnet sind.

Und kaum stoßen wir auf einen, dem wir noch nie begegnet sind, lassen wir den beileibe nicht einfach auf uns zukommen und zimmern für ihn eine neue, eigene Schublade, obwohl er ja eigentlich einzigartig ist. Nein, wir beurteilen und vergleichen ihn nonstop. Jedes kleinste Augenzucken, die Haltung, schon die Lautstärke, Energie und Geschwindigkeit des Klopfens an der Türe geben Hinweise, in welche unserer Schubladen ein Mensch gestopft werden muss. Und nach kurzer Zeit ist der Mensch in einer drin, Klappe zu und »Das ist auch einer von der Sorte Tante Gerda, Hippie, Macho, Tussi« oder so Nettigkeiten – Ende.

Je nachdem, wie lernfähig und tolerant der Inhaber der Kommode ist, hat man ziemlich Mühe, wieder rauszukommen aus seiner Schublade. Wenn ein Mensch einmal ein Vor-Urteil gefällt hat, dann will er es nicht gleich wieder korrigieren. Das hieße ja, Unrecht gehabt zu haben und die Kommode in Revision bringen zu müssen. US-Studien sprechen von einigen Millisekunden. In der Schweiz sind wir gründlicher und differenzierter. Hierzulande spricht man von den ersten 180 Sekunden. Aber die genügen wirklich: 3 Minuten und fast alles ist gelaufen – sagt man.

3 Minuten entscheiden – aber lange nicht alles

Aber stimmt das wirklich? Vielen BeWerberInnen macht diese Behauptung richtig Sorgen und sie resignieren. Wenn in 3 Minuten alles über die Bühne sein soll und ich das nicht schaffe, was soll ich mich dann noch vorbereiten?

Ich versichere Ihnen: Der so genannte *primacy effect*, das *erste Urteil* ist kein durchdachtes Urteil, sondern eine Vorstufe, eben ein Vorurteil. Eigentlich ist's ganz einfach bloß ein Gefühl von Sympathie oder Antipathie, kombiniert mit Erinnerungen an ähnliche Begegnungen. Wir spüren uns eben sehr rasch und haben ein intuitives Pseudo-Wissen übereinander, das oft ziemlich treffsicher ist, aber, Hand auf's Herz, oft auch *grundfalsch*. Auch wenn der Spruch

Die ersten 180 Sekunden entscheiden derzeit ziemlich hip ist unter Personalmenschen, er stimmt so nicht. Nicht in dieser Härte. Ich habe wirklich viele Menschen interviewt und vermittelt, ich muss Ihnen gestehen, ich habe mit besten Gefühlen oft komplett danebengehauen – von wegen treffsicherem *primacy effect*. Auch Ihnen geschieht das: Wie viele tolle Begegnungen hatten Sie, die nach anfänglicher Begeisterung im Sand verlaufen sind? Wie viele waren am Anfang harzig und sind jetzt zentrale Beziehungen in Ihrem Leben? Wussten Sie das immer schon nach 180 Sekunden?

Das ist pseudopsychologisches Geschwätz. Professionelle Personalmenschen verlassen sich nicht auf ihre ersten Gefühle, sondern können von ihren persönlichen Reflexen abstrahieren und sich gegen die persönlichen Vorverurteilungen durchsetzen – nicht alle, aber viele. Was also tun mit der Drohung *Die ersten 180 Sekunden entscheiden alles* – grrrrr, zitter, zappel?

• Der *primacy effect* ist wichtig, aber nicht matchentscheidend! Er ist eine Art Startrampe für den gemeinsamen Abflug, aber abheben können Sie auch von einer holprigen Piste – der Flug kann deshalb genauso gut werden. Keine Sorgen!

ABHEBEN LÄSST SICH AUCH VON EINER HOLPRIGEN PISTE

• Lassen Sie sich von so trendigen Sprüchen nicht entmutigen, wenn Sie die ersten 180 Sekunden mal verhauen. Das bedeutet noch lange nicht das Aus. BeraterInnen, die Sie mit solchem amerikanischen Quicky-Chabis kleinmachen und sich selbst damit aufplustern, dürfen Sie nicht ernst nehmen.
• Üben Sie *keinesfalls* irgendein 180-Sekunden-Theater ein. So was wird spätestens ab Sekunde 181 zur peinlichen Farce.
• Nutzen Sie lieber die 180 Sekunden *vorher*, um sich zu sammeln, an Ihren Erfolg zu denken, sich auf den Menschen zu freuen, der auf Sie wartet, tief und friedlich durchzuatmen, zu visualisieren, wie Sie den Personalmenschen begrüßen und ihn anstrahlen und dann rein ins Verderben.

Viel wichtiger, als der *primacy effect* ist die Frage, was Sie und alles um Sie herum überhaupt für einen Eindruck machen auf andere Leute. Wie Ihre Haltung wirkt, Ihr Gang, Ihr Zipperlein, Ihre Kleider, Ihr Hund, Ihr Auto, Ihre Möbel, Ihre Bücher, Ihre Accessoires. Alles, alles um Sie herum redet pausenlos Bände über Sie.

An diesen Details zu arbeiten, kann einen anderen Menschen aus Ihnen machen. Das schauen wir uns jetzt anhand einiger Beispiele genauer an, denn das ist wirklich nicht unwesentlich für's Vorstellungsgespräch, aber auch bei allen Begegnungen, bei der Arbeit, bei Kunden, bei neuen Freunden, beim Flirten. Is' ja nicht ganz unwichtig, gell? Also: Ein kleine Image-Beratung gefällig?

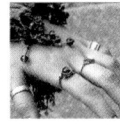

Von Accessoires bis Händedruck

...und sonstigen Kleinigkeiten. Jetzt sind Sie gewappnet für glanzvolle Vorstellungsgespräche. Wir sind so weit, Ihnen den letzten Schliff zu verpassen und an die kleinen Teufel zu gehen, die in den Details stecken. Das Gelingen eines Vorstellungsgespräches, das über Jahre Ihrer beruflichen Zukunft, Ihrer Karriere, Ihres Lebens entscheidet, hängt oft von unheimlich unwichtigen Nebensächlichkeiten ab. Ich sage Ihnen, oft haben sich mir die Haare gesträubt, weshalb Personalmenschen eine Absage erteilt haben, z.B.:

KLEINSTE DETAILS
REDEN BÄNDE
ÜBER SIE

Vor dem dritten, abschließenden Gespräch hatte ein hervorragender Verkaufsingenieur die blödsinnige Idee, sich einen kleinen, güldenen Ring an sein Ohrläppchen montieren zu lassen. Er war fast 40. Ich persönlich find' das ja richtig süß, sieht nach Peter Pans Piratenkäptn aus. Aber welche Firma schickt ihn noch an die wichtigste Front, in den Verkauf, zu den Kunden? Ich sage Ihnen: KEINE! Außer eine für Piercings und Tatoos. Wegen diesem mickrigen Midlife-Crisis-Kompensatörchen am Öhrchen war er den neuen Job und ich die Provision los. Schöner is' er damit auch nich' geworden!

Achten wir also auf die Details, und fangen wir ganz vorne an:

Pünklichkeit

Seien Sie pünktlich, nicht nur in der Schweiz! Nicht zu spät und höchstens 5 Minuten zu früh. Der Personalmensch hat seinen Tag geplant, er hat den Termin mit anderen Gesprächspartnern abgestimmt. Mit Ihrer Verspätung lösen Sie einen Dominoeffekt in der Agenda aller Beteiligten und einen multiplen Filter für sich selbst aus! Rechnen Sie also genügend Zeit ein für eine präzise Ankunft.

Es ist immer wieder schön, so einem hechelnden, runtergehetzten und vor Schweiß triefenden BeWerber das pitschnasse Händchen zu schütteln. Und dann der dezente Griff zum Kleenex...

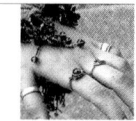

Wenn Sie sehen, dass es zeitlich eng wird, dann rufen Sie doch an und erklären Sie es: Stau, Zug entgleist, Oma gestorben etc.! Wofür haben wir denn die Dinger – Handys meine ich, nicht Omas!

Eine halbe Stunde zu früh ist übrigens auch nicht gut. Erstens sieht's so aus, als hätten Sie wirklich nichts anderes zu tun, und es wirkt unsicher und nervös. Zweitens werden Sie wirklich nervös, wenn Sie eine halbe Stunde in der Rezeption rumsitzen.

Grundeinstellung

Sie gehen nicht in einen Boxkampf, nicht vergessen, sondern in ein Gespräch mit anderen Menschen. Bringen Sie sich deshalb in Stimmung! Sagen Sie sich, wenn nötig 1.000 Mal, dass Sie sich selbst und den Personalmenschen, die Welt und das Leben ganz einfach super finden. Locker, kommunikativ, offen, ehrlich und bestens gelaunt – so geht man ins Vorstellungsgespräch!

Lächelnd, freundlich und zuckersüß

Wie Sie in den Wald hineinlächeln, so lächelt's heraus. Das wohlwollende, anerkennende Lächeln eines anderen Menschen kann Sie in Hochstimmung versetzen, oder? Ein Anker pur. Das Lächeln des anderen aber, das lösen immer Sie aus. Wer niemanden angrinst, sieht nur böse Gesichter. Es hängt an Ihnen!

THE JOY YOU FIND IS THE JOY YOU BRING

Wir haben Fälle erlebt, da hat die Sekretärin ein Nein bewirkt, weil sie sich von oben herab behandelt fühlte. Geht aber der Vorzimmerherr nach Ihrem Gespräch zur Chefin und fragt »Was war denn das für ein putziger Mensch da eben?«, dann haben Sie ganz schwer gepunktet, es sei denn, die Chefin hasst das Vorzimmerherrchen.

Viele Personalmenschen fragen ihre MitarbeiterInnen nach ihrer Meinung und achten auf deren Urteil. Seien Sie deshalb und überhaupt einfach nett und freundlich zu allen und jedem. Sie haben selbst am meisten davon!

Ballkleid, Smoking oder T-Shirt

Eine der schwierigsten Fragen: Was zieh' ich bloß an? Kleider und Schuhe sind Quasseltanten. Die Antwort ist in diesem Zusammenhang easy: Ziehen Sie sich der Branche und Stelle entsprechend lieber *etwas zu gut* als *etwas zu schlecht* an. Sie bezeugen damit Respekt vor Gesprächspartnern und Anlass. Bleiben Sie einfach möglichst *normal*! Damit riskieren Sie am wenigsten! Ein paar Beispiele, wie man's nicht macht:

LIEBER EIN GECK ALS EIN CLOCHARD! AM BESTEN BEIDES NICHT!

Eine edle Dame stellte sich bei uns als Personalberaterin vor. Sie wusste von uns, dass wir partout keine Nadelstreifen-Consultants sind. Beim offiziellen Vorstellungsgespräch erschien sie jedoch in einem hautengen, knallroten Einteiler, war mit unsäglich viel Goldschmuck behängt, war ziemlich überschminkt und sah prachtvoll aus wie ein Pfau. Aber das war dann auch schon das Ende der Prächtigkeit: Völlig overdressed für uns, völlig richtig für eine Stelle in der Mode- oder Schmuckbranche, aber nicht für uns.

Eine Direktionsassistentin lief in einem ledernen Minirock und einem bauchfreien Top ein. Ich konnte das kurze Interview kaum führen – Konzentrationsschwäche. Aber sie hatte da etwas völlig falsch verstanden.

Heben Sie sich Extravaganzen für sonst was auf!

Ein Programmierer erschien in Frack mit Foulard im Brusttäschchen, quietschgelber Fliege und viel Brillantine im Haar – morgens um halb neun. Gütiger Himmel, war der schön! Aber ich konnt' ihn nicht brauchen. Völlig unpassend. Ich kenn' eh keine Branche, wo so was passend wäre. Sie vielleicht?

Ein anderer Informatiker kam als Cowboy daher und sah aus wie Lederstrumpf. Ich lud ihn ein zum Büffeljagen, aber er fand das gar nicht lustig und zog ohne den Job, dafür mit zornigem Grimm von dannen.

Wieder einer war eigentlich ganz OK, aber er hatte doch tatsächlich so schwarz-weiße Lackschuhe an, wie damals Al Capone. Und die Beule in der Jacke kam von der Kanone. Schlimm! Das muss doch nicht sein!

Die Beispiele sind nicht erfunden, nur etwas salopp formuliert, damit Sie's merken: Heben Sie sich Ihre persönlichen Extravaganzen für andere Anlässe auf! Lassen Sie die Krawatte mit der Mickey-Mouse zu Hause. So auch den Smoking, den Minimini-Rock, den Nerz-Mantel, die Latexkleidung und das Abendkleid. Sie kennen doch Ihre Branche, Ihren Job. Sie spüren doch genau, was drinliegt, was chic ist ohne overkill und was unnötiger Ausdruck Ihrer ach so bedeutenden Individualität ist, die hier aber einfach nichts zu suchen hat.

Liebäugeln mit dem Durchschnitt

Seien Sie ehrlich mit sich und liebäugeln Sie in diesem Geschäft einfach mal mit der Durchschnittlichkeit. Die bewährt sich am besten. Ich garantier's Ihnen. Wenn Sie mit Ihren Extravaganzen Personalmenschen in ihrem biederen Geschmack stören, dann ist das kein Beweis für deren Spießigkeit und Intoleranz, sondern nur für Ihr fehlendes Gespür, was wohin passt und was nicht. Im Zweifelsfall fragen Sie Ihre Freunde.

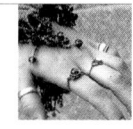

Accessoires

Was dürfen Sie wohl alles mitnehmen und an sich dranhängen, jajaja, schwierige Frage:

Angezeigt ist eine Mappe mit Unterlagen, ein Block und Schreibzeug auf dem Tisch. Unromantisch, aber trotzdem wahr. Das wirkt interessiert, konzentriert und professionell, kann aber auch unsicher wirken, wenn Sie die ganze Zeit an Ihren Sachen rumfingern und jedes Wörtchen aufschreiben. Also Vorsicht damit! Lassen Sie Block, Kuli und Mappe los. Nichts ist schlimmer, als die ständige nervöse Zurechtrückerei derselben. Oder das üble Knipsen mit dem Kuli – alter Hut.

Andere Accessoires sind heikel, denn sie senden Botschaften aus, über die Sie nicht verfügen. Dezent ist immer besser als aufgeblasen. Investieren Sie in die Wirkung Ihrer Person, nicht in den Klimbim, den Sie an sich hängen. Ich hoffe, Sie spüren, was ich meine: Beachten Sie die Botschaften, die Sie mit 24-Karat am Hals aussenden, mit Goldrolex, gelber Fliege, Krokodilleder-Täschchen, Seidenfoulard, Männerhandtäschchen, güldener Gürtelschnalle, Netzstrümpfen oder Piercing in der Zunge etc. etc. Die Dinge reden *sehr laut*! Und Sie haben keine Ahnung und keinen Einfluss darauf, wie's drüben ankommt. Wenn Sie die Botschaften nützlich finden, dann senden Sie sie. Wenn Sie auch nur ein bisschen zweifeln, dann verzichten Sie darauf!

DEZENT IST IMMER BESSER ALS AUFGEBLASEN!

Anklopfen und Eintreten

Schon beim Eintreten zeigen Sie, wie Sie sich fühlen – *primacy effect* – kennen Sie ja. Aber übertreiben Sie ja nicht im Sinne von: *Da flog die Tür auf und der Vollstrecker betrat den Raum...* Nein, nein, so nicht. Der Auftritt als Poltergeist und Handabquetscher mit dem Übernahmeangebot, das ist nicht die beste Masche. Zaghaft klöpfeln, schweißnass unter dem Teppich reinkriechen, Blick in den Boden bohren, stolpern und sich neben den Stuhl setzen etc. – auch das wirkt nicht überzeugend.

Deutliches Anklopfen, aufrechtes Eintreten (auf dem Teppich), Blickkontakt, ein paar freundliche Worte, Smalltalk, Natürlichkeit, das kommt am besten an. Deshalb kurz vor dem Eintreten: Rücken gerade, Schultern zurück, Lungen füllen, dreimal Durchatmen, Kopf hoch, Blick in die rosigen Berge und die ebensolche Zukunft. Dann fühlen Sie sich wie Louis Trenker, strahlen wie ein geflügeltes Honigkuchenpferdchen und haben beste Chancen auf den perfekten *primacy effect*.

Händedruck

Ich liebe die eiskalten, schlappen, schweißnassen Leichen-händchen, die mir gefühl-, kraft- und leblos in meine herzlich zupackende Hand gelegt werden. Ebenfalls sehr wohltuend ist der Ton, wenn die eigenen Fingerknochen im Schraub-stock einer Bodybuilder-Pranke bersten.

IHR HÄNDEDRUCK IST DAS THERMOMETER IHRER VITALITÄT

Brauchen Sie noch mehr Infos zum Thema Händedruck? Seien Sie einfach normal, aber lieber ein bisschen zu kräftig als ein bisschen zu schlapp. Wer zu lasch ist, wirkt zaghaft und krank und soll wirk-lich üben. Handdrücken kann man lernen! Kraft haben ist der Nor-malzustand, ist Leben, Vitalität, Lust, Gesundheit und deshalb ein-fach gut.

Smalltalk

Smalltalk – das Reden über Belanglosigkeiten – hatten wir auch schon, dieses Hundebeschnuppern zum Kennenlernen. Lassen Sie sich auf das Spielchen ein: Wetter, Unfälle, Weg, Verkehrslage, Bilder an der Wand. Themen von bodenloser Bedeutungslosigkeit gibt's dafür mehr als genug. Wagen Sie sich jedoch ja nicht zu weit auf die Äste hinaus, weil das Plappern doch so schön ist:

MACHEN SIE KEINE KÜR AUS DEM KLEINEN GESCHWÄTZ

»Wenn wir's grad vom Stau am Gotthard haben, meine Garten-zwerge hatten mal Masern, und da bin ich in den Laden am Eiger-platz, Sie kennen den, da wo's immer so Sonderangebote gibt, da kenn' ich ja den Chef seeehr gut, dem seine Kinder spielen manchmal mit meinen, das eine heißt Käthy, und die hat doch glatt meinem Sohn mal im Sandkasten die Schaufel über den Kopf gehauen, so eine blaue ist das, wunderschön, Erbstück…«

Es gibt so Weltmeister, die wissen nicht, was Sie eigentlich erzählen wollen und wann sie *dringendst* aufhören müssen. Smalltalk ist *kurzes* Geschwätz über Kleinigkeiten. Machen Sie keine Kür daraus. Legen Sie 'ne Pause ein, wenn Sie spüren, jetzt langt's. Das wirkt meistens und man geht rasch zum eigentlichen Thema über.

Ich neigte früher dazu, Menschen, die über's Wetter geredet haben, zu verachten. Ich fand das extrem lasch und seicht. »Ganz schön regnerisch in letzter Zeit?«, fragt er. Haste noch mehr so Weisheiten auf Lager, dachte es in mir. »Haben Sie uns gut gefunden?« Und ich: Logisch, sonst wär ich ja nicht hier, Depp. Diese Bosheit hat man mir angesehen, ich wirkte arrogant und abweisend. Heute weiß ich, dass es wichtig ist, über's Wetter zu reden. Sogar sehr. Denn es geht nicht um den Inhalt, sondern ums Aufgleisen einer Beziehung. Also spielen Sie schön mit – es ist wichtig!

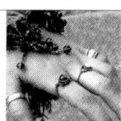

Unarten in der Gesprächsführung

Auch wenn Sie echt gut sind, übernehmen Sie niemals die Gesprächsführung. Sie sind zu Gast, der Personalmensch hat *Sie* eingeladen, nicht umgekehrt. Er sagt, wo's langgeht.

Lassen Sie Ihre Gesprächspartner ausreden! Nicht nur im Vorstellungsgespräch! Es gibt Profi-Unterbrecher, Besserwisser und vor allem auch Vielredner. Haltet euch zurück, wenigstens im Vorstellungsgespräch. Kommen Sie niemals ins Reden wie unser Gartenzwerg-Mann. Eine Sequenz ist selten länger als eine Minute. Sonst nennt man das Monolog, nicht Gespräch, klar?

Halten Sie sich an den vereinbarten Gesprächsplan. Themen anschneiden, wenn sie spruchreif sind. Das zeigt, dass Sie strukturiert und konzentriert agieren können, kein assoziativer Springer und Chaot sind. Das ist meistens gut, auch für Chaoten. Ein gutes Erstgespräch dauert übrigens eine bis anderthalb Stunden – that's it. Wenn's länger geht, ist bei mir immer der BeWerber schuld, weil er mir die Birne vollquasselt.

Achten Sie darauf, sich nicht allzu sehr zu wiederholen. Es gibt notorische Wiederholer, die sagen alles vier- bis fünfmal, manchmal gar im selben Wortlaut, uik! Damit geben Sie mir zu verstehen, dass Sie nicht viel zu sagen wissen, ein schlechtes Kurzzeitgedächtnis haben oder mich für völlig bekloppt halten.

Bluffen

Erzählen Sie keine erfundenen Storys und übertreiben Sie nicht maßlos. Das halten Sie einfach nicht lange durch. Jeder erfahrene Personalmensch schöpft Verdacht, wenn etwas nicht kohärent daherkommt. Und weh Ihnen, wenn er's merkt. Dann hakt er ein, beißt sich fest und lässt nicht mehr los, bis Sie erledigt und aus dem Rennen sind. Wenn Sie Sachen zurechtbiegen, dann lassen Sie sich ja nicht erwischen!

WENN SICH PERSONALMENSCHEN MAL FESTBEISSEN, SIND SIE WIE KAMPFHUNDE

Angeberei ist doof. Lassen Sie also Ihren dicken Benz, Ihren Swimming-Pool, Ihre Himalaya-Überquerung und weiß der Geier was aus dem Gespräch raus. Es tut meist nichts zur Sache und macht Sie eher unsympathisch als geeigneter für den Job.

Reden Sie Klartext

Fangen Sie nicht an, auf konkrete Fragen irgendeine ausweichende Clever & Smart-Antwort zu geben so nach dem Motto:

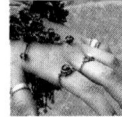

»Das ist eine sehr interessante Frage, die hat sich schon Sokrates gestellt und mit seinen Schülern schon vor 2000 Jahren folgendermaßen beantwortet...«

Ich habe doch Sie und nicht Sokrates gefragt. Nicht ausweichen, nicht intellektualisieren, nicht um den Brei rum, sondern voll hinein, Klartext reden, klar?

Schimpfen und Fluchen

Fluchen auf Lehrer, Meister, ProfessorInnen, ChefInnen, die Firma – das ist ein genial effizienter Weg, sich um den Job zu bringen.

WER SCHIMPFT UND FLUCHT, SAGT NUR ÜBER SICH ETWAS AUS

»Wissen Sie, mein Chef, ich will ja nichts sagen, aber das war ein Schlitzohr, ein cholerischer Lump, mit dem kam keiner aus. Der hat zum Beispiel mal dem Kollegen Meier...«, etc. etc.

Jeder Personalmensch weiß, dass er und seine Firma die nächsten Lumpen sein werden, wer mag das schon. Wenn Sie wirklich Probleme hatten, dann lässt sich das sehr dezent kundtun:

»Ich will darüber eigentlich nicht reden, wir hatten einfach das Heu nicht auf derselben Bühne, das gibt's manchmal...« oder »Sehen Sie, wir hatten klare Differenzen, die eine weitere Zusammenarbeit unmöglich machten, das haben wir sachlich und effizient wie erwachsene Menschen geregelt, und jetzt bin ich hier.«

Ende und Punkt. Je weniger Sie sagen, desto mehr fallen Sie auf als stilvoll, diplomatisch, nicht nachtragend, diskret. Das ist guuut!

Probleme wälzen

HÄTTEN WIR UNS NIE UM LÖSUNGEN GEKÜMMERT, WIR SÄSSEN IMMER NOCH AUF DEN BÄUMEN

Ergehen Sie sich in möglichst langen Elegien über die Unlösbarkeit aller Probleme in der letzten Stelle und der Welt an sich:

»Wissen Sie, das konnten wir nicht weil..., und das ging auch nicht, denn..., und dann hatten wir noch so viele andere Probleme, wie z.B. A und B... und Z und dann das Ozonloch und Djordj Dabbelju Busch, ojemine.«

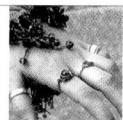

Personalmenschen wollen Problem-Beseitiger, keine Problem-Kultivierer, Lösungsmenschen, keine Heulsusen! Ganz nebenbei bringt es Sie im Leben ungeheuer viel weiter, wenn Sie über Lösungen und nicht über Probleme nachdenken.

Belanglosigkeiten breittreten

»Wissen Sie, meine Großmutter hatte mal ein ganz ähnliches Problem. Die war damals in Lützelflüh in einen Misthaufen gefallen und war dabei usw...« oder »Wie hoch ist die Krankentaggeldversicherung: 1,942 oder 1,938 Prozent? Das muss ich schon genau wissen...«

Sie vielleicht schon, aber ich nicht! Bei einer Stellenbesetzung geht's in erster Linie um was ganz, ganz anderes. Aber das sollten Sie ja jetzt wissen. Verlieren Sie sich nicht in Nebensächlichkeiten und Details. Dann haben Sie verloren. Das zentrale Thema ist und bleibt, warum gerade Sie diesen Job kriegen sollten.

Und nu'? Wie verbleiben Sie?

Wenn Ihnen die Stelle gefällt, dann sagen Sie das! Ich halte gar nichts von diesem viel propagierten Pseudo-Strategie-Spielchen nach dem Motto »Wenn ich jetzt schon zu interessiert klinge, dann drücken sie den Preis.« Das ist Quatsch! Sie sagen ja damit noch nicht, dass Sie die Stelle auch wirklich und zu jedem Preis annehmen. Aber Sie demonstrieren Offenheit, Ehrlichkeit und Begeisterungsfähigkeit, und das ist viel wichtiger:

»Ich kann Ihnen sagen, so wie es sich bis jetzt anhört, interessiert mich die Stelle sehr. Ich will natürlich nochmal drüber schlafen, aber für ein zweites Gespräch bin ich zu haben.«

Nein- und absagen können Sie dann ja immer noch. Haben Sie so große Zweifel, dass Sie ohnehin absagen wollen, dann stellen Sie das ebenfalls sofort klar:

»Wissen Sie, ich glaube, das ist aus folgendem Grund die falsche Stelle für mich: X und Y. Was meinen Sie?«

Agieren Sie grundsätzlich ehrlich, zügig und zielorientiert. Langwieriges, zögerndes Hin und Her zeugen von Zweifeln, Misstrauen,

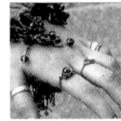

Unentschlossenheit, Taktiererei, und das geht eh schief:

»Ja, mmmh, was soll ich sagen, schwierig, ich weiß nich' recht, keine Ahnung, knurpsel, räusper...«

Und zum Schluss klar und deutlich vereinbaren, wie's weitergeht: Wer sagt wem, wann und wie Bescheid? Zum Beispiel:

»Ich überlege mir die Sache über's Wochenende, bespreche alles mit meiner Familie und rufe Sie am Montag um 15 Uhr an.«

Sehr schick ist dann, wenn Sie erst am Mittwochabend anrufen und immer noch keine Ahnung haben.

So, jetzt langt's aber. Jetzt kriegen Sie eh jeden Job, oder? Oder fehlt Ihnen noch was? Klar, was ganz, ganz Wichtiges: Wir haben am Anfang darüber gesprochen, dass Sie eine Art Kleinunternehmerln sind. Die Frage ist: Was unterscheidet die erfolgreichen Unternehmer von denen, die nicht vom Fleck kommen oder gar Konkurs machen?

Coach Yourself

Ohne Power keine Flower, ohne Hip kein Hop und ohne gute Laune kein schönes Leben und kein guter Job. Oder um es weniger salopp und mit Antoine de Saint-Exupéry zu sagen:

»Wenn du ein Schiff bauen willst, so trommle nicht Leute zusammen, um Holz zu beschaffen, Werkzeuge vorzubereiten, Aufgaben zu vergeben und die Arbeit einzuteilen, sondern wecke in ihnen die Sehnsucht nach dem weiten, endlosen Meer.«

Bisher ging's mehr um die Technik des BeWerbungsgeschäfts, in diesem Kapitel trainieren wir die eigentliche Basis des BeWerbens, aber auch Ihres Lebenserfolges überhaupt: Ihre innere Einstellung, Ihre Seele, Ihren Geist und Ihr Grundbefinden im Leben!

Ich hatte schon x BeWerber bei mir, die haben alles richtig gemacht: Perfektes Dossier, wunderbarer Brief, tipptoppe Antworten im Gespräch. Aber sie haben den Job trotzdem nicht gekriegt, denn ich habe ihnen kein Wort geglaubt. Weil sie selbst irgendwie an nichts davon glaubten, was sie da von sich gaben, vor allem nicht an sich selbst!

ES KOMMT NICHT DARAUF AN, WOHER DER WIND WEHT, SONDERN DARAUF, WIE DU DIE SEGEL STELLST!

Nebenbei: Was halten Sie davon, wenn wir in Du-Form weitermachen? Ich hasse diese Siezerei. Wir sitzen doch eh alle am Grund des gleichen Luftmeeres, das dieses blaue Staubkorn Erde umgibt. Und jetzt wird's ohnehin persönlich. Einverstanden? Also dann:

In diesem Kapitel findest *dudelidu*:

- Weisheiten über dein Gehirn und wo deine Begeisterung herkommt: Kleine Story vom Käptn und vom Schorsch.
- Dein innerer Werbefilm.
- Wir sterben alle mal: Deine Todesanzeige.
- Timeline-Training oder wie du auf den Mt. Everest kommst.
- Ziele setzen, die begeistern.
- Piano-Bar in Sydney.
- Standortbestimmung: Wo waren wir stehen geblieben?
- Horizonterweiterung: Die Welt ist immer viel größer!
- Großes Schlusswort: Du bist, die du bist & der du bist!

Vom Käptn und vom Schorsch

Das ist nämlich so: Dein Gehirn ist das absolut komplizierteste Gebilde, das die Evolution seit dem Urknall je hervorgebracht hat. Stell' dir das mal vor! Da läufst du 24 h pro Tag mit so einem genialen Dings im Kopf herum und merkst es nicht einmal. Von Begeisterung für dieses unerhörte Geschenk ganz zu schweigen! Das unglaubliche Gebilde produziert mit seinen unzähligen Hirnströmen auf wundersame Weise unser Bewusstsein. Das ist eine kleine, halbwegs klare Luftblase oben auf dem ziemlich unklaren Nicht-Bewussten, wo sich das Allermeiste unseres Lebens abspielt. Dunkle, hoch komplexe, unergründliche Wesen sind wir!

6 MILLIARDEN
HERZSCHLÄGLI
IN 6 MILLIARDEN
MENSCHLEIN

Im Gehirn arbeiten so eine Art Programme, ganz tief unten z.b. solche, die uns völlig unbewusst sind, die uns etwa das Herz schlagen lassen: Bong – bong – bong. Bei dir, bei mir, bei allen 6,5 Milliarden Menschlein auf der Welt, jede Sekunde 6,5 Milliarden. Herzschlägli in 6,5 Milliarden Brustkörbchen. Gerade eben schon wieder eins. Bumm! Nicht mitgezählt Kaninchen, Nilpferde, Fledermäuse, Bienen etc.

Oder Programme, die dich so was Obszönes wie einen Big Mac essen und sogar verdauen lassen, ihn zerlegen, umbauen und zu deinem Fleisch und Blut, zu Haut und Haaren, zu Gefühlen und Gedanken werden lassen. Wenn du dir vorstellst, dass deine Dauerwelle mal ein Hamburger gewesen ist oder dass Kants *Kritik der reinen Vernunft* aus Hering besteht – wirklich befremdlich.

Und das Atmen: Ein uraltes Programm, denn auch Fische atmen, kleine Käfer und Heuschrecken, Eidechsen, einfach alles, was da kreucht und fleucht. Es geht immer gleich: Ein – aus – ein – aus.

Das sind uralte, unfehlbare, unbewusste Programme, ausgetestet in x-Millionen Jahren Evolution des Lebens, die uns mit fast allen Lebewesen gemeinsam sind. Das ist noch alles pure Biologie. Alles unbeeinflussbar. Es läuft einfach ab. Wenn du's nicht glaubst, versuch' eben mal, dein Herz stehen zu lassen. Nur einen winzigen Schlag lang. Ups? Geht nicht? Siehste! Zum Glück geht's nicht. Es läuft einfach.

Weiter oben in der Pyramide gibt's Programme, die wir zwar erlernt haben, die aber automatisch, auf Knopfdruck funktionieren, z.B. Gehen und Sprechen. Wir können absichtlich umhergehen, aber dass das funktioniert, das ist uns dermaßen in Fleisch und Blut

übergegangen, dass kein Mensch, der laufen kann, noch lange drüber nachdenkt.

Und noch höher und sozial und kulturell erfunden gibt's Programme, die steuern ebenfalls fast automatisch, dass ich wie ein Schweizer bin, oder du wie eine Deutsche, eine Frau oder ein Mann. Auch diese Programme sind schwer zu beeinflussen, sonst sähen etwa Europäer, die versuchen, wie Latinos zu tanzen, nicht so erbärmlich aus. Aber man kann diese Programme bereits ändern!

Ganz, ganz oben gibt's so'n Programm im Bewusstsein, das uns ständig sagt, was wir tun sollen. Da redet doch immer jemand auf uns ein, manchmal sogar auf mehreren Spuren – bei dir nicht? Würde mich wundern:»Tu' dies, lass' jenes, du musst noch dies, du musst noch das, was bist du bloß für ein Idiot, eigentlich hättest du schon längst, du solltest Firmenchef werden, Popstar, Millionär etc. etc.«

Der unablässig plappernde Begleiter in deinem Kopf, das ist dein *Käptn*. Er steuert deinen Kahn irgendwohin. Er schaut voraus, ermahnt, gibt Direktiven aus, befiehlt, lobt und tadelt, ist launisch, kritisiert viel rum und redet oft ohn' Unterlass im Mehrkanalton.

DER EWIGE SCHWÄTZER IN DEINEM KOPF...

Und dann gibt's unten im Maschinenraum noch so einen, den können wir *Schorsch* nennen: Schorschi ist ein gemütlicher, untersetzter Kerl von kindlichem Gemüt mit Pranken wie Kohlenschaufeln. Und er schaufelt tatsächlich Kohlen, ölt die Maschine und führt die Befehle vom Käptn aus. Er liefert die Energie für deinen Kahn und hält deine Motoren instand. Er trinkt gern mal 'en Bier oder auch drei und isst 'ne fette Leberwurst dazu.

Wenn oben der Käptn befiehlt»Volle Kraft voraus«, fängt Schorsch unten wie blöd an zu schaufeln. Schreit der Käptn »Nach Steuerbord«, legt Schorsch schön brav den schweren Hebel rum nach Steuerbord. Meistens. Sollte er jedenfalls. Normalerweise. Aber manchmal hat der gute Schorsch keinen Bock, wie man heute so schön sagt, z.B. wenn die Leberwurst alle ist. Oder vor allem, wenn der Käptn wieder mal schlechte Laune hat und rumschreit:»Du bescheuerter Knallkopf, volle Kraft voraus! Warum tust du denn nichts?«

...UND DER KOHLENSCHAUFLER IM BAUCH

Und Schorsch denkt:»Brüll' doch nicht so rum, Alter; keine Lust mehr auf dein Geschrei; hab' schon 8 Stunden geschaufelt, will jetzt meine Leberwurst!« Und statt nach Steuerbord legt Schorsch den Schieber mal kurz nach Backbord und sagt zu sich:»Ich bin ja ein Idiot, Alter, gell? Ich nix verstanden, ich sein blöd!« Und er lässt die Schaufel fallen und schlurft mal kurz rüber zum Kühlschrank, fläzt sich in die Kohlen und gurgelt sein Bierchen runter. Warum ich dir diese Story erzähle?

- Ohne den weitsichtigen, klugen Käptn läuft der Kahn in die Irre. Ohne Käptn läuft nichts richtig.
- Ist der Käptn ängstlich, unsicher oder ständig schlecht gelaunt, herrscht miese Stimmung an Bord. Dann ist das Schiffchen-Fahren eine Qual und macht echt keinen Spaß.
- Und Schorschi? Wenn Schorsch zufrieden ist, dann hat der Kahn immer Feuer im Bauch. Und wenn er seinen Käptn toll findet, dann fährt er mit ihm bis ans Ende der Welt.
- Aber wenn Schorsch nicht will, dann läuft *überhaupt* nichts mehr. Das Feuer geht aus, der Kahn bleibt stehen oder fährt irgend sonst wo ins Nirwana, da kann der Käptn noch so clever sein, rumschreien, planen, dirigieren. Nützt alles nix!

Dieses Käptn-Schorsch-Bild habe ich übrigens aus Hans-Peter Zimmermanns Buch *Großerfolg im Kleinbetrieb* – echt empfehlenswert. Er hat's auch von woanders geklaut, aber das macht gar nix, letztlich sind fast alle unsere Gedanken schon vor uns in anderen Hirnen gedacht worden und deshalb nicht unbedingt originell.

Und die Moral von der Geschicht'?

Achte mal darauf, wie dein Schorsch so drauf ist: Ist er ein begeisterter, zufriedener Kohlenschaufler, der für seinen Käptn alles tun würde? Kriegt er regelmäßig seine Wurst und sein Bier? Oder macht er alles nur unter massivem Druck vom Käptn, den er eigentlich hasst und fürchtet? Macht er völlig widerwillig nur das Nötigste und alles ohne Lust, Kraft und Saft?

Und dein Käptn? Was ist das für ein Typ? Hat er was drauf, kann er führen und begeistern, hat er Visionen? Weiß er, wo's lang geht? Oder ist er ein aggressiver, blöder Schreihals, ständig am Rumkritisieren und alles Miesmachen, das Leben, den Schorsch und sich selbst?

KRIEGT DEIN SCHORSCH SEINE LEBERWURST?

Kümmere dich um deine beiden Jungs (oder Mädels – was hältst du von Regisseurin und Georgette?) Wenn du im Leben irgendwas erreichen und dich wohlfühlen willst, dann bist du auf die Fähigkeiten, die gute Laune, die Harmonie und die Kooperation von *beiden* angewiesen!

HAT DEIN KÄPTN WAS DRAUF?

Rechne dir mal aus, wie viel Geld und Zeit du investierst in Körperpflege wie Duschen, Baden, Frisör, Püderchen, Deos, Düfte, Schminkerei etc. Endlos viel! Jeden Tag 10 Minuten Duschen macht im Jahr vier Tage non-stop Wasser über sich laufen lassen. Mit 90 hat man dann ein ganzes Jahr seines Lebens unter der Brause verbracht. Wie viel Zeit investierst du in deine Seele, in deinen Schorsch und deinen Käptn? Wie viel Zeit denkst du nach über die Reise, die

Ihr da zusammen realisieren wollt? Wie viele schlechte Gewohnheiten haben sich bei deinen Jungs in all den Jahren so eingeschlichen, die du leicht ändern könntest? Wie viel Zeit trainiert Ihr zusammen eure Fähigkeiten, es gut zu machen? Ich bin sicher, viel zu wenig. Viel weniger als Duschen, stimmt's?

Wenn du wissen willst, wie du dich und deine Jungs auf Vordermann bringen kannst, dann findest du unten ein paar aufschlussreiche Übungen und Anregungen. Ich bringe hier aber keine ultimativen Heilsbotschaften. Dafür sind Gurus zuständig. Es gibt viele Wege nach Rom. Den für dich Besten musst schon selber finden. Wichtig ist, dass du überhaupt etwas tust in Sachen Seelentraining, dass du dich selber coachst, genau so, wie du jeden Tag isst und dich wäschst.

Ein guter Anfang ist das simple Lesen von Erfolgs-, Motivations- und Glücksbüchern. Es gibt mittlerweile viele gute und viele miese. Aber selbst die miesen machen Spaß, man kann so schön drüber lachen. Das Lesen über Glück und Erfolg bringt dich nur schon deshalb weiter, weil du in dieser Zeit nicht über Pech und Katastrophen brütest. Wenn du dann noch was davon regelmäßig anwendest, dann werden Sylvester und Arnold kleine Currywürstchen gegen dich sein! Echt! Fangen wir mit dem Käptn an:

Dein innerer Werbefilm

Dein ganzes Leben besteht eigentlich aus all dem, was dir zwischen morgens 0 Uhr und abends 24 Uhr durch den Kopf, das Herz und den Bauch geht: Was du bewusst denkst, fühlst, sagst, erlebst. Das ist ein Erlebnisstrom, der einen Anfang und ein Ende hat und auch inhaltlich begrenzt ist. Das Leben ist endlich. Das Leben ist einfach nicht mehr, aber vor allem nicht weniger, als dieser Strom von Erlebnissen, Gedanken und Gefühlen.

»Aber es gibt ja auch noch die objektive Welt und das Unterbewusstsein!«, wirst du einwenden. Stimmt, aber das kann uns hier wurscht sein. Denn was sich dort alles abspielt, das hat zwar Einfluss auf uns, aber davon haben wir weder eine blasse Ahnung noch irgendein Bewusstsein, also isses in diesem Zusammenhang egal. Die Welt, die du kennst, ist entscheidend, und das ist vor allem deine bewusste Welt, *dein* Erlebnisstrom. Du kennst nur diesen, du *bist* dieser. Die Welt, wie du sie kennst, wird mit dir geboren und stirbt mit dir. Sie existiert nicht seit dem Urknall vor 13,7 Milliarden Jahren, eine menschliche Welt wird meistens kaum mehr als 80 Jahre alt.

DIE WELT WIRD MIT DIR GEBOREN UND STIRBT MIT DIR

Das ist ein wichtiger Gedanke, denn er bedeutet, dass unsere menschliche Welt, unser bewusstes Leben, nicht einfach von außen objektiv gegeben ist, sondern dass wir sie zu einem Großteil selber *erschaffen*. Und dass wir sie deshalb auch verändern können!

Ganz simpel: Wenn ich dir jetzt was Nettes sage, zum Beispiel »Du bist ein lieber Mensch! Und sehr klug auch noch, weil du dieses Buch hier liest!«, dann reagierst du und dein Schorsch spontan mit schönen Gefühlen und Gedanken, die dir wohl tun. Nur weil ich die Wörter *lieb* und *klug* gebraucht habe. Deine Welt hat sich verschönert und verbessert. Sag' ich dir: »Mal ganz ehrlich, du bist doch im Grunde eine richtige Niete! Was haste schon erreicht? Eine Null bist du, ein echter Versager! Jetzt haste's schon nötig, so ein schräges BeWerbungsbuch zu lesen. Als würd' dir das je was nützen! Ist doch eh bloß Perlen vor die Säue geworfen«, dann passiert das Umgekehrte.

So einfach ist das: Nur schon dadurch, dass ich dir schöne Wörter und nette Dinge sage, verbessert sich dein Leben, deine Welt, weil deine Gefühle und Gedanken in Kopf und Herz eine andere Qualität bekommen. Und damit habe ich deine und meine Welt ver-

bessert – nur ein kleines bisschen, aber ein wesentliches bisschen. Eines, auf das es *wirklich* ankommt! Um es noch deutlicher zu machen, folgende Story:

Mein armer kleiner Benny

Dring dring DRIIING – der Wecker klingelt. »So ein Mist – schon wieder Morgen, oh Gott, warum muss ich nur aufstehen«, blitzt es durch Bennys Kopf. Er dreht sich um und gönnt sich bereits mit erhöhtem Puls noch ein paar Minuten, allerdings schon etwas verkrampft und mit gespitzten Ohren beim provokativen Ticken des bösen Weckers.

DRIIING, DRIIIING, saumäßig DRIIIIIING. Benny schlägt dem Wecker wütend die verdiente Faust auf's Geläut, knirsch, splitter, scherbel, hält sich die Hand vor Schmerz, flucht, schlurft ins Bad und schaut in den Spiegel: »Oh du Schreck, wie siehst du nur aus? Übel! So kriegst du nieeee eine! Ich kenn' dich zwar nicht, aber ich wasch' dich trotzdem.« Und dann beim Kaffeetrinken – der Kaffee ist wie immer »zu kalt, zu warm, zu stark oder zu schwach« – schweift Bennys Auge verkniffen durch die Zeitung: Lauter üble Nachrichten. »Oh je, was ist das bloß für eine Welt? Ist das nicht schrecklich, schrääääcklich?« Benny krampft es das Herz zusammen.

Die Benny-Horror-Picture-Show

»Oh Gott, schon viertel nach – kann man denn nie in Ruhe Kaffee trinken?« Und beim Losrennen: »Was hab' ich wohl wieder alles vergessen? Die Chefin wird fluchen. Und überhaupt, was hat die heute wohl wieder für Gemeinheiten auf Lager? Und mein Projekt, ojemine. Das wird nie was. Hab' wieder alles zu spät angefangen. Alles schlampig und schlecht, ich Depp. Den Termin kann ich ja eh nicht mehr halten. Ich bin schon ein elender Versager! Und was lässt sich dieser bekloppte Meier nur wieder einfallen, um mich bloßzustellen?«

Miese Tricks, um sich fertigzumachen

Und dann Benny in der Straßenbahn oder im Stau – ein Bild für Göttinnen und Götter, ein Trauermarsch der Superlative: »Dass mich bloß keiner anquatscht«, denkt Benny, »wie die alle miesepeterig aussehen, alles Idioten«

So spricht es ohn' Unterlass in des Bennys Hirn, und um halb neun schleicht er fix und fertig ins Büro: Eine vor Lebensekel triefende Gestalt, die den andern alle Energie und die Lebensfreude raubt, vor allem aber sich selbst.

Der große Sturm im Wasserkopf

Benny fühlt sich mies. Er hat Recht, die Welt, *seine* Welt ist schlecht. *Sein* Käptn hat ihn in Stimmung geschwätzt. *Sein* Schorsch ist schon frühmorgens völlig fertig und traut sich kaum mehr, die Schaufel anzurühren. Der gleiche Benny wundert sich, dass seine TeamkollegInnen ihm nicht sonderlich freundlich begegnen, dass niemand ihn anlächelt, dass seine Chefin mit seinen Leistungen nicht zufrieden ist, dass er nur Leute trifft, die über die Welt genau so schimpfen wie er und dass ihm im Leben so wenig gelingt.

Bennys Morgendrama findet in seinem Kopf statt. Die Welt, wie er sie erlebt, hat Benny selber gemacht, denn er könnte auch ganz anders. Wenn wir Benny das sagen, wird er uns beschimpfen als Schönredner, Warmduscher und Irrlichter, aber er hat *nicht* Recht, denn er könnte *wirklich* ganz anders. Stell' dir vor, wie Bennys Schorsch auf seinen Käptn reagiert: *Sein* Schorsch sitzt halb gelähmt auf seinem Kohlenhaufen und heult. Wenn er noch Bier hat, wird er sich 20 davon reinhauen und pennen. Recht hat er! Bennys Aufstehritual ist verheerend. Aber es ist gemacht, von Benny gemacht. Er merkt's nicht mal, fühlt sich als Opfer, aber seine Welt, sein allmorgendliches Leben hat er alleine zu verantworten. Mit der Welt draußen hat die Benny-Horror-Picture-Show nichts zu tun. Gar nichts!

SCHORSCH IST GELÄHMT UND GEORGETTE HAT MIGRÄNE

Um ein anderes Bild zu brauchen: Dein Käptn ist wie eine Regisseurin und dein Schorsch wie eine etwas diffizile Schauspielerin namens Georgette, und beide sind dazu verdonnert, deinen Lebensfilm zu drehen. Stell' dir vor, wie gut Georgette spielt, wenn sie von der Regisseurin ständig bloß angefaucht und fertig gemacht wird. Was meinste, wie oft sie Migräneanfälle kriegt oder beleidigt in der Garderobe veschwindet oder einfach bloß schlecht spielt. Das haste davon! Jetzt erst recht!

Die Lebensfilm-Regisseurin kann eine Tragödie, einen Krimi oder eine Romanze inszenieren, eine Inszenierung ist es auf *jeden* Fall. Benny hat einen sehr eigenartigen Horrorfilm im Kopf, den er allmorgendlich zur großen Freude aller Beteiligten abspielt. Titel:»Ich bin eine Null – die andern noch nuller – die Welt ist mein Jammertal!« Er stellt sich ständig die übelsten Dinge vor, Visionen von Tod und Teufel, Hinz und Kunz, Beelze und Bub.

TOD UND TEUFEL, HINZ UND KUNZ, BEELZE UND BUB

Und was kann die Welt dafür? Nichts, überhaupt nichts! Bennys dramatischer Film spielt sich *nur* in *seinem* Kopf ab, nirgendwo sonst. Nichts von seinem Film hat irgendeine Entsprechung in der Welt, nichts ist wahr. Solche Vorstellungen und die damit erzeugten Stimmungen sind nicht wahr oder falsch, sie machen uns vielmehr Freude oder sie tun weh, sie geben uns Kraft oder machen uns schlapp, sie machen uns misstrauisch oder zuversichtlich, sie sind die Basis für Lebenserfolg oder Fehlschlag.

Die Programme in *deinem* Schädel

Wir produzieren fast reflexartig in bestimmten Situationen bestimmte Vorstellungen, Bilder und Gefühle, spulen ganze Filme, Visionen, Dramen ab. Wir haben Programme im Hirn für die Auswahl und Bewertung von Situationen und Wahrnehmungen, für Selbstein- schätzung und Selbstachtung, für die Bewertung unserer Mitmen- schen, unserer Erlebnisse und der Welt im Ganzen. Viele von diesen Programmen sind pure Natur. Wenn z.B. ein hungriger Bär auf uns zustürzt und uns fressen will, was in Europa ja oft geschieht, dann ist die Vorstellung vom schrecklich-blutigen Ende nicht unange- bracht und der Angst- und Fluchtreflex doch recht vernünftig und deshalb tief in unserer Natur verankert, das ist gut so. Klingelt mor- gens jedoch der Wecker, dann ist deine Reaktion darauf doch sehr eigenwillig, persönlich und hausgemacht, kann also ganz gut auch ganz anders sein und *umprogrammiert* werden. Es kommt auf deinen Regisseur an, was er da für einen Film im Kasten haben will und auf sonst nichts!

Also frag' dich mal: Wie ist dein morgendliches *Auf-den-Wecker- reagier*-Ritual? Spielst du auch dieses *Ich-seh-schrecklich-aus*-Pro- gramm vor dem Spiegel? Oder befolgst du die *Morgens-liest-man- die-Zeitung*-Norm aller Achsoinformierten und wiederholst täglich die *Ach-wie-schrecklich-ist-die-Welt*-Predigt? Mit wie vielen *Was- sind-die-Chefin-und-der-Müller-doch-für-Fieslinge*-Fantasien beschäf- tigst du dich ständig? Und guckst du im Job auch so oberernst und stöhnst ständig wegen dem allgegenwärtigen *Arbeit-ist-ernst-und- darf-keinen-Spaß-machen-sonst-ist-es-keine*-Programm? Wie oft er- halten deine Fragen die spontane *Das-hat-ja-eh-keinen-Sinn*-Ant- wort oder das ultimative *Das-kann-ich-nicht*-Todesurteil? Denk' mal drüber nach!

WIE SEHEN DEINE SELBSTGEMACHTEN RITUALE AUS?

Die übelsten und destruktivsten Selbstkasteiungen sind die *Ich- darf-mich-pausenlos-beschimpfen*-Angewohnheit und die *Der-Billy- und-die-Cindy-sind-besser-als-ich*-Vergleicherei. Das sind mit Ab- stand die miesesten Tricks, um dich pausenlos fertig zu machen. Viele Menschen sprechen mit sich selbst wie mit dem hinterletzten Ganoven. Sie erlauben sich selbst gegenüber Gemeinheiten, die sie anderen nimmer zumuten würden. Und wozu?

DU BIST EIN SCHWEIN, EIN VERSAGER, EIN VOLLTROTTEL

Auf diese schlechten Angewohnheiten hab' ich's hier abgesehen. Es sind Sprach-, Denk- und Visualisierungs-Programme, die da ab- laufen. Sie sind vermittelt und eintrainiert durch Erziehung, Soziali- sierung und Kultur. Programme sind programmiert, das heißt gemacht, und sie können auch wieder geändert werden. Nicht so leicht, aber es geht. Menschen sind außerordentlich lernfähig und können sich verändern. Auch du! Wer das nicht glaubt, braucht nie mehr ein Buch zu lesen, vor allem nicht dieses.

Mein innerer Werbefilm

Fang' damit an, einen liebevollen, wunderschönen, kraftstrotzenden Werbefilm über dich zu drehen. Keine *Benny-Horror-Picture-Show*, sondern eine *Love-me-Tender-Inszenierung*. Achte auf deine selbstzerstörerischen Ungewohnheiten (kein Tippfehler)! Verbiete dir jegliche Art von Selbstbeschimpfung und Selbstverunsicherung. Geh mit dir um, als wärst du dein größter Schatz, denn genau das bist du, ein Schmuckstück von unbeschreiblichem Wert. Sei voller Verständnis, Vertrauen, Akzeptanz für dich, dein Leben, deine Vergangenheit und deine Zukunft, deine einzigartige Welt. Du!

WIRF
GOLD UND SILBER
ÜBER DICH

»So einfach geht das nicht«, wird dein Käptn motzen. Aber: Konzentrier' dich einfach mal darauf, wie du denkst, was du dir vorstellst, was in deinem Lebensfilm läuft, und sag' dann und wann mal entschieden: »STOP! So nicht! Das will ich nicht. Ich will es ganz anders«:

• Gewöhne dir an – mehr will ich gar nicht von dir – jeden Tag wenigstens 10 Minuten lang einen guten inneren Film in dir abzuspulen. So wie du jeden Tag duschst, denkst du jeden Tag 10 Minuten lang ausschließlich darüber nach, wie schön und gut und liebenswert du, die andern, das Leben ist. Dreh' einen inneren Werbefilm über dich, du als HauptdarstellerIn, schön, erfolgreich, lachend, braungebrannt, gesund, kraftstrotzend, voller Zuversicht. Nicht nebenbei, sondern 10 Minuten aktives, positives Visualisieren. Dein Leben wird sich verändern!
• Lies dann und wann ein Erfolgs-, Glücks- und Motivations- oder einfach mal ein schönes und kein horribles Buch! Lass' die Krimis, Depro-Analysen, Horror-Storys einfach mal weg. Menschen vertragen das nicht über kurz oder lang. Das beweisen Suizid- und Depressionsraten oder auch in der Schule rumballernde Kinder. Ich habe mal in einem Jahr 50 Erfolgsbücher gelesen. Es war eines meiner besten überhaupt. Bin fast zerplatzt vor Power, Plänen und Zuversicht.
• Hör' sofort auf, dich ständig zu vergleichen, sondern lebe *dein* Leben! Du wirst *immer* und in jeder Hinsicht einen finden, dem's besser geht. *Immer!* Du findest immer und in jeder Hinsicht auch einen, dem's schlechter geht. Und dann? Bringt das was? Das Erste erzeugt schmerzenden Neid, das andere blöde Überheblichkeit. Was soll's also! Schade um die verplemperte Zeit, gratuliere zu den miesen Gefühlen, die du erzeugst. Nützen tut's *gar nix*! Du bleibst du selbst! Gewöhn' dir das Vergleichen also ab. Sofort! Denn es ist gar nicht schön, sondern ätzend und dumm, denn du kannst eh nie jemand anderes sein, als der oder die, die oder der du bist. Kleines Beispiel:

Speziell für Frauen: Lies z.B. täglich Frauenzeitschriften mit den wunderschönsten Models drin. Du weißt zwar, dass sie krank vor Magersucht, völlig aufgetakelt und überkandidelt sind, dass die Bilder aufwändig retuschiert, also gefälscht und gelogen sind und dass kein Mann so eine dürre Spindel wirklich attraktiv findet. Aber du bist doch jedesmal völlig fertig, weil du, verglichen mit denen, wirklich potthässlich bist. Du hast bombensicher zu kurze Beine, bist zu breit, hast Speck und Pickel am falschen Ort, leidest an Cellulite, fettiger Haut und strähnigem Haar. Deshalb kriegste nie einen und wenn, dann bloß so'n Mitleider-Softie oder 'nen Trostpreis.

Für Männer: Informiere dich möglichst oft, was für ein totales Würstchen du bist. Dazu dienen Lifestyle-Magazine mit Waschbrett-Bubis in dicken Schlitten und tollen Villen drin, oder so Zeitschriften-Rubriken wie »Männer des Monats«, »die Erfolgreichsten des Jahres«, »die Reichsten der Schweiz«. Du kannst dir täglich beweisen, dass du eine völlige Niete, äußerst unansehnlich und ein totaler Tieffflieger bist. Deshalb kriegst auch du bloß 'nen Trostpreis... Kannst auch MTV oder VIVA gucken, da weißte, was für ein unerotisches, hässliches Entlein du bist!!!

> DU BIST NICHT CLAUDIA UND NICHT CINDY, ABER AUCH NICHT FRAU HOLLE ODER DIE MUME RUMPUMPEL

Alles klar, Jungs und Mädels? Wozu soll das Vergleichen gut sein?

Die richtigen Fragen stellen

Damit dein Werbefilm über dich so richtig gut wird, stell' deinem ungeheuer leistungsfähigen Bio-Computer, den du da in deinem Kopf hast, die richtigen Fragen. Denn dein Gehirn sucht, ganz egal was du fragst, spontan nach plastischen Antworten. Das ist eine simple, aber höchst wirkungsvolle Methode.

Auf Bennys Fragen »Warum muss ich nur aufstehen?« wird es antworten »Du musst gar nicht, du könntest genüsslich liegenbleiben, aber die böse Chefin, das System und der Arbeitsmarkt zwingen dich, du fliegst sonst raus, kannst die Miete nicht bezahlen, wirst obdachlos, erfrierst.« Und die Gefühle dabei: Hass auf die Chefin und Angst vor der Welt. Super!

> AUF JEDE BLÖDE FRAGE GIBT'S 'NE BLÖDE ANTWORT

Auf Bennys Frage »Was lässt sich der Meier wieder einfallen, um mich fertigzumachen?« werden seinem Bio-Computer in seiner unendlichen Kreativität tausende von Gemeinheiten einfallen, und die Aggression, die Furcht und der Hass gegen Meier werden bestätigt und zementiert. Dabei sind's vor allem Projektionen der eigenen Gemeinheiten, die Benny zum Thema Meier einfallen!

Am übelsten ist die Feststellung »Ich bin schon ein elender Versager!« Denn darauf gibt's nur noch eine Antwort, nämlich ohnmächtige Verzweiflung. Stell' dir vor, der Chef eines Unternehmens erklärt ständig: »Wir gehen unweigerlich Konkurs, weil wir solche Flaschen sind!«, dann verzagen alle, was denn sonst. Der Bio-Computer wird bestenfalls alle möglichen Katastrophen aufzählen und der Schorsch wird die Schaufel weglegen und das verzweifelte Gesicht in den kraftlosen Händen verbergen.

Lass' dir folgenden Aufwachdialog einfach mal süß durch deinen Kopf gehen und schau' selbst, was in dir passiert:

Du hast immer die Wahl – es ist deine Entscheidung

Ups, ich bin wach. Schön. Mein liebes Weckerchen hat geklingelt. Ach, mein Weckerchen, den hab' ich mir damals mit der schönen Maria gekauft, damals, ach war das schön, Maria. Noch ein bisschen liegen bleiben und rumräkeln. Streck, dehn, wohlfühl. Schön pur, gell? Habe ich heute Lust auf einen schönen oder auf einen Miesepeter-Tag, könnt ja mein letzter sein? Worauf könnt ich mich heute richtig freuen? Es regnet in Strömen, was könnt ich denn damit anfangen? Was könnt ich Schönes tun, kaufen, planen, machen? Wie könnt ich den Meier von meinem Projekt überzeugen? Super, dass ich gesund bin, zwei Augen im Kopf und ein Hirn in der Birne habe, da wird mir schon was einfallen! Fällt mir doch immer was ein, eigentlich bin ich ja ein toller Hecht und schöööön wie die Sünde ...

Mit diesem Aufwachgespräch wird Bennys Gehirn ein Wohlgefühl und tausende von konstruktiven Ideen generieren, und sein grinsender Schorsch wird zufrieden im Kohlenkeller schaufeln, weil er seinen Käptn so clever findet. Und Benny wird vor Eifer keine Sekunde zögern, den Meier voll Begeisterung zu überzeugen.

Spürst du den Unterschied? Das lässt sich *wirklich* trainieren. Wenn dein Käptn so ein Benny-Käptn ist, dann fang heut' damit an, ihn umzudressieren, den Knallkopf. Hänge dir ein Riesenplakat über's Bett und frage dich morgens oder in deinem 10-Minuten-Werbespot ab sofort:

● Worauf kann ich mich heute am meisten freuen?
● Was werde ich Wichtiges erledigen, worauf ich stolz sein kann?
● Was werde ich heute Gutes lernen und Schönes erleben?
● Was kann ich heute Gutes für meine/n LebenspartnerIn, meine Kinder, meine Eltern, meine Freunde, für mich tun?
● Was kann ich heute tun, um die Welt ein bisschen besser zu machen?

Und dann gibt's noch tausende anderer *guter* Fragen, dir fallen sicher noch viel mehr ein. Dasselbe tust du abends vor dem Einschlafen, wenn du nicht eh etwas Schöneres zu tun hast:

- Was hat mich heute am meisten gefreut?
- Was war heute das Wichtigste, das ich getan habe?
- Worauf kann ich stolz sein?
- Was habe ich heute Gutes gelernt?
- Was war das Schönste heute?
- Womit habe ich heute die Menschen um mich ein bisschen glücklicher gemacht?
- Womit habe ich heute die Welt ein bisschen besser gemacht?

Wenn sich dein Käptn dagegen sträubt und dir gerade wieder weismachen will, dass es so einfach wohl nicht geht und Fernsehgucken doch besser wäre, dann sag' ihm, er soll's doch einfach mal ausprobieren: Wer die richtigen Fragen stellt, kriegt die richtigen Antworten! Wenn du nach Rom willst, fragst du doch: »Wie komme ich nach Rom?« und nicht »Wie komme ich *nicht* nach Rom?« Genau diesen Blödsinn tun wir aber die ganze Zeit: Wir malen uns in schillerndsten Farben aus, weshalb alles *nicht* geht. Ist doch paradox, oder?

WIE KOMME ICH DENN NICHT NACH ROM?

HÄ, WAS IS?!?

Frag' ihn also, weshalb er so große Lust darauf hat, sich ständig schlechte Fragen für miese Antworten auszudenken. Wieso er es wichtiger findet, sich Bosheiten und Katastrophen auszumalen, statt darüber nachzudenken, wie das Leben und damit die Welt schöner und reicher werden könnten? Frag' deinen Regisseur, weshalb er ständig Horrorfilme dreht und darüber klagt, dass sich alle gruseln? Warum soll das kreative Visualisieren in die schlechte Richtung besser sein? Wo liegt denn der Gewinn darin? Er wird keine gute Antwort finden und sich schon ein bisschen korrigieren.

ICH HABE IM LEBEN VIELE KATASTROPHEN ERLEBT, VON DENEN DIE MEISTEN NIE EINGETRETEN SIND

Ich bin absolut nicht für so amerikanische Schwuppdiwupps-Psychologie, aber Selbstmanagement kann enorm viel bewegen und verändern in dir. Was der Käptn da den ganzen Tag von sich gibt, das kann man wirklich steuern. Man kann sich *wirklich* disziplinieren und sich *wirklich* darauf trainieren, nicht ständig an all die Übel dieser Welt und des Lebens zu denken, sondern sich an den Schönheiten und enormen Möglichkeiten dieser Welt zu freuen, sich auf Lösungen für Probleme zu konzentrieren und dem Himmel für das Leben überhaupt zu danken.

Wenn dein Käptn nicht gut drauf ist, sei lieb zu ihm und zeig' ihm, dass es auch anders und vor allem besser geht. Frag' die richtigen Fragen, denk' an die vielen großen Dinge dieser Welt, von der du ein Teil bist, denk an den guten Teil des Lebens und diszipliniere dich darin. Das geht nicht immer gut, aber immer besser, je mehr

du trainierst, je länger du drauf achtest, was da vorgeht in dir und je öfter du Negativspiralen unterbrichst. Es hat ganz einfach was mit Disziplin zu tun, mit dem Willen, dass du dieses Leben gut und nicht schlecht leben willst. OK? Es hat etwas mit Selbstachtung zu tun, mit Liebe und Respekt vor dir selbst. Denn wer sich nicht liebt, ist nicht lieb mit sich selbst, geschweige denn mit den andern.

Nun, der Käptn ist bloß einer von beiden. Was tun wir mit dem guten, braven Schorsch? Der ist fast wichtiger, weil er die Power und das Feeling liefert.

Wie halten wir den Schorsch bei Laune?

Schorsch ist verantwortlich dafür, dass viele gute Vorsätze und Projekte nicht umgesetzt werden. Wenn nur der Käptn, nicht aber Schorsch mit dem Rauchen aufhören will, dann schafft es keiner. Wenn Schorsch kein Gemüse, sondern immer Leberwurst will, geht jede Diät in die Hose. Ohne Schorsch läuft überhaupt nichts.

OHNE LOHN GEHT AUCH DEINEM SCHORSCH DIE PUSTE AUS!

Aber der Junge braucht gar nicht so viel, außer manchmal ein bisschen Pause, Lob und Belohnung. Wir leben in einer Gesellschaft mit einem seltsamen Leistungsideal. Unsere Ober-Idole sind so calvinistisch-selbstlose Übermenschen, die immer nur arbeiten und Erfolg haben und nie an sich denken, die sich opfern, weiß Gott für was, die immer auf Toplevel für tolle Ziele schuften, bis sie tot umfallen. Das ist totaler Quatsch!

Zum Glück wissen wir heute, dass das nichts bringt und langfristig in den Burnout, den totalen physischen und psychischen Bankrott führt. Du darfst den Schorsch nicht vergessen! Also gib ihm, was er braucht. Ohne Lohn geht früher oder später jedem Schorsch die Puste aus, auch deinem. Und das ist *immer* bitter und schädlich. Man kann das unter dem Titel Selbstvernachlässigung und -verwahrlosung zusammenfassen.

SCHORSCH IST KEIN SKLAVE, SONDERN EIN TEIL VON DIR!

Schorsch braucht *jeden* Tag ein bisschen Gemütlichkeit, sein Bier und seine Leberwurst. Er hat ein Recht darauf. Bier und Leberwurst soll natürlich nicht heißen *Saufen* und *Fressen*, sondern Prämien aussetzen und großzügig belohnen für getane Arbeit, für erreichte Ziele, Geschenke für Schorschi, damit er bei Laune bleibt. Und Erholungsphasen, wenn er mal wirklich nicht mehr kann. Sei darin keinesfalls geizig, sondern richtig spendabel. Konkret heißt das:

- Erholungspausen einlegen, wenn Schorsch sie braucht
- Belohnungen aussetzen für Sonderleistungen: Den teuren Fotoapparat, die schicke Klamotte, das feine Diner, das Wellnessweekend... alles Bier und Leberwurst für Schorsch
- Immer auch was vorhaben, das Spaß macht, nicht deinem

Käptn, sondern deiner Seele und deinem Körper: Tanzen, Fitness, Natur, Kinder zeugen oder so tun, als ob, was immer.
• All die tausend Dinge, die dir selber noch einfallen, um dir das Leben zu versüßen.

Klar ist: Wer seinen Schorschi vernachlässigt, der landet früher oder später *immer* auf der Ersatzbank. Immer! Ich habe sie zu hunderten gesehen, die ausgepowerten Workaholics, die alles verlernt hatten, was das Leben lebenswert macht. Sie hatten geschuftet, um effizient zu sein und viel Leistung zu erbringen. Aber am Ende ist Schorsch vor Erschöpfung gestorben. Die Bilanz geht nie auf und endet *immer* mit einem Riesenverlust. Beweis im Großmaßstab:

Kleiner philosophischer Ausflug

Die New-Economy-Euphorie der 90er Jahre hat viele v.a. auch junge Menschen zu ungeheurer Arbeitsleistung und Hektik veranlasst. Ich habe unzählige bleiche, picklige, hohläugige und völlig überarbeitete IT-Propheten erlebt, deren Käptns Weissagungen einer neuen hocheffizienten Technologiegesellschaft und vom großen Geld verkündeten. Sie waren die New Heroes der 90er, gaben sich selbst- und siegessicher. Die armen Schorschis schufteten in Eisen gelegt. Sie riefen zwar immer mal wieder »Hey Mann, ich kann nicht mehr,« aber sie kriegten auf's Maul. Die New Heroes belächelten all die schlappen Warmduscher, die im New-Economy-Rhythmus nicht mithalten konnten. Und die Bilanz?

DIE NEW HEROES DER 90ER...

Fertig gelacht! Der Zusammenbruch der New-Economy-Blase hat nicht nur Billiarden (kein Druckfehler) von Dollars gekostet und war damit ein Verlustgeschäft von historischer Dimension. Es wurde auch in beispiellosem Masse Lebenszeit und -qualität vernichtet. Die unmittelbar investierte Lebenszeit ging drauf für nichts als das Einfahren enormer Verluste. Und die Turbo-Worker werden wegen der chronischen Überbeanspruchung allesamt ein bisschen weniger lang leben. Statistisch gesehen. Das war eine Art Anti-Schorsch-Krieg mit hunderttausenden von Todesopfern und Invaliden. Die Schorschs hatten recht, es hat sich nicht gelohnt. Man hätte zwischendrin mal Leberwurst essen, sich erholen und vor allem ein bisschen nachdenken sollen, worauf's im Leben wirklich ankommt. Das war nicht hocheffizient, wie alle immer mit großem Pathos verkündeten, das war in unglaublichem Maßstab ineffizient, selbstzerstörerisch und bescheuert. (Ich selbst bin dem ganzen Tamtam übrigens auch auf den Leim gegangen...)

...ABER DIE SCHORSCHS BEHIELTEN RECHT

Lass' dich nie dermaßen einspannen, dass du Selbstmord auf Raten verübst. Über lange Sicht lohnt sich's nie und nimmer! Wenn Schorsch krank ist, bist du eine Null.

So, so viel zum Käptn und zum Schorschi. Ich hoffe, es ist klar, dass ihnen viel Aufmerksamkeit gebührt. Wer die beiden vernachlässigt, guckt früher oder später in die Röhre. Um dich mindestens zum 10-Minuten-Training für den Käptn und zum Prämien-System für Schorsch zu motivieren, hier zwei aufschlussreiche Übungen:

Und am Ende?
Wie soll's aussehen,
Jungs & Mädels?

Damit noch plausibler wird, wie wichtig Selbstcoaching ist, schauen wir uns die Sache mal vom Ende her an. Sorry an alle, die das ein bisschen makaber und pietätlos finden, aber es wirkt todsicher:

Hast du dir schon mal überlegt, dass in kaum hundert Jahren kein Mensch mehr irgendetwas von dir weiß? Kaum einer, der dann lebt, ist heute schon geboren. Die allermeisten, die heute leben, sind dann tot, du und ich inklusive. Tot, nicht mehr da, Ende, Schluss. Wenn du diesen Text liest, gehörst du sicher nicht zu denen, die im Jahr 2100 noch leben werden. Für mich wird 2050 schon sehr, sehr eng. Statistisch gesehen, erlebe ich das Jahr 2040 nicht mehr – nicht eingerechnet der New-Economy-Schaden.

IN KAUM 100 JAHREN WEISS NIEMAND MEHR VON DIR

Wir wuseln auf der Erde herum und regen uns über weiß Gott was alles auf, haben Angst und machen uns Sorgen und wissen oft nicht aus, noch ein. Wir wissen nicht, was wir tun sollen, sind orientierungslos und haben die Sinnkrise. Oder wir stürzen uns wie besessen in eine Aufgabe, vergessen uns selbst darüber und wachen erst zehn Jahre später wieder auf, weil Schorschi todkrank ist.

Und urplötzlich macht's Klick und das Lämpchen wird ausgeschaltet. Wir wissen nicht, wann. Jährlich sterben zigtausend Menschen, z. B. bei Erdbeben. Noch Minuten zuvor denken sie über ich weiß nicht was nach, streiten sich vielleicht, genießen das Leben nicht, sind zu schüchtern für dieses und haben Angst vor jenem, sind mutlos oder auch nicht. Einen Moment später schlagen zigtausend Herzen nicht mehr. Aus und vorbei. Die Erde wackelt und tschüss. Ein naher Bekannter von mir wandert mit einem Freund über einen Gletscher, die Schneedecke bricht, er stürzt mitten im Satz 30 m in eine Spalte aufs blanke, blaue Eis. Er ging 20 cm zu weit links. Es hat nicht mal mehr für's Tschüss gereicht.

Das soll nicht pietätlos sein, ganz im Gegenteil. Es ist nur einfach brutal offensichtlich, dass es jederzeit Bumm machen kann, und es gibt dich nicht mehr. Jederzeit! Aber wir vergessen das immer, dabei sollten wir möglichst oft dran denken. Wir würden das Leben besser nutzen, viel gelassener sein und jeden Moment genießen.

Gehen wir mal davon aus, dass die meisten von uns am Ende etwas mehr Zeit haben zum Sterben als mein Kollege. Wie ist das wohl, wenn man da auf dem Sterbebett liegt? Stell' dir das mal vor! Was würden dir da wohl für Gedanken durch den Kopf gehen, wenn du in 5 Minuten gehen müsstest? Eines der schlimmsten Szenarien für mich wäre, wenn ich mir sagen müsste:

So kommst du in die Hölle...

Im Großen und Ganzen bereue ich mein Leben. Ich muss sagen, ich habe das Wichtigste verpasst, ich habe nicht mein Bestes gegeben und in den entscheidenden Momenten hab' ich versagt. Ich habe nicht das getan, was ich eigentlich hätte tun wollen. Ich habe nicht mein Leben gelebt, sondern das der andern. Es hätte alles viel besser sein können, wenn ich's nur anders angepackt hätte. Die meisten Chancen habe ich ungenutzt vorbeiziehen lassen. Meistens habe ich gehadert, gezögert, genörgelt. Ich habe mich immer mit den falschen Menschen umgeben. Geliebt hat mich auch niemand richtig. Und ich habe niemanden anderen geliebt, ich konnte es nicht, vor allem auch mich selbst nicht. Eigentlich ist alles schief gelaufen.

Und der liebe Gott würde mit mir schimpfen, wenn ich oben ankomme, und sagen: Junge, was hab ich dir nicht alles in die Wiege gelegt! Und was hast du daraus gemacht? Nichts, du Depp, ab ins Feuer mit dir. Und ich dann bruzzel, bruzzel bis ewig. Meine Güte, welche Horrorvorstellung, so abschließen zu müssen. Toll und unüberbietbar wäre es, wenn ich sagen könnte:

...und so in den Himmel

Eigentlich, mein Junge, war das eine tolle Sache mit diesem Leben. Die meisten Dinge haben sich erfüllt, in den großen Zügen war's eine echt gelungene Vorstellung. Ich habe vieles versucht, das meiste hat geklappt, vieles ist gescheitert, hat mich aber weitergebracht. Es war eine Riesenshow. Ich danke dem lieben Gott und wem auch immer und jetzt ist's Zeit zu gehen. Ich habe nicht mehr viel verloren hier. Was jetzt kommt, ist höchstens 'ne schwache Wiederholung. Es reicht. Mal schauen, was da sonst noch ist. Tschühüühüss.

Und der liebe Gott würde mir die Hand auf die Schultern legen und sagen: »Junge, ganz gut gemacht! So ähnlich hab ich mir das mit dir vorgestellt. Kongrätjuleischens.« (Das sagt er so, weil er auch ziemlich cool geworden ist in letzter Zeit.)

Wie soll das bei dir aussehen? Was willst du einmal sagen von deinem Leben? Was sollen die anderen an deinem Grab sagen über dich? Was soll in deiner Todesanzeige stehen?

Übung 1: Die Todesanzeige für den Wicht

Machen wir ein todernstes Spielchen. Schreiben wir doch mal so eine Todesanzeige, und zwar erst mal eine für Situation 1, in der alles steht, wenn's schlecht weiterginge mit dir, also z.B. so:

Wir haben die wenig schmerzliche Pflicht, Sie vom Hinschied unseres Opas, Vaters, Bruders, Schwagers etc. in Kenntnis zu setzen. Du, mein lieber

FREDY MEIER

und Pappenheimer

hast dich kaum je richtig bemüht, und nix hat geklappt in deinem Leben. Du hast immer alles Schrott gefunden, viel gesoffen hast du und deine Kinder gingen dir auf die Nerven. Deine Frau war immer die falsche und betrügen wolltest du sie ohn' Unterlass. Aber keine andere ließ dich Miesepeter an sich ran. Da haste halt noch mehr gesoffen und geflucht. Geschimpft hast du auf die Welt, meine Güte, darin warste Weltmeister.

Wo du warst, da war die Hölle: Ärger, Depression, Melancholie und Verdruss. Du warst niederschmetternd. Wer dir begegnete, war seine gute Laune los. Hoffnungslosigkeit und Trauer finsterten um dich herum. Und immer waren die andern schuld, das Kapital, die Zentralbank oder die da oben oder die Neger oder die Jugos. Die meiste Zeit deines Lebens hast du stumpfsinnig vor der Glotze verbracht oder erzählt, wieso und in welchem präzisen Ausmaß die Welt und die Menschen schlecht sind. Die schönen Dinge im Leben hast du verachtet, das Lachen hast du mit 40 verlernt. Da bist du zum ersten Mal gestorben, du Wicht. Lernen war nach 18 nicht mehr drin. Du hast ja schon alles gewusst, Du Obergescheiter! Schön, hast du einem anderen Platz gemacht. Denn du hast das Wesentliche nicht kapiert.

Tschau Fredy! Niemand trauert wirklich um dich. Wir tun nur so, weil sich's so gehört. Wir werden uns nicht allzu lang an dich erinnern, nicht wirklich. Nur Mitleid bleibt zurück. Schön, dass du endlich gehen konntest. Es war ein mieses Leben, dabei hättest du alles in der Hand gehabt. Tschüss.

WO DU WARST, DA WAR DIE HÖLLE!

Während du das ernsthaft gemacht hast, wie hast du dich gefühlt dabei? Ich selbst habe mich damals wund und weh gefühlt vor Selbstmitleid, hatte ein Würgen im Hals und war voller Verzweiflung über all das ungelebte Leben. Es war furchtbar.

Übung 2: Die Todesanzeige für den Lebenserfolg

Jetzt schreib' noch eine Anzeige, die's in sich hat, erhobenen Hauptes und in der festen Überzeugung, dass dein Leben diese Rie-

senshow wird, dass du fast alles erreicht hast, was du wolltest und jetzt zufrieden abtrittst. Denk' dabei an deine höchsten Ziele und tu' halt so, als hättest du alles in der Tasche. Achte auf die Wirkung in deinem Gemüt. Es werden wunderbare Dinge vor sich gehen:

Wir haben die schmerzliche Pflicht, Sie vom Hinschied unseres Opas, Vaters, Bruders, Schwagers etc. in Kenntnis zu setzen. Du, mein lieber

FREDY MEIER

Du warst uns ein richtiges Vorbild in Sachen Leben, Lebensfreude, Lebenskraft, Mut, Optimismus und Liebe. Wo du warst, da war das Paradies!!!

Wir haben dich so geliebt. Und wir trauern aufrichtig um dich, obwohl du das nicht gewollt hättest. Du hättest eh nur darüber gelächelt, uns verständnislos angeschaut und gesagt: Hey, Jungs und Mädels, war doch eine schöne Zeit, was heult ihr denn jetzt dumm rum. Take it easy. Wird schon wieder! usw. usw.

WO DU WARST, DA WAR DAS PARADIES!

Und? Wie war's jetzt? Besser, nicht? Viel besser! Kraftstrotzend vor Stolz über dich selbst hast du einen Nekrolog geschrieben, der der Welt und dem Leben verkündet, wie schön sie ist und wie viel Potenzial es hat. So geht das. Hast du aber auch den miesepetrigen Käptn wieder in dir gehört? Sicher hat er wieder im Hintergrund rumgequäkt und reklamiert:

»Nicht mit mir, Junge. Der redet so ein Zeugs, weil er noch nix erlebt hat. Wenn der mein Leben hätte, würde es anders aussehen mit ihm. Ich habe eben nicht so viel Schwein gehabt, ich habe eben nicht so viele Glückshormone in mir, sondern leide an Depressionen, ich bin eben hässlich und niemand hat mich gerne, ich stehe eben nicht oben in der Sonne, alle sind böse mit mir, und ich bin so traurig, weil ich recht habe und weil alles so verschissen ist... Es ist alles viel schlimmer und ernsthafter. Nicht so tralala. Der Junge da nimmt das Leben nicht ernst.«

Eben gerade doch, lieber, mieser Käptn. Ich nehme es eben sehr ernst! Das ist ja das Schöne daran.

Und was lernen wir daraus?

Du wirst wohl beim Schreiben gemerkt haben, wie das Nachdenken über das Leben vom Tod aus gesehen alles relativiert, alles klein und belächelnswert unbedeutend macht. Du bekommst einen scharfen Blick für die wichtigen Dinge des Lebens und erkennst, was an Unwichtigem zu viel Raum einnimmt. Und es deckt all die schlechten Gewohnheiten und verknorzten Strukturen auf, in denen du vielleicht bis zur Bewegungslosigkeit verstrickt bist.

- Das Denken vom Schluss aus zeigt, dass unser Zögern und Zaudern die größten Risiken, Hemmer und Verhinderer des Lebens sind,
- dass unsere Sorgenspiralen im Kopf sich nur dort abspielen,
- dass sie uns hindern, ins Leben hineinzutauchen und es zu leben,
- dass die größten Katastrophen unseres Lebens nicht draußen geschehen, sondern in unseren Gehirnen,
- dass unser problemversessenes Denken am meisten Energie verschleißt,
- dass wir alle weit unter unserem persönlichen Potenzial leben,
- dass wir nicht ewig Zeit haben und nicht beliebig viele Chancen, sondern eine begrenzte Zeit und für alles eine klar beschränkte Zahl von Gelegenheiten.
- Man muss sie am Schopf packen und darf sie nicht achtlos vorbeiziehen lassen. Hier und jetzt packen, die Dinger, und nicht meinen, sie kommen immer wieder. So isses nich'.

Hänge dir deine gute Todesanzeige über's Bett und freu' dich auf den Rest des Lebens, der just in diesem schönen Moment beginnt.

DER REST
DEINES LEBENS
BEGINNT GERADE
HIER UND JETZT

Übung 3: Mein 65. Geburtstag

Wenn dir das mit den Todesanzeigen zu makaber ist, schreib' einen Tagebucheintrag deines 65. oder deines 100. Geburtstags – von wegen Optimismus. Etwa so:

Heute habe ich Geburtstag, den 65. Ab heute krieg' ich Rente und meine Lebensversicherung. Ich habe gestern meinen Letzten gehabt in der Firma. Meine Kinder waren schon da, haben mir 'ne Torte gebracht. Sie sind immer noch jung. Gerade mal 40. Heut' abend gibt's wohl 'ne Spontan-Party. Ich kenn' sie ja...

Meine liebe Frau war zuckersüß zu mir. Sie ist mein Ein und Alles. Ich bin der glücklichste Mensch, denn ich habe ein wundervolles Leben hinter mir und ein noch Schöneres vor mir.

Was ich alles erlebt habe: ...

Was ich noch alles machen werde: ...

Hänge dir auch deine gute Geburtstagsrede über's Bett und freu' dich auf den Rest des Lebens, der wiederum just in diesem schönen Moment beginnt. Wenn du 90 bist, dann ist dein Leben größtenteils zu Ende geschrieben. Es ist gelebt. Irreversibel. Jetzt allerdings

ist es noch nicht gelebt, sonst hättest du dieses Buch nicht in der Hand, und du kannst noch fast alles damit anfangen. Also *tu es!*

Diese Übung ist auch sehr effizient, wenn's um ein großes Ziel geht, z.b. sich selbständig machen, eine Ausbildung oder ein Projekt erfolgreich abschließen. Zum Beispiel so:

Timeline Training zum Mount Everest

Nimm dir eine Faxpapier-Rolle und rolle sie auf dem Boden aus in eine Richtung, in die's ein bisschen Platz hat. Schau zu, wie sie rollt, deine Rolle, sie rollt und rollt und hinterlässt einen schönen, weißen Papierstreifen. Und dann – päng – knallt sie irgendwo dagegen und hat sich ausgerollt.

Die Rolle ist dein Leben. Und wie die Rolle unweigerlich irgendwo anschlägt, so ist das mit dem Leben. Es ist eine Sackgasse, in die du mit Vollgas reinfährst – leider ohne Bremsen. Irgendwo hinten ist definitiv und sakrosankt Ende der Reise. Das ist nicht nur schrecklich, sondern auch erleichternd. Alles hat ein Ende! Das Altern und der Tod sind zwar die Skandale des Lebens, aber sie gehören dazu. Die meisten fragen sich immerzu, was kommt wohl danach. Das ist eigentlich seltsam, denn 100 Milliarden Mal wichtiger ist die Frage, was passiert *davor*.

WAS PASSIERT EIGENTLICH VOR DEM TOD?

Wenn du deine Lebensrolle so auslaufen siehst mit dem unweigerlichen Crash am Ende, dann wird dir die Begrenztheit deiner Lebenszeit und damit auch ihr unendlicher Wert bewusst. Nimm dir etwas Ruhe, Zeit, lass' deine Rolle mal auslaufen und an die Wand knallen. Stell' dich hinten hin auf deine *Timeline*, hinten beim Crash, beim Tod. Dort kannste jetzt deine Todesanzeige hinkleben, die nette natürlich. Schau' zurück mit der Ruhe und Besinnlichkeit des Alters. Seltsames Gefühl, nicht? Mit ein paar Post-it-Zetteln kannst du die wichtigen Ereignisse deiner Vergangenheit auf der Rolle eintragen: Erste Erinnerung, erster Kuss, Schulabschluss, erster Job, Hochzeit, Krankheit, schönste Erinnerungen, Horrorstorys. Ganz schön kurvenreich, die Sache, gell? Oder öd' und langweilig? Oder voller Angst und Schrecken? Oder voll Hadern und Zaudern?

Bedenkenswert, aber eigentlich egal. Fang jetzt ja nicht an, deine Vergangenheit aufzuwärmen und möglichst noch darüber zu weinen, wie schrecklich alles war. Denn das Wichtigste ist nicht die Vergangenheit, sondern deine Zukunft, denn, wie du siehst, ist die Rolle ab heute noch völlig leer und wartet darauf, beschrieben zu werden. Von dir, deinem Schorsch und deinem Käptn! Ist das nicht eine schöne, eindrückliche Vorstellung? *Du* bist der Autor von allem, was da noch kommt, du bist die Regisseurin des Films, du bist der Hauptdarsteller und der einzige Mensch in deinem Leben, der von Anfang bis Ende immer dabei ist.

DIE ZUKUNFT IST NOCH NICHT ERSCHAFFEN

DAS LEBEN SPIELEN WIE EIN KIND

Setze dich nun an die Stelle des Hier und Jetzt, da wo dein restliches Leben beginnt, und notiere, was du wann noch alles erreichen willst, wohin deine Reise gehen soll. Träum' ruhig mal ein bisschen vor dich hin. Wir träumen viel zu wenig. Lass' allem unzensiert freien Lauf. Setz' dir ein paar Ziele, die dich begeistern, die dir Power geben und beobachte, wie du dich dabei fühlst, wie bei dir Freude und Begeisterung aufkommt, wie du dich vielleicht sogar für Momente lang wie ein spielendes Kind verlierst in deiner blumigen, begeisterten Fantasie.

Und beobachte auch deinen Käptn, wie er funktioniert. Denn viele Käptns werden wieder dazwischenkläffen:

»So ein belämmertes Spiel, das Leben funktioniert ganz anders, das ist ja eh alles nicht zu machen, zwischen Träumen und Realität ist immer noch ein großer Unterschied. Außerdem haben wir keine Zeit für so'n Kram.«

Er hat nicht Recht, dein Käptn, denn er ignoriert folgende Tatsache:

Kleiner philosophischer Ausflug

DIE MEISTEN DINGE UM UNS SIND MATERIE GEWORDENE GEDANKEN

Jede, aber auch jede heute anzutreffende zivilisatorische Realität, jedes Haus, jede Maschine, jedes Auto, jedes Design, alles, was Menschen jemals gemacht haben, war vorher immer erst in irgendeinem Kopf: Als Traum, als Gedanke, als Idee, als Geist, als Hirnstrom. Was heute unsere menschliche Realität ist und materiell, verdankt seine Existenz immer einer Idee und war zuerst irgendwie spirituell, geistig, neuronal, wie immer du das nennen willst. Verstehst du jetzt, weshalb Benny so ein schweres Leben hat und dringend seinen Film ändern muss?

Ich finde diesen Gedanken ungeheuerlich. Er beweist, dass du deine Zukunft zuerst denken musst, nur dann hat sie überhaupt eine Chance, Wirklichkeit zu werden. Und wie du sie dir denkst, ob gut oder schlecht, das entscheidest letztlich du! Es ist banalerweise wie bei einer Reise: Wer eine Reise nicht plant, kommt nie ins Land seiner Träume!

Ist das nicht eine schöne, ergreifende und unheimlich wahre Weisheit? Also: Träumen wir ein bisschen an den Unmöglichkeiten deines Lebens herum, die morgen schon Realität sein werden:

Ziele setzen, die unter die Haut gehen

Meistens fehlt es uns daran, dass wir keine klaren Vorstellungen davon haben, was wir eigentlich wollen und wohin die Reise gehen soll. Dann lassen wir uns treiben, wuseln einfach so in den Tag hinein und leben so, wie man halt so lebt. Das ist vielleicht eine Zeit lang ganz nett und gemütlich, führt aber nirgendwo hin außer in das immer stärker werdende Gefühl, das Leben zu verplempern.

Oder wir stecken uns zu viele Ziele auf einmal, die wir gar nicht alle gleichzeitig erreichen können. Dann sind wir ständig frustriert, weil wir nie ankommen. Wer in Paris *gleichzeitig* zum Eiffelturm und zum Montmartre will, wird ziemlich Mühe haben, den richtigen Weg zu finden und nie starten können.

Ziellosigkeit ist oft Zeichen eines intensiven Lebensüberganges oder gar einer ernsten Lebenskrise, deshalb meistens auch mit Unsicherheit, Angst, ja Existenzangst und einem Einbruch des Selbstwertgefühls verbunden. Bedrohung des Arbeitsplatzes, Stellenwechsel, Arbeitslosigkeit gehören zu den krisenintensivsten Erfahrungen im Leben. Die Krise ist meist überwunden, wenn wir nicht mehr richtungslos auf dem Meer der (Un-)Möglichkeiten herumtreiben, sondern wieder festes Land sehen. Oft ist Ziellosigkeit aber einfach nichts als Bequemlichkeit und die schlechte Angewohnheit, lieber über Gegenwart und Vergangenheit zu jammern, statt kreativ über die Zukunft nachzudenken. Aber jetzt kommt ein wichtiger Satz:

> **Wer nicht weiß,**
> **wohin er will,**
> **darf sich nicht wundern,**
> **wenn er woanders ankommt!**

Also kein Recht auf Heulsuse-Mimen, wenn du dein Leben verplemperst! Klaro? Hier ein paar Tipps, wie man sich Ziele so setzen kann, dass sie richtig unter die Haut gehen. Ein persönliches Ziel genau kennen, ist Voraussetzung dafür, es überhaupt erreichen zu können! Dein Ziel ist ein Auftrag an dich selbst, an dein Gehirn, an deine Fähigkeiten, deinen Ideenreichtum! Es ist wichtig, dass du dir

dein Ziel wirklich klarmachst: Wie ist es, wann ist es, wie fühlt es sich an, wie fühlst du dich dabei etc. Denk' an den Käptn und vor allem auch an Schorsch. Es lohnt sich, Ziele zu erträumen, zu visualisieren und den Auftrag niederzuschreiben ins Tagebuch oder auf ein großes Plakat, was immer. Dabei hilft es sehr, beim Fantasieren auf Folgendes zu achten:

SO WERDEN ZIELE ZU
TURBO-MAGNETEN –
DIE ACHT REGELN

- Kein Ziel besteht aus etwas, das nicht ist. Deshalb: *Verneinungen sind verboten!* Also nicht: »Ich will mich nie mehr ärgern«, sondern »Ich will ruhig und gelassen sein und dieses erhabene Gefühl genießen.«
- Dein Ziel ist *immer* etwas Gutes! Deshalb: Positive Verstärker verwenden! Also nicht »Der Sch... Ärger soll verdammt nochmal verschwinden!« sondern »Ich spüre die wohlige Gelassenheit wie in einem Schaumbad, ah!« Spürst du den Unterschied?
- Wichtig für Schorsch: Dein Ziel ist nichts Abstraktes, es ist konkret, zum Anfassen, zum Erleben, es ist kühles Bier und saftige Leberwurst! Deshalb beim Formulieren alle Sinne beachten! Also nicht »Ich will, dass es besser wird im Leben« – was soll das schon heißen, sondern »Mein Ziel ist erreicht, wenn ich mich ruhig und gelassen fühle. Die Ruhe ist eine warmes, leichtes Gefühl im Bauch, als würd' ich in der kuscheligen Rosenöl-Badewanne liegen. Die Gedanken in meinem Kopf sind wie eine schöne Melodie von Claydermann« (nein, lieber nicht, ok?). »Bildlich ausgedrückt ist meine innere Ruhe wie das unendliche, weite, blaue Meer!« Jetzt fühlt es sich an, das Ziel, spürst du das? So muss ein Ziel sein, damit es dich packt.
- Dein Ziel muss messbar sein. Deshalb: Messgröße einbauen! Also nicht »Ich will Buchhalterin werden!«, sondern »Ich will den Abschluss in der Tasche haben!«
- Dein Ziel muss irdendwann erreicht sein. Deshalb: Zeitlimite einbauen! Also nicht bloß »Ich will Buchhalter werden«, sondern »Ich will im August 2006 das IHK-Zertifikat entgegennehmen und stolz auf mich sein.«
- Kein Ziel ist so, wie etwas anderes! Deshalb: Keine Vergleiche benutzen – kennen wir schon, gell! Also nicht: »Ich gehe in eine Stadt, die so ähnlich aussieht wie Bern«, das wär ja wirklich komisch, sondern »Ich gehe nach Freiburg.«
- Absolut verboten ist die Aufzählung von »Es geht nicht wegen x und ist unmöglich wegen y und erst recht wegen z.« Absolut verboten so was! Erlaubt ist nur: »Da ist noch Aufgabe x, y und z zu lösen, dann bin ich am Ziel!«
- Im Lohn schwelgen: In der Freude, der Anerkennung, dem besseren Gehalt und dem schöneren Lebensgefühl. Das sind Powerriegel für Schorsch.

Dein Ziel muss für *dich* stimmen! Du und dein Schorsch müssen sich bei der Vorstellung, es erreicht zu haben, in fast jeder Beziehung wohl fühlen! Wenn Schorsch nicht will, brauchst du gar nicht erst zu starten. Deshalb stell' es dir so intensiv wie möglich vor. Wenn Schorsch schon zur Schaufel greift, wenn dein Herz schneller schlägt, du freudig-nervös wirst, wenn du aufspringen und gleich anfangen willst, dann dürfte es OK sein mit deinem Ziel.

Und bedenke: Kein Entscheid ist 100 Prozent richtig. Nie! Es gibt bei jedem guten Ziel gute Gründe, es nicht zu erreichen. Bei jedem! Viele Menschen scheitern im Leben schlicht daran, dass sie Ziele nur angehen, wenn absolut nichts dagegen spricht. Das heißt, sie können nie losgehen, weil es solche Ziele nicht gibt. Aber wenn du zu sagen wir 80 Prozent *ja* sagen kannst und Schorsch ganz zappelig wird beim Gedanken daran, na dann los! So gewappnet, kannst du langsam ans Realisieren gehen.

ES HAT IMMER AUCH EIN HAAR IN DER SUPPE

Wieder die richtigen Fragen stellen

Wenn du dir ein Ziel gesteckt hast, kannst du mit täglichen Fragen deinen Fortschritt beschleunigen, kritische Phasen überwinden, die Tage strukturieren und deine Kräfte konzentrieren. Das Spielchen ist keineswegs naiv, wie jetzt vielleicht der ach so reife Käptn wieder brummelt, sondern hält dich auf Erfolgskurs. Denn es bringt, wie wir jetzt wissen, das Denken weg vom Grübeln über mögliche Katastrophen und Unsicherheiten und lenkt es auf Lösungen. Je besser du darin bist, desto mehr Lösungen und Erfolge wird's in deinem Leben geben:

DEIN DENKEN UND FÜHLEN AUF LÖSUNGEN LENKEN

- »Was kann ich heute tun, um meinem Ziel näher zu kommen?« statt »So ein Mist, ich bin noch so weit weg davon…«
- »Wie kann ich dieses oder jenes Hindernis überwinden?« statt »Ich hab's ja gewusst, es geht nicht wegen a, b, c bis z. Und dann kommt noch Katastrophe erstens, zweitens, drittens bis ewig.«
- »Wenn ich mein Tagesziel erreicht habe, was kriegt Schorsch dafür?« statt »Ich bin ein Held und denk' zuallerletzt an mich, ich muss noch dies und muss noch das und die Zeit ist äußerst knapp etc.«
- »Was kann ich heute für Wohlbefinden & Fitness tun?« statt »Ich bin immer noch ein Held und brauche keine Wellness – nur für Weicheier, so was.«

Wer über Schwierigkeiten, mögliche Katastrophen und all den Unbill dieser Welt nachdenkt, verplempert die wertvolle Zeit, in der er auf Lösungen stoßen könnte. Und die brauchen wir *alle*.

Meine Pianobar in Sydney

Werden wir konkret: Jede noch so lange Reise fängt mit dem ersten kleinen Schrittchen an und geht mit einem ebensolchen weiter – ein alter Hut, aber trotzdem gut und vor allem brutal wahr. Nimm dir mal ein Traum-Projekt vor, das dir ziemlich unrealistisch erscheint, am besten zusammen mit ein paar Kumpellnnen und denkt drüber nach, wie ihr das verwirklichen wollt:

Das Ziel

Wir machen in unseren Seminaren immer gerne eine *Pianobar in Sydney* auf. Das klingt ein bisschen verrucht und vor allem unmöglich. Aber warum nicht? Das wolltest du doch auch schon immer! Das Ziel – aufgemalt auf einem großen Plakat – sieht so aus:

Ich möchte eine schnuckelige, kleine Piano-Bar in Sydney haben, gerade so groß, dass ich davon leben kann, also 2.400 Dollar Ertrag (Messlatte). Sydney, am alten Hafen, damit man die Seeluft riechen und das Flattern der Segel im Wind hören kann. Ich werde in der warmen Abendluft an einem der kleinen Tische auf der Terrasse sitzen und den Sonnenuntergang genießen, während in der Bar einer am Piano klimpert, etwas von Giorgio Panoni oder so (ich kenn' den auch nicht, aber es hört sich gut an!).

Die Eröffnungsfeier findet am 21. September 2006 statt. Frühlingsanfang (Zeitlimit). Ich habe alle Zelte in Europa abgebrochen, verdiene weniger, aber ich bin glücklich. Die Pianobar hat eingeschlagen wie eine Bombe und ist jeden Abend proppenvoll mit lachenden Menschen. Die essen sogar im Hochsommer Käsefondue bei uns und trinken ihr Bier dazu. Komm uns besuchen!

Spürst du, welche Wirkung ein konkret und sinnlich ausformuliertes Ziel hat? Du siehst, hörst und fühlst die Bar mit all deinen Sinnen. Dein Schorschi steht schon mit der Schaufel bereit. Und jetzt schalten wir noch den Käptn zu:

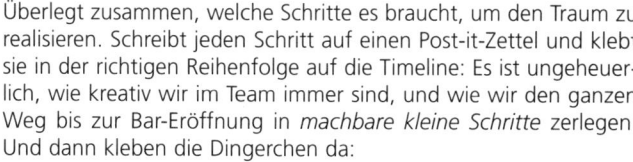

Die Schritte auf der Timeline

Überlegt zusammen, welche Schritte es braucht, um den Traum zu realisieren. Schreibt jeden Schritt auf einen Post-it-Zettel und klebt sie in der richtigen Reihenfolge auf die Timeline: Es ist ungeheuerlich, wie kreativ wir im Team immer sind, und wie wir den ganzen Weg bis zur Bar-Eröffnung in *machbare kleine Schritte* zerlegen. Und dann kleben die Dingerchen da:

- Mal runterfliegen und Sydney anschauen, das ist eh toll!
- Ein Budget machen, allenfalls mit Excel. Da kann man noch was lernen, z.b. was MS-Software so für Macken hat.
- Lösungen für's Geldauftreiben suchen, es gibt mehr, als du denkst, z.b.: Erben, schon Haben, Heiraten, Kredit aufnehmen, Partner oder Investoren auftreiben, 70 Jahre sparen, Bank ausrauben, an die Börse mit Hab und Gut etc.
- Innendekoration zusammenträumen: Wie soll die Bar aussehen, das Ambiente, das Look & Feel?
- Werbekonzept, Design, Logo, Bar-Namen etc. erstellen – so was macht echt Spaß, auch wenn's nie wahr wird.
- Die Speisekarte zusammenstellen: *Käsefondue mit Känguru-Streifen* oder *Raclette mit Kiwis*, das wär doch was!
- Kontakte knüpfen zu Botschaft, Handelskammer, Bekannten, die Sydney kennen, AustralierInnen, NeuseeländerInnen.
- Englisch- oder besser noch Australisch-Kurs anfangen.
- Barmixer-Kurs belegen (dafür kann man in der Schweiz sogar ein kleines Fachdiplömchen machen).
- Bar-Pianisten auftreiben, z.B. Ede, den versoffenen Klimperer aus der Bora-Bora-Bar in Bern, der wär der Richtige. Oder selber anfangen, Klavier zu klimpern.

Du wirst staunen, dass selbst irrwitzige Vorhaben wie dieses doch nur aus einzelnen, realisierbaren Schritten bestehen, die man ganz einfach einen nach dem anderen tun kann und die ein jeder an sich schon Sinn machen und eine wunderbare Bereicherung des Lebens darstellt, die dich auch sonst weiterbringt. So zu träumen, ist allemal besser, als Derrick glotzen und Glubschaugen kriegen!

SELBST DIE PYRAMIDEN BEGANNEN MIT EINEM EINFACHEN SPATENSTICH

Aufgeklebt auf der Timeline, bekommt dein Traum eine sichtbare Form, eine zeitliche Dimension, Etappen, die du bloß zu gehen brauchst. Und es wird dir klar, ob du dein Ziel auch wirklich willst. Du wirst am Schluss der Übung merken, dass die Widerstände gegen ein eigentlich realisierbares und erträumtes Ziel meistens eigentlich ganz woanders liegen, nämlich beim Käptn und beim Schorsch: Die wollen einfach nicht, zu wenig Mut, zu viel Angst, weil der Berg zu groß aussieht, grobe Vorurteile, dass ja alles eh nicht geht, schlichte Trägheit, weil wir einfach zu faul sind.

Meckern und schimpfen, Glotzaugenkrimis gucken und noch mehr verblöden, ist viel einfacher, aber eben lange nicht so schön!

Das aber bedeutet: Die meisten Ziele werden nicht etwa nicht erreicht, weil sie so unerreichbar wären, sondern weil wir eigentlich doch nicht wollen und von Anfang an nur nach Gründen suchen, warum's *nicht* geht. Dann brauchen wir nicht loszurennen und riskieren keinen Misserfolg. Und wir können die Hände in den Schoß legen und wettern, dass die Welt schlecht ist, statt uns einzugestehen, dass wir faule Hunde sind.

Was willste
überhaupt hier?

Kleiner Rückschwenker zu unserem eigentlichen Thema. Für die Suche nach der passenden Stelle und nach der richtigen Karriere bedeutet das: Frage dich möglichst genau, was du überhaupt werden willst, was dir Spaß macht, wo du erfolgreich und in ein paar Jahren sein willst. Je genauer du das weißt, umso höher wird die Wahrscheinlichkeit, dass deine Zukunft auch eintritt, nicht irgendeine, sondern *deine*.

Man kann das Schicksal bei weitem nicht völlig planen, vieles in der Welt ist schierer Zufall. Aber ich kann dir garantieren: *Alle* erfolgreichen Menschen haben ihm tüchtig, sehr tüchtig nachgeholfen!

Wo steh' ich – wo geht's hin?

Werden wir wieder ganz praktisch: Unter PersonalberaterInnen und BeWerberInnen kursiert dieses mehr oder weniger Unding mit der Standortbestimmung und der Karriereplanung. Offenbar wird von uns erwartet, dass wir andern zeigen, wo sie denn überhaupt sind und wo sie enden. Schwierig, schwierig, diese Fragen.

Das sei wichtig, sagt man, um überhaupt zu wissen, wo man startet. Eine Standortbestimmung birgt die große Gefahr, dass wir uns dadurch stark einengen und definieren, einen Ort mit Grenzen umgeben und uns sozusagen auf den Punkt bringen. Das ist eigentlich das Gegenteil dessen, was ich bisher gepredigt habe: Das Leben vom Ende her denken, von den Möglichkeiten her angehen, von den Zielen sich ziehen lassen, das Hier und Jetzt überschreiten, statt sich auf einen Standort zurückzuziehen und stehen zu bleiben.

BRING DICH NICHT ZU SEHR AUF DEN PUNKT

Wenn wir das jedoch im Sinne einer lockeren Bestandesaufnahme unserer Fähigkeiten, Erfahrungen, Wünsche, aber auch Defizite, Unfähigkeiten, Aversionen machen, dann sei's OK. Dann ist es aber auch keine so große Sache, sondern eher eine Fleißarbeit: Sich mal hinsetzen und alles auflisten, was so da ist und gewesen ist. Mach' wiederum keine Doktorarbeit draus und lass' dich nicht von aufgeplusterten Personalberatern zu irgendwelchen hochtrabenden Hausaufgaben verdonnern. Es bringt nicht viel. Ich rate viel mehr zum Nachdenken über die Zukunft, statt zum Definieren eines imaginären Standortes.

Damit deine Bestandesaufnahme eine tiefgründige Dimension erhält, starten wir mit der galaktischen Sicht der Dinge:

Kleiner philosophisch-astronomischer Ausflug:

Standortbestimmung? Wir kleinen, nackten Affen sausen auf 'ner winzigen, einsamen, blauen Erbse mit einem Affenzahn von 107.208 km/h um eine etwas größere Glühlampe rum. Gleichzeitig wirbeln wir am Äquator mit 1.670 km/h um das blaue Erbsli, im Raum Bodensee sind's immer noch 1.125 km/h. Und dann fetzen wir noch mit satten 900.000 km/h in 230 Millionen Jahren einmal um das 16.000 Lichtjahre entfernte Zentrum Sagittarius A* unserer Galaxis (über den Daumen 9.460.800.000.000 km weit weg). Von wegen Stand und Ort!

Wie wär's mit Zeitpunktbestimmung? Das Universum gibt's seit 13,7 Milliarden, die Erde seit 4,5 Milliarden Jahren, die Sonne hat noch Sprit für 7 Milliarden Jahre. Unsre 80 Jährchen auf der blauen Erbse haben eine so bodenlose Bedeutungslosigkeit, dass noch kein Mensch ein Wort dafür erfunden hat. Warum ich das erzähle? Es macht so unheimlich sorgenfrei, es nimmt allem die übersteigerte Wichtigkeit und den Ernst, es ist die ultimative Helikopter-View. Es zeigt die wahre Erhabenheit des Universums und die unglaubliche Gnade (blödes Wort, aber es ist halt das richtige!), dass es uns überhaupt zu leben erlaubt ist. Wir müssen, ob wir wollen oder nicht, vertrauen, dass schon irgendwas Schlaues rauskommt bei der Geschichte.

Standortbestimmung & Karriereplanung

Weniger Star Trek-mäßig geht's um die nicht mehr ganz so ernste Frage: Wo und wann schwirrst *du* eigentlich rum? Und das kannst nur du beantworten, indem du dir über folgende Fragen gründlich klar wirst. Das Nachdenken darüber macht uns bewusst, wer und was wir geworden sind und wie viel Zeit uns noch bleibt, um was zu werden. Das meiste davon hast du allerdings schon bei der Vorbereitung zum Vorstellungsgespräch erarbeitet:

• Was kann ich wie gut in Sachen Beruf, Sprachen, Fertigkeiten, Ausbildungen, Hobbys.
• Was habe ich bisher gemacht: Die Stationen meines Lebens in Ausbildung und Beruf, aber auch in Sachen Familie, sozialem Umfeld, privat und ganz persönlich.
• Welche Schlüsselentscheidungen haben mein Leben bestimmt und weshalb habe ich so entschieden?
• Was habe ich: Kassensturz in Sachen Geld, Aktien, Erbschaften, Hypotheken, Schulden, Guthaben, Vermögen.

Fertig Standortbestimmung. Echt! Aber ziemlich viel Arbeit. Auf Basis dieser Liste, und jetzt wird's interessant, kannst du Zukunft entwickeln, Pläne schmieden und Projektziele definieren:

• Was will ich noch machen?
• Was will ich noch lernen?
• Was will ich noch werden?
• Was will ich noch haben?

Fertig Zukunftsplanung. Jetzt geht's ran an die Timeline und ans konkrete Realisieren!

Und Karriereplanung? Karrieren kann man nicht planen. Wer das behauptet, fantasiert. Ich hab' noch keine gesehen, die so, wie sie verlaufen ist, geplant war. Ein allzu fest definiertes Ziel engt bloß ein. Zu viele unerwartete Möglichkeiten tun sich ständig auf, zu viele Zufälle bestimmen das Leben. Aber du kannst dem Zufall auf die Beine helfen, indem du möglichst viele Voraussetzungen schaffst für deine Ziele: Lernen, neugierig bleiben, werden, Ziele verfolgen und Spaß am Leben haben. Fertig Karriereplanung!

KARRIEREN KANN MAN NICHT PLANEN

Wenn du dich in deiner derzeitigen Haut jedoch gerade sehr unwohl und unsicher fühlst, wenn du überhaupt nicht mehr weißt, wo dir der Kopf steht und was mit dir anfangen, wenn du absolut keinen Anhaltspunkt mehr dafür hast, wo's langgehen könnte mit dir, dann wird dir mein Galaxis-Geschwätz und diese Schwuppdi-wupps-Analyse auf die Nerven gehen. Denn es gibt viele Lebensbereiche, wo der Schuh gleichzeitig drücken kann, und da musst du schon sorgfältig auskundschaften und explorieren, wo es mit dir wie steht.

Professionelle Persönlichkeitstests

Dann rate ich dir zu einer intensiven Beschäftigung mit dem Thema mit Unterstützung von Profis. Dazu gibt's staatliche oder private Berufs-, Personal- und Laufbahn-BeraterInnen, und es gibt PsychologInnen und persönliche Coachs.

Die in dieser Branche tätigen Personen und die angewendeten Methoden sind jedoch nicht über jeden Zweifel erhaben. Krethi und Plethi nennt sich heute Berater und erfindet irgendeinen schönen tiefsinnigen Test mit prima Diagrammen, die dir dann um die Ohren gehauen werden, heute alles oft noch gefährlich durchsetzt mit esoterischem Tingeltangel von Traumdeutung über Astrologie bis zum Hühnerknochenwerfen. Also sei vorsichtig und lass' dich nicht auf Firlefanz ein, der dich noch mehr verwirrt und plemplem macht. Ich habe so viele Broschüren und Bücher darüber gelesen, dass mir ganz schwindlig geworden ist dabei. Wollte zuletzt um ein Haar in eine Ufo-Sekte eintreten...

Im Ernst: Die aussagekräftigsten und professionellsten Mittel sind meines Erachtens wissenschaftlich abgestützte psychologische Tests und Fragebögen, mit denen so ziemlich jede Dimension deiner Psyche und deines Lebens *vermessen* und mit einer großen Anzahl anderer Menschen verglichen werden kann. Dann weißt du wirklich, wo du stehst – nicht im Universum, aber hier hernieden in dieser Welt. Solche so genannten diagnostischen Tools gibt's für ziemlich alles: Intelligenz, Gedächtnis, Persönlichkeit, Berufsinte-

ressen, Lebenszufriedenheit, jede psychische Schwierigkeit oder Krankheit. Sie sind auf jeden Fall die zuverlässigsten und erprobtesten Werkzeuge, um dir bewusst zu machen, was los ist mit dir und deinem Leben.

Solche Tests bestehen meist aus einem Fragen- oder Aufgabenkatalog, den man zu beantworten respektive zu lösen hat. Heute gibt's die Dinger meistens schon auf Computer und man muss sich nur noch mit der Maus durchklicken statt Kreuzchen zu malen.

DER KLARE BLICK IN DEN SPIEGEL

Mir persönlich jedenfalls haben solche Tests – und ich habe ganze Batterien davon gemacht – immer die halbgeschlossenen Augen geöffnet und mir einige Dinge in aller Klarheit auf dem Silbertablett serviert, die ich zwar eh schon irgendwie ahnte, aber nicht so klar und deutlich wusste. Das hat enorm geholfen, mich zu positionieren, bestehende Probleme deutlicher zu erkennen und zu lösen, mich selbst besser einzuordnen und nicht in die falsche Richtung zu marschieren.

DA KANNSTE AUCH GLEICH HOROSKOPE LESEN...

Empfehlenswert ist z.B. das weit verbreitete Hogrefe-Testsystem. Unter www.hogrefe.de kannst du dir einen Vorgeschmack einholen, was für Tests es gibt und wie sie funktionieren. Ich warne ausdrücklich vor rein kommerziellen Tests, die unwissenschaftlich zusammengestiefelt und auf Hochglanzpapier mit großem Brimborium vermarktet werden. Die Ergebnisse solcher Tests sind weder zuverlässig noch aussagekräftig und haben deshalb meistens keinerlei praktischen Nutzen für dich.

Mindmaps

Eine sehr gute Methode scheint mir auch die Erstellung von Mindmaps. Kennst du, oder? Ein zentrales Lebensthema in die Mitte eines Blattes schreiben, z.B. *Mein Leben heute* und dann an Ästen die Unterthemen wie Beruf, Partnerschaft, Familie, Hobbys, Geld, Käptn, Schorsch etc. bis in die feinsten Verästelungen entwickeln. Das schafft ungemein Struktur, Übersicht und Klarheit. Solche Themen-Mindmaps kannst du immer wieder mal zur Hand nehmen, überprüfen und ergänzen. Mach' ein paar Mindmaps zu Fragen wie: *Alle meine Probleme auf einen Blick, Das will ich noch erreichen, Meine Bar in Sydney, Das könnte ich noch werden, Mein Traumpartner* etc. Oft gehen einem beim Schreiben einige Lichter auf. Ganz wirkungsvoll wird's, wenn du die Highlights noch mit Bildern illustrierst, dann bleibt's besser hängen.

Festschreiben oder werden

Die Gefahr bei allen Standortbestimmungen ist die, dass du dich festschreibst und festfährst. Du meinst dann, du seist unwiderruf-

lich so und nicht so, könntest x, aber nicht y, du seist für a und b geeignet, aber nie für c. Das ist bedenklich. Denn Menschen werden, lernen und entwickeln sich unentwegt. Sogar den IQ kann man durch Training verändern, vom Gedächtnis ganz zu schweigen. Wer mal ein hässliches Entlein war, wird plötzlich ein Schwan, wer mal von der Schule geflogen ist, kriegt den Nobelpreis etc. Also Vorsicht mit der Standortbestimmung. Nur als Hilfsmittel gebrauchen, niemals als Schicksalsvorhersage, gell!

Horizonterweiterung

Bei all der Standort-Bestimmerei, Zukunfts-Planerei und Ziele-Setzerei wird mir immer ein bisschen Angst, weil das Leben so definitiv definiert und damit eingeschränkt wird. Und meistens erliegen wir dem immer gleichen Fehler, dass wir uns dabei immer wieder das gleiche Bein stellen und über unsere immer gleiche Nasenspitze nicht hinaussehen wollen. Deshalb fast zum Schluss noch dies:

HINTER'M HORIZONT
GEHT'S WEITER –
VIEL WEITER

Unser Horizont ist eine Kreislinie, die etwa 5 km von uns entfernt ist, wenn du 1,80 m groß bist und auf einer glatten Platte wie etwa Holland stehst. Das heißt, fast 100 Prozent des Landes, das es gibt auf der Welt, siehste nicht von dort, wo du stehst. Aber: Hinter'm Horizont geht's weiter – viel weiter. Das ist nicht gerade 'ne Weisheit, aber es ist wieder mal unheimlich wahr.

Wer keinen oder nie den richtigen Job findet, der hat vor allem ein Problem: Er sucht vor seiner Nase und nur dort. Er denkt, in seinem Garten müssten alle Blumen der Welt wachsen, aber das tun sie nicht. Die meisten Stellen werden nicht gefunden, weil wir nicht wirklich danach suchen, jedenfalls nicht am richtigen Ort und nicht auf die richtige Weise.

Horizonterweiterung 1: Geografische Mobilität

Wenn der Berg nicht zum Propheten kommt, dann geht eben der Prophet zum Berg. Ein Geschichtchen zum Thema Mobilität:

Ein Seminarteilnehmer war Geometer in Lützelflüh, einem kleinen Kaff im Schweizer Emmental. Sehr idyllisch! Kühe, saftige Wiesen, Gemsen und Schokolade überall, jajaja! Und er suchte seit Monaten vergeblich Arbeit – in der Gegend von Lützelflüh, kein Witz. Wer das Plätzchen kennt, weiß, dass es da nicht mal eine Gegend gibt. Und er wunderte sich, dass er keine Anzeige in der Zeitung fand: »Gesucht: Geometer in Lützelflüh.« Er schimpfte auf die Welt, die Konjunktur, die Nationalbank und war bitter und böse. Und unser Seminar wäre eh für nix und ich ein Schwätzer usw.

Und die Moral von der Geschicht':

• Wir brachten ihn dazu, den Aktionsradius auszudehnen – war eine ziemliche Tortur.

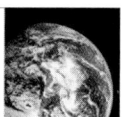

- Schon in der Nachbargemeinde Sumiswald gab's ein Büro.
- Noch ein paar Kilometer weiter liegt Bern (tse!), da gab's schon 50 mögliche Adressen. Und das Bahn-2000-Projekt, eine Riesenbaustelle, lief gerade an.
- Und in der Schweiz und Deutschland gibt's wohl mehrere tausend Arbeitgeber für GeometerInnen.
- Und noch weiter: In Westeuropa wird der Bedarf an Geometern in die zig-tausende gehen.
- Und in Osteuropa, in den USA, in China! Und erst in Entwicklungsländern?
- Und dann der Mars oder Betelgeuse...
- Uäää: Und die Kinder, und das schöne Häuschen und die Gartenzwerge und meine Basilikumstaude und und und...

Andere Erfolgsstorys: Einer unserer Mitarbeiter ist aus dem eben erst gebauten Haus und zwei Kindern von Deutschland in die Schweiz und dort ins Emmental (nicht Lützelflüh, aber fast) gezogen. Haben alles stehen lassen und sind jetzt dort. Und leben ebenfalls noch. Und haben die Arbeitsbewilligung gekriegt. Und er hat jetzt als Ausländer in der Schweiz sogar 'ne eigene Firma aufgemacht. »Wir können ja in ein paar Jahren wieder zurück, wenn wir Lust haben.«

Einen hab' ich noch: Ein Verwandter ist mit seiner Frau und 4 (in Worten: vier!) Kindern für ein paar Jahre nach Bhutan ausgewandert! Echt wahr! Sie werden es nicht glauben: Auch diese Kinder leben noch! Und wie! Und was haben die erlebt und gelernt und gesehen. Sagenhaft! Die haben für's Leben eine phantastische Erfahrung gemacht, die sie nie mehr missen wollen!

ES MUSS JA NICHT GLEICH DAS EMMENTAL SEIN

Es muss ja nicht gerade Bhutan oder das Emmental sein. Und ich sage nicht, dass es leicht ist, Vertrautes loszulassen. Aber: Erweitere deinen Aktionsradius, wenn's vor der Haustür nix gibt! Denk' nicht, woanders wäre es weniger schön als zu Hause. Es ist mindestens genauso schön, nur anders. Aber ein Wohnortswechsel belebt, hält jung, aufnahme- und anpassungfähig. Man lernt was und wird nicht trantütig. Je mehr du aufmachst, desto mehr Lösungen eröffnen sich dir – is' ja logisch!

Erweiterung 2: Du bist nicht, du wirst.

Ich kenne kaum einen Menschen, der mit 30 oder 40 noch das ist, was er mit 15 gelernt hat. Alle sind was anderes geworden. Heute wechselt man den Beruf im Laufe des Lebens wie Autos, das ist

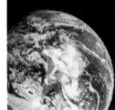

normal. Früher waren 30 Jahre im selben Betrieb an der gleichen Stelle ehrenvoll, heute ist's ein Zeichen von Dumpfbackigkeit. Es ist nicht normal, immer gleich zu bleiben. Menschen werden! Kommt noch dazu, dass es kaum einen Menschen gibt, von dem die anderen das gleiche halten, wie er von sich selbst. Menschen sind eben sehr facettenreich, vielschichtig, tiefgründig und undefinierbar. Deshalb auch zu fast allem fähig, wenn sie sich selbst nicht zu sehr einengen. Dazu eine kleine, wahre Geschichte:

Ein Seminarteilnehmer war Forscher im Bereich Humanimmunologie, was immer das ist, jedenfall ein hoch spezialisierter Wissenschaftler. Er kenne seine potenziellen Arbeitgeber, sagte er: »Ein Forschungslabor sitzt in London, eins in Brüssel, eins in Wien und ein paar in den USA. Die hab' ich alle schon angefragt. Is' nix. Und er ließ vermeintlich zu Recht den Kopf hängen und war sehr zerknirscht.»Alles aussichtslos, ich bin am Ende«, war seine unentwegte Rede, und er umgab sich mit schwarzer Verzweiflung!

Ein Kursteilnehmer hörte aufmerksam zu. Das kam ihm irgendwie bekannt vor: »Immonilogie, Viroligie oder so. Ich hab' doch da einen Onkel, der macht so was.« Und er ging hin und fragte seinen Onkel, der ein hochspezialisiertes Forschungslabor im Bereich Veterinärimmunologie betrieb. Der suchte verzweifelt Know-how aus der Human-Ecke, fand aber niemanden. Er hatte auch nie ein Inserat gemacht, wäre ja völlig aussichtslos gewesen.

Sie werden's nicht glauben: Die beiden fanden sich. Und das Labor ist ausgerechnet im gleichen Quartier, in dem unser Humanimmunologe wohnte. Er konnte nachher zu Fuß zur Arbeit gehen.

Die Geschichte ist *nicht* erfunden. Und die Moral:

- Wäre er nicht arbeitslos geworden, dann
  hätte er keinen Kurs besucht.
- Hätte er dort seine Geschichte nicht erzählt,
  dann wäre diese Traumlösung nie zustande gekommen und er
  wäre vielleicht zum Sozialfall und Säufer geworden.
- Ein kleiner Gedankensprung von der Human- zur Veterinär-
  Immunologie war die Lösung, die zwar auf der Hand lag, vor
  der Nase, im gleichen Quartier, und doch so unsichtbar.

Das bedeutet erstens: Auch wenn dir etwas völlig aussichtslos erscheint, du keine Lösung aus einer Situation siehst: Es gibt zu jedem Problem 1.000.000 Lösungen, Abermillionen. Aber man muss sie suchen, der Welt etwas nachhelfen, den Dingen Zeit lassen, sich zu offenbaren (klingt richtig biblisch), drauflosgehen, dann gehen die Türchen auf, märchenhaft viele.

Das bedeutet zweitens, dass du manchmal einen beruflichen Schlenker bis hin zum völligen Berufswechsel machen musst. Das ist zwar ein bisschen gefährlich, aber spannend und kann dich weit nach vorne katapultieren im Leben.

Und drittens: Ein Metzger ist nicht einfach und für alle Zeiten einer, der hinter des Metzgermeisters Ladentheke steht. Er ist auch Wurster, Schlächter, Verkäufer, Nahrungsmittel-Spezialist, irgendwie auch Dekorateur, Ästhet, vielleicht auch Entwicklungshelfer, Berater, Metzgerei- und Schlachthaus-Technologie- und Einrichtungs-Berater. Wer Tiere auseinandernehmen kann, kann sie vielleicht auch gut wieder zusammensetzen, also leicht Tierpräparator werden. Denk' nicht in zu kleinen Rahmen, die Welt ist *riesengroß*. Und deine Möglichkeiten sind unendlich.

Erweiterung 3: Ein Spielchen zum Dessert

Ein Denkspielchen hat mich in diesem Zusammenhang einmal schwer beeindruckt. Es geht so: Mache aus einem Quadrat vier gleiche Teile. Wie viele Lösungen gibt's?

Probier's aus, erst dann blättern! Ein paar Lösungen findest du auf der übernächsten Seite.

Du hast bestimmt schön brav mit deinem Bleistift angefangen, gerade Striche in das Quadrat zu malen, von den Ecken oder Seitenmitten durch den Mittelpunkt. Möglicherweise bist du dann

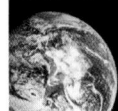

schon ins Stocken geraten. Es gibt viele, die hier schon aufgeben und behaupten, es gebe keine weiteren Lösungen mehr.

Sobald du aber die fixe Idee aufgibst, die Geraden müssten in den Ecken oder Seitenmitten enden, dann kannst du geometrische Figuren wie L's etc. ausschneiden. Probier's ein bisschen. Es gibt noch viele! Oder du kannst, und jetzt wird's interessant, die Linien im Mittelpunkt, wo sie sich schneiden, drehen. Und siehe da: Da hast du schon mal eine erste unendliche Serie von Lösungen.

Sobald du die fixe Idee aufgibst, die Striche müssten Geraden sein, kannst du jede irgendwie geformte Linie von einem Eck in den Mittelpunkt ziehen und, dreimal gedreht, in jede andere Ecke legen. Davon gibt's unendlich viele. Jede dieser Linien lässt sich wieder unendlich fein drehen. Da staunste, was?

Sobald du die fixe Idee aufgibst, du dürftest nur mit vier Linien arbeiten, kannst du auch Förmchen (Herzchen, Sternchen, Bärchen etc.) in die Teile reinmalen. Wer hat gesagt, das dürfe man nicht?

Und wer hat gesagt, es dürfe kein Rest bleiben? Es hieß nur: »*Mache* vier Teile.« Steht nicht da, also: Zeichne einen Kreis oder ein Quadrat in dein Quadrat, gibt vier gleiche Teile!

Wir können die Sache noch weitertreiben, aber dann wird's ein bisschen *fantasy*: Sobald du die fixe Idee aufgibst, du dürftest nur mit Papier und Bleistift arbeiten, wovon nie die Rede war, kannst du mit verschiedenen Stiften, Pinseln, Schere etc. was machen und mit Farben, Ton, Stroh oder Klebstoff Varianten erfinden.

Sobald du die fixe Idee aufgibst, *gleich* bedeute *deckungsgleich* oder *gleich groß*, kannst du x vier völlig verschiedene Dreiecke aus x einem Quadrat ausschneiden. Die Gleichheit besteht dann im Dreiecksein. Gleichheit kann auch nur im Material, der Farbe, im Klang beim Anschlagen, der Rauigkeit, im Gewicht etc. liegen.

Sobald du die fixe Idee aufgibst, du müsstest mit *diesem* Papier-Quadrat was machen, dann kannst du x eins nehmen, eins aus Holz, Metall, Styropor, was weiß ich. Denn es steht dort nur: *ein* Quadrat, nicht *dieses* Quadrat.

WIE VIEL MAL IST
UNENDLICH MAL
UNENDLICH?

Das Spielchen könnt ich noch weitertreiben bis zum Abwinken. Hättest du am Anfang so viele Lösungen wirklich erwartet? Du wirst vielleicht bloß auf eine endliche Zahl von Lösungen gekommen sein. Vielleicht hast du auch ein paar unendliche Lösungsserien wie die Drehungen entdeckt. Aber es gibt, und *nur das* ist die Wahrheit, *unendlich mal unendlich* viele Möglichkeiten, und das ist wirklich eine unerhört große Zahl.

Jede Unendlichkeit, die du nicht entdeckt hast, liegt an den Beschränkungen, die du dir selbst auferlegt hast, denn in der Aufgabe stand nichts davon. Ich hör' schon wieder deinen Käptn, der

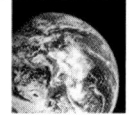

da protestiert, dass zum Beispiel das Ausschneiden von Förmchen nicht gilt und Kinderkram ist. Dann hat er wieder mal unrecht, denn es steht nirgends, dass das nicht gilt. Dein Protest zeigt nur, welche stillschweigenden Normen für diese Art Rätsel du in deinem Kopf hast und nicht aufgeben willst. Man darf sich nicht überlegen, wie viele solche selbst gebastelten, unbewussten Gefängnisse im wahren Leben wirken!

Ist das nicht ein unglaubliches Spielchen? Soooowas von weise! Eine wahre Offenbarung. Ich glaub', der Mathematiker Edouard de Bono hat's erfunden, aber nicht so ausgereizt wie wir hier.

ICH KANN NICHT,
ICH DARF NICHT,
ICH BIN NICHT...

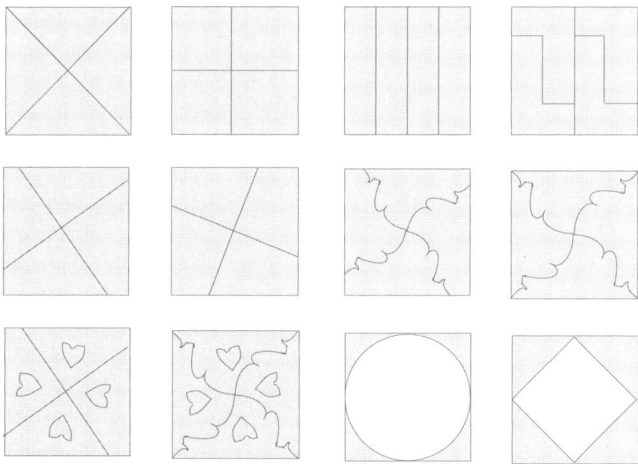

So viel zum Thema Horizonterweiterung. Ich habe das deshalb so breit getreten und fast an den erhabenen Schluss gestellt, weil es so wichtig ist. Und weil mir gerade in schwierigen wirtschaftlichen Zeiten dieses »Das geht sowieso nicht!« und jenes »Es gibt keine Möglichkeit mehr, ich hab' alles probiert« ununterbrochen serviert wird. Niemand hat jemals alles probiert! Die Welt ist immer viel größer, als wir auch nur ahnen können.

Und damit sind wir am Schluss der Geschichte, die ich mit einem großen Schlusswort abschließen will:

Du bist genau der Mensch, der du bist

Wir schwenken langsam ein auf die Zielgerade. Du, meine Liebe und mein Lieber, die du bis hierher gelesen hast, bist das einzige Wesen, das aus den beiden Augen in deinem Kopf in diese deine Welt hineinschaut. Keiner außer dir guckt da durch und keiner wird je da durchgucken. Nur du! Du bist auch das einzige Wesen, das an dem Ort ist, an dem du gerade bist, das deine Geschichte hat und das so ist wie du. Du bist der einzige Mensch, der von deiner Geburt bis zu deinem Tod bei dir bleibt.

Du hast in diesem Moment *absolut* keine Möglichkeit, irgendjemand anderes, irgendwann oder irgendwo anders zu sein als ebengerade *hier* und *jetzt*. Werden kannst du vieles, aber sein tust du allein du selbst, nicht mehr und nicht weniger. Du bist einer der Abermilliarden von Versuchen, die das Leben auf dieser Welt unablässig ausprobiert. Du hast *absolut keine andere Wahl*, als dieser Versuch zu sein, der du bist, ihn zu akzeptieren und das draus zu machen, was drinliegt. Zu *werden*!

Das hört sich vielleicht sonderbar an, weil es so selbstverständlich ist, aber es ist unerhört wichtig: Denn wie viel Zeit unseres Lebens verschwenden wir damit, uns zu wünschen, irgendwo anders zu sein, als wir gerade sind, z.B. am Strand, oder jemand anderes zu sein, als wir gerade sind, z.B. Britney Spears (Quiek!), oder ganz anders gelebt zu haben oder in Zukunft zu leben, als wir es getan haben und vielleicht tun werden. Dieses sich ständig aus dem Hier und Jetzt und aus sich selbst Fortwünschen ist wohl das allerunsinnigste Wünschen, das es gibt, denn es wünscht das Unmögliche! Es macht nicht – schwups – und wir sind jemand anderes. Nie! Du bist du selbst, aber du wirst nicht ewig gleich bleiben!

Wenn man das einmal richtig kapiert hat, dann wird man auf einmal seelenruhig. Denn alles hadern, vergleichen, wünschen, zeter- und mordioschreien, es nützt nichts. Du bleibst, der du bist, wie sehr du auch rumplärrst. Aber *werden*, meine Lieben, *werden*, können Menschen unheimlich viel, wirklich fast *alles*!

Jede noch so weite Reise irgendwohin fängt irgendwann mit dem ersten Schritt an. Und den machen wir immer nur als der Mensch, der wir sind, von *hier* und *jetzt* aus. Hier und jetzt sind der einzige Ort und die einzige Zeit, die's *wirklich* gibt und wo wir *wirklich* sind, sonst gibt's nichts. Das vergessen wir so oft. Wir haben die Mög-

ZU DEN
AUSSICHTSLOSESTEN
UNTERFANGEN GEHÖRT
DER VERSUCH,
VOR SICH SELBST
DAVONZULAUFEN

RAYMOND CHANDLER

lichkeit, uns selbst zu akzeptieren, wie und was wir sind. Und einfach anzunehmen, wie wir sind, was wir sind, wo wir sind. Ohne wenn und aber, ohne Wertung, ohne Hadern, Wut und Zorn. Denn es ist weder gut noch schlecht, wer wir sind, sondern wir sind einfach. Virginia Satir, eine sehr weise Psychologin, sagte das so:

Ich bin ich. Nirgendwo gibt es jemanden, der genau so ist, wie ich. Einige Menschen sind mir in Einzelheiten gleich, aber niemand ist ganz so wie ich. Alles an mir gehört zu mir: mein Körper und alles, was er tut – mein Geist mit all seinen Gedanken und Ideen – meine Augen mit allen Bildern, die sie sehen – all meine Gefühle, Ärger, Freude, Frustration, Liebe, Enttäuschung, Erregung – mein Mund und alle Worte, die er spricht, höfliche, harte oder grobe, wahre oder falsche – meine Stimme, laut oder leise und alles was ich tue in Bezug auf andere oder auf mich selber.

Weil das alles zu mir gehört, kann ich mich selber genau kennen lernen. Wenn ich das tue, kann ich mich lieben und freundlich sein zu allen Teilen meiner Person. So kann ich es möglich machen, dass sich alles in mir zu meinem Besten entwickelt. Ich weiß von Seiten an mir, die mich verwirren, und ich weiß, dass ich Seiten habe, die ich noch gar nicht kenne. Solange ich jedoch freundlich und liebevoll bin zu mir selbst, kann ich mutig und voller Hoffnung sein. Wie immer ich aussehe, was immer ich sage oder tue, was immer ich denke oder fühle: Das bin ich. Das bin ich und zeigt mir, wo ich in diesem Moment stehe. Ich kann sehen, hören, fühlen, denken, sprechen und handeln. Ich habe alles, was ich brauche, um zu überleben, um anderen nah zu sein, um schöpferisch zu sein und die Welt um mich herum sinnvoll zu gestalten. Ich gehöre mir selbst, darum kann ich mich gestalten. Ich bin ich und ich bin wertvoll.

Du bist der Mensch, der du wirst!

Schön, gell? Und beruhigend. Und einfach. In deinem Leben Regie zu führen, zu werden, dich gestalten, das ist die Herausforderung!

Fertig, mehr hab' ich nicht zu sagen. Zumindest heute nicht! Ich wünsch' dir jedenfalls alles Gute, viel Erfolg im neuen Job und in deinem Leben, das wiederum hier und just gerade eben beginnt.

Und tschüss! Christoph.

Jetzt kommen die Beispiele

Hier findest du ein paar wenige Beispiele von Anschreiben und Lebensläufen, so im Sinne von DOs & DON'Ts, wie man's gut oder schlecht machen kann. Du wirst den Unterschied deutlich spüren, vor allem, wenn du mit den Augen des Personalmenschen liest.

Frank Gruyère
Dahlienweg 66
CH – 2540 VILLARS
+41 (0)32 652 50 66
+41 (0)79 456 78 90

NAVIGAS AG
zHv Frau Recrutti
Bolligenstraße 52
CH–3006 BERN

Stellenbewerbung

Sehr geehrte Frau Recrutti,
als Beilage sende ich Ihnen mein Dossier.
Wie bereits im Internet erwähnt, bewerbe ich mich um die Stelle als Verkäufer oder um eine andere herausfordernde Stelle.

Mit freundlichen Grüßen
Frank Gruyère

Innerer Dialog des Personalmenschen

Welch' seltsame Darstellung, ziemlich unorthodox und un-ästhetisch, gar nicht schön. Verschiedene Zeilenabstände und Schriftgrößen, alles so zusammengequetscht. Und was schreibt er uns da? Die halbe Seite ist leer, da hätt's noch so viel Platz, hat er uns nix zu sagen?

Und dann will er Verkäufer werden oder sonst irgendwas. Weiß der nicht, was er will? Braucht der einfach nur irgend-einen Job? Keine Begeisterung spürbar für unsere Firma, diesen Job, der will einfach nur irgendwo Kohle machen.

Was ist das für einer? Der Brief ist voller Langweiler. Eher an Konventionen orientiert, nicht sehr authentisch, keine Eigen-leistung ersichtlich, kein Sinn für's Detail. Wohl eher ein simp-ler, langweiliger, trockener, total praktischer Mensch, ein Mi-nimalist, der sich kaum Mühe gibt außer für's Allernötigste. Wenn der so arbeitet! Der ganze Brief wirkt angeödet, als würd' ihm die Bewerberei total auf den Nerv gehen.

Und als Verkäufer fehlt ihm die Herzensfrische, die Men-schenfreundlichkeit, die Überzeugungskraft. Wenn der bei uns so knochentrocken verkauft wie er sich selbst, halleluja!

Kommentar

Herr Gruyère ist leider schon mit diesem Brief durchgefallen. Ziemlich klar, oder? So ein bisschen Mühe machen muss man sich schon, wenn man sich bewirbt. Was sag' ich: Man muss sich richtig ins Zeug legen.

Warenhaus Frankenbach & Co.
zHv Herrn Hirsbrunner
Monbijou-Allee 12
3001 Bern

Bern, den 17. Mai 2005

Sehr geehrter Herr Recrutti,

mit Interesse und großer Freude habe ich am Mittwoch und am Donnerstag im Inserat im BUND respektive auch in der BERNER ZEITUNG gelesen. Ich muss sagen, Ihre Ausschreibung hat mich spontan sehr angesprochen, sowohl von der hübschen Aufmachung als auch vom interessanten Inhalt her. Und Ihre Firma ist in unseren Kreisen ja bestens bekannt. Ich bewerbe mich also hiermit um diese hochinteressante Position und würde mich sehr freuen, wenn Sie etwas Zeit fänden, meine Unterlagen wohlwollend zu prüfen.

Zu meinem Werdegang: Ich wurde vor 43 Jahren als Tochter der Anna-Dorothea Appenzeller geb. Weser und des Otto Appenzeller geb. Mörker als drittes von vier Kindern geboren. Unser Vater war einer der letzten Landwirte in Bümpliz und so besuchte ich die Primarschule und die Sekundarschule daselbst.

Nach reiflicher Überlegung entschloss ich mich, eine kaufmännische Lehre anzufangen, und ich hatte Glück, in der Firma Gebr. Mogris in Schönbühl eine Lehrstelle zu finden.

(... + eine ganze weitere Seite Fließtext von Hochzeit bis Kindersegen.)

Mit vorzüglicher Hochachtung

Henriette Appenzeller

Innerer Dialog des Personalmenschen

Oh, was für ein langer Brief, da hab' ich ja was zu tun. Erste Zeile nix, zweite Zeile nix, dritte Zeile nix, vierte Zeile fast nix, immerhin findet sie uns *hübsch* und *interessant*, is' ja nett, Zeile fünf nix, Zeile sechs, immer noch nix, außer dass sie sich bewirbt, hab' ich mir fast schon gedacht, Zeile sieben und acht, ich soll die Unterlagen *wohlwollend* prüfen, na, bin ich wohl noch wohlwollend?!?

Oh je, jetzt kommt's aber langfädig! Was interessiert mich die Frau geb. Weser, ihre drei Geschwisterchen und der uralte Bümplizer Bauer Appenzeller? Was isse denn von Beruf? *Daselbst*, was für ein oller Ausdruck, ging sie wenigstens in die Schule und die Lehre. Gott-o-gott, sie ist doch schon 50, wenn das so weitergeht, les' ich morgen noch!

Die gute Frau mag ja ganz nett sein, aber was interessiert mich das alles. Worum geht's denn hier überhaupt, wer ist das, was will Sie von mir?

Kommentar

So ging es weiter. Geschlagene anderthalb Seiten Roman über jeden kleinsten Schritt von der Hochzeit über die Niederkünfte bis zu den verschiedenen Flirts mit diversen Firmen. So geht das nicht. Ich wette, diesen Brief würde kaum ein Personalmensch ganz durchlesen ohne sich aufzuregen oder bestenfalls zu schmunzeln.

Also so nicht.

Innerer Dialog des Personalmenschen

Was für eine krakelige Schrift, Himmel, kann ich das überhaupt lesen? Heute gibt's doch Computer und Drucker! Scheint 'ne ziemlich antiquierte Person zu sein.

Die hat sich ja überhaupt keine Mühe gegeben. *Es meldet sich der Hobby-Grafologe und -Astrologe:* Ziemlich unregelmäßig und schludrig, eine unordentliche, unsorgfältige, fahrige Person; sieht man ja sofort als Profi. Und dann sind die Buchstaben manchmal schief nach hinten, wahrscheinlich ein Skorpion Aszendent Grashüpfer. Und dann diese langen g-Schlaufen nach unten, sehr triebhaft.

Außerdem heißt's nicht *Bewebugs*, sondern *BeweRbuNgs*, nicht *Erfehgen*, sondern *ErfAhRUNgen.* Und wie die das *B* schreibt, sehr verdächtig....

Wie heißt die Dame überhaupt: Maultur, Misleur, Mumpler?

Und außerdem, Herrgott nochmal, heiß' ich *Recrutti* und nicht *Hirsbrunner.* Der ist doch längst pensioniert und vielleicht schon tot. Himmel! Ich bin jetzt der Personalchef.

Kommentar

Frau Unleserlich erscheint mit diesem Fetzen in einem sehr schrägen Licht. Das mit der handschriftlichen Bewerbung ist nun mal endgültig vorbei. Man kann's nicht lesen. Und wer noch keinen Computer hat, muss sich schleunigst einen besorgen und üben. Vom dürftigen Inhalt des Briefes ganz zu schweigen.

Varmicippio Gorbelonede
Abruzzenweg 12
CH – 1212 Monteceneri

Monteceneri, 12.2.05

NAVIGAS AG
zHv Frau Recrutti
Bolligenstraße 52
CH–3006 BERN

Sehr geehrte Damen und Herrn

Ich schreibe Ihnen da ich ein Dauerstell als Programmierer suche, meine Erfahrungen von 12 Jahren mit PC's und anderen Grossystemen wie auch Software mässig, bringen mir Möglichkeiten selber ein Studium zu hause zu führen.

Daher bin ich sehr motivierend und dickköpfig um so eine Branche zu erforschen, da es mein Traumjob entspricht.

Das interess auf eine Schule ist sehr gross, da ich noch keine Möglichkeit hatte professionelle Erfahrungen zu bekommen, aber habe alle mögliche Software mit denen ich arbeite wie zum Beispiel: Visual Studio 97, Office Prof., 3D Studio, CD Brenner, unsw.

Ich hoffe mit diesen angaben ihnen dienen zu können, ich wäre ab sofort frei da ich Momentan keine Arbeitstelle habe.

Leider habe ich die Arbeitszeugnisse verloren, als ich mich mit meiner Frau trennte, wenn sie fragen haben stehe ich gerne zur Verfügung. In der Hoffnung von Ihnen zu hören, verbleibe ich mit herzlichen Grüssen.

Varmicippio Gorbelonede

Innerer Dialog des Personalmenschen

Ich heiße Recrutti, verd... nochmal, nicht Damen und Herren. Aber naja, OK. Schauen wir mal.

Was? Wie bitte? PCs sind keine Großsysteme. Was? Halleluja! *Dickköpfig* will er uns erforschen. *Gröhl*. Naja, ein Ausländer, wahrscheinlich ein lieber Italiener. *Schmunzel*. Keine Zeugnisse. Die Ex-Frau hat sie und rückt sie nicht raus. Wahrscheinlich Riesenkrach, der Arme. Oh Gott, was soll ich denn mit dem anfangen, so ein armer Kerl. *Trotzdem hämisch grins*. Ziemlich verkrachte Existenz, der findet nie seinen Traumjob.

Ich brauch' doch einen fähigen Programmierer. Wenn er wenigstens ein bisschen Deutsch könnte usw.

Kommentar

Das soll keine ausländerfeindliche Attacke sein, ganz im Gegenteil. Wenn Sie der Sprache des Landes, in dem Sie wohnen, nicht ganz mächtig sind, dann lernen Sie sie schleunigst. Lassen Sie sich so wichtige Dokumente wie Ihre Bewerbung *immer* von einem befreundeten Muttersprachler korrigieren. So nimmt Sie niemand. Das Handicap Ausländer ist eins, aber dann noch ohne Sprache und Erfahrungen...

Dabei hätte unser Varmicippio vielleicht sogar einiges drauf, aber wie soll man das erkennen? Er wird mit diesem Brief auf keinen Fall, nie und nirgend die erste Hürde nehmen. Die Hoffnung, vom Personalmenschen zu hören, ist begründet: Er hört von ihm durch den sicheren Absagebrief.

Anmerkungen zu den Beispielen

Thomas Quarks S. 233

Eine gut gestaltete Seite, eine werbewirksame Zusammenfassung als Einstieg und dann übersichtliche Informationen zum Werdegang. Schöne Schrift, schönes Papier, was will man mehr.

Berta Mascarpone S. 234

Ebenfalls schön gestaltete Seite mit moderner, eigenwilliger Schrift. Knappe, aber intensive Informationen zum Werdegang. Alles auf einem Blatt.

Stephan Musterer S. 235

Eine glasklare Variante, der Personalmensch findet sich sofort zurecht; gut strukturiert, übersichtlich und informativ; in seiner Sachlichkeit für einen Informatikerjob sehr werbewirksam.

Maya Appenzeller S. 237

Eine junge Frau sucht eine Lehrstelle als Schreinerin. Sie findet eine, weil sie in allen möglichen Betrieben ein Praktikum macht und dann eine solche Bewerbung schreibt: Das Layout, in Farbe gedruckt auf blassgelbem Papier, ist für den Schreinerjob sensationell, der Brief gewagt, eigenwillig und positiv frech, der CV für jemanden ohne Erfahrungen sehr gehaltvoll und werbewirksam.

Freddy Müller S. 241

Für Spezialisten machen sich solche Tabellen sehr gut. Sie müssen allerdings so übersichtlich und aussagekräftig sein wie die von unsrem Freddy hier.

Thomas Quarks

- Dipl. El. Ing. Fachhochschule Frankfurt

- Dreieinhalb Jahre Praxiserfahrung als »Network Security Engineer«

- Sehr gute Erfahrungen in der Beratung von Kunden, KMUs und Großunternehmen

- Breite Erfahrungen in Präsentationen durch Trainings, Verkaufsschulungen, Kundenevents

- Offen für Neues, kommunikativ, positiv denkend

Beruflicher Werdegang

Deutsche Telecom Network Security Engineer
Jan. 97 – Okt. 03

- Mitentwicklung & Projektleitung des Firewall Services Konzern

- Verfasser & Referent für den internen Kurs »Safety & Security«

- Regelmäßiger Trainer der internen Helpdesk- und Implementations-Teams

Thomas Quarks
Rosenchaussee 12
60485 Frankfurt
am Main
Tel. 069 34 56 78
Fax 069 345 56 78

t.quarks@aol.de

BERTA MASCARPONE

PERSÖNLICHE ANGABEN

- Berta Mascarpone
- Geburtsdatum: 30. Februar 1985
- Dalmaziquai 223 3007 BERN
- Telefon: 031 333 80 86
- Handy: 079 744 31 93
- berta.mascarpone@navigas.ch
- ledig

SCHULBILDUNG

- 1991 – 1998 Primarschule Rossfeld, Bern
- 1998 – 2002 Realschule Bern
- 09/03 – 05/05 Feusi, Bern: Ausbildungsbeginn FA Buchhalterin

SPRACHEN

- Französisch Mündlich Leichte Konversation
  Schriftlich Privatbriefniveau
- Englisch Mündlich Verhandlungsniveau
  Schriftlich Korrespondenzniveau

BERUFLICHER WERDEGANG

- 07/99 – 09/01 Rehai AG, Grumlingen **Kaufm. Angestellte**
  Fakturierung und Mahnwesen auf SAP R/3, administrative Unterstützung der Chefbuchhalterin, v.a. Powerpoint-Präsentationen, Word-Dokumente, Excel-Kalkulationen
- 10/01 – heute Rehai AG, Grumlingen **Buchhalterin**
  Gesamte Debitoren- & Kreditorenbuchhaltung auf SAP R/3

BESONDERE KENNTNISSE

EDV MS-Office / SAP FI/CO **Professional User**
Word, Excel, Powerpoint, SAp R/3 FI/CO

Buchhaltung Buchhaltung Salsa-Club Lützelflüh

BERTA MASCARPONE • DALMAZIQUAI 223 • 3007 BERN • 079 744 31 93

Lebenslauf

Personalien

Name	Musterer
Vorname	Stephan
Adresse	Eichenweg 12, 8002 Zürich
Telefon	01 304 57 29 (P), 01 333 80 86 (G)
Fax	01 333 80 87
eMail	stephan.musterer@gmx.ch

Geburtsdatum	22. November 1972
Heimatort	Hettlingen SG
Zivilstand	ledig

Ausbildung

1988 - 1993	Gymnasium Zürich Kirchenfeld mit **Matura Typus C**
1993	Rekrutenschule in Bremgarten AG, AC Labor Spiez
1994 - 1997	Studium Chemie am Departement für Chemie, Universität Basel, **Lic. phil. nat.**
1997	Diplomarbeit »Simulation Polaritätsentwicklung in Kanaleinschlussverbindungen«
1998 - 1999	Beginn einer Doktorarbeit in der Gruppe für Kristallzüchtung und Chemie bei Prof. Dr. Josef Knulliger am Departement für Chemie und Biochemie, Universität Basel

Berufliche Erfahrungen

1998 - 1999	**Assistent** am Departement für Chemie und Biochemie, Universität Basel: Leitung von Praktika, Studentenbetreuung, Verfassung von wissenschaftlichen Arbeiten, Netzwerksupport, Webpublishing und Webdesign.
1991 - 1999	**Kassier** bei Ronnie Cinéma Films Ltd., Basel: Verkauf von Kinokarten, Organisation von Arbeitsplänen, Kassenverwaltung.
Seit 1999	**System Engineer** bei Norias AG, Bern, Personalberatung für Informatik: System- und Netzwerkadministration und -support, Projektplanung, Entwicklung, Webdesign, Webpublishing, grafisches Design allgemein, Hard - und Software-Evaluation und -beschaffung.
Seit 2000	**Multimedia-Programmierer / -Designer** bei den Medizinischen Kliniken der Universität Bern: Programmierung und Umsetzung von Lehrmitteln für CD und WWW, Webdesign und Webpublishing, Produktion von Anschauungs- und Unterrichtsmaterial.

Spezielle Kenntnisse

- Fundierte Kenntnisse der Apple Macintosh Betriebssysteme von System 7 bis Mac OS X
- Sehr gute Kenntnisse von gebräuchlichen Anwendungen, im speziellen Adobe, Macromedia, Microsoft Produkte auf Macintosh und PC
- Informationsbeschaffung und Problemlösung (auf vorangehende Punkte bezogen)
- Betrieb eines gemischten Netzwerkes: PC, Mac, Unix
- Bildverarbeitung (Scannen, Nachbearbeitung, Aufbereitung für den Druck)
- Grafisches Design von Inseraten, Postern, Flyer

Sprachen

Deutsch	Muttersprache	
Englisch	Mündlich: Ausgezeichnet	Schriftlich: Ausgezeichnet
Französisch	Mündlich: Gute Konversation	Schriftlich: Einfache Briefe
Spanisch	Mündlich: Einfache Konversation	Schriftlich: Fehlerhaft

Referenzen

Computer	Christian Grünfritz Norias AG Optingenstraße 17 3013 Bern	031 340 51 99 c.grünfritz@norias.ch
	Dr. Moritz Zängerle Medizinische Kliniken Universität Bern Freiburgstraße 38 3098 Bern	031 732 96 50 moritz.zaengerle@mk.unibe.ch
Chemie	Prof. Dr. Josef Knulliger Departement für Chemie und Biochemie Universität Basel Gefreitenstraße 33 6012 Basel	061 631 42 41 josef.knulliger@iac.unibas.ch
Kino	Fridolin Marti Ronnie Cinema Films Ltd. Kordelstraße 14 3001 Bern	031 981 12 11

Schreiner Müller, Söhnlein & Co.
Waldstraße 82

3048 WORB

Bern, den 28. März 2005

Sehr geehrter Herr Müller, sehr geehrter Herr Söhnlein,

die Schnupperwoche in Ihrer Werkstatt hat mir unheimlich gefallen und ich habe mich vom ersten Augenblick an sehr wohl gefühlt bei Ihnen. Alles, was Sie machen in Ihrem Betrieb, hat mich total begeistert.

Es ist mir sonnenklar geworden, dass ich nichts anderes als Schreinerin werden will – bei Ihnen!

Auch wenn Sie – wie ich weiß – für dieses Jahr schon voll besetzt sind, so will ich mich dennoch hochoffiziell um eine Lehrstelle ab Sommer 2005 bewerben.

Ich garantiere Ihnen, ich werde mein Bestes geben, um Ihnen eine sehr gute Lehrtochter zu sein. Ich habe Ihnen ja auch schon ein bisschen was zu bieten:

- 7 Monate. Praktikum Schreinerei Eichenberger
- Erfahrung mit Kunden im Service
- Matura PPP
- Autopermis ab 08/2005 (wenn ich's schaffe!)
- Immenses Interesse an der Schreinerei

Als Referenz können Sie gerne meinen jetzigen Chef Reto Eichenberger anrufen. Ich bin schon ganz zappelig und freue mich sehr, bald von Ihnen zu hören.

Mit herzlichen Grüßen

Maya Appenzeller

P.S. Wenn Sie mir absagen, werde ich Clochard oder noch schlimmer: Ich fange an Jura zu studieren! Wär doch schrecklich, oder?

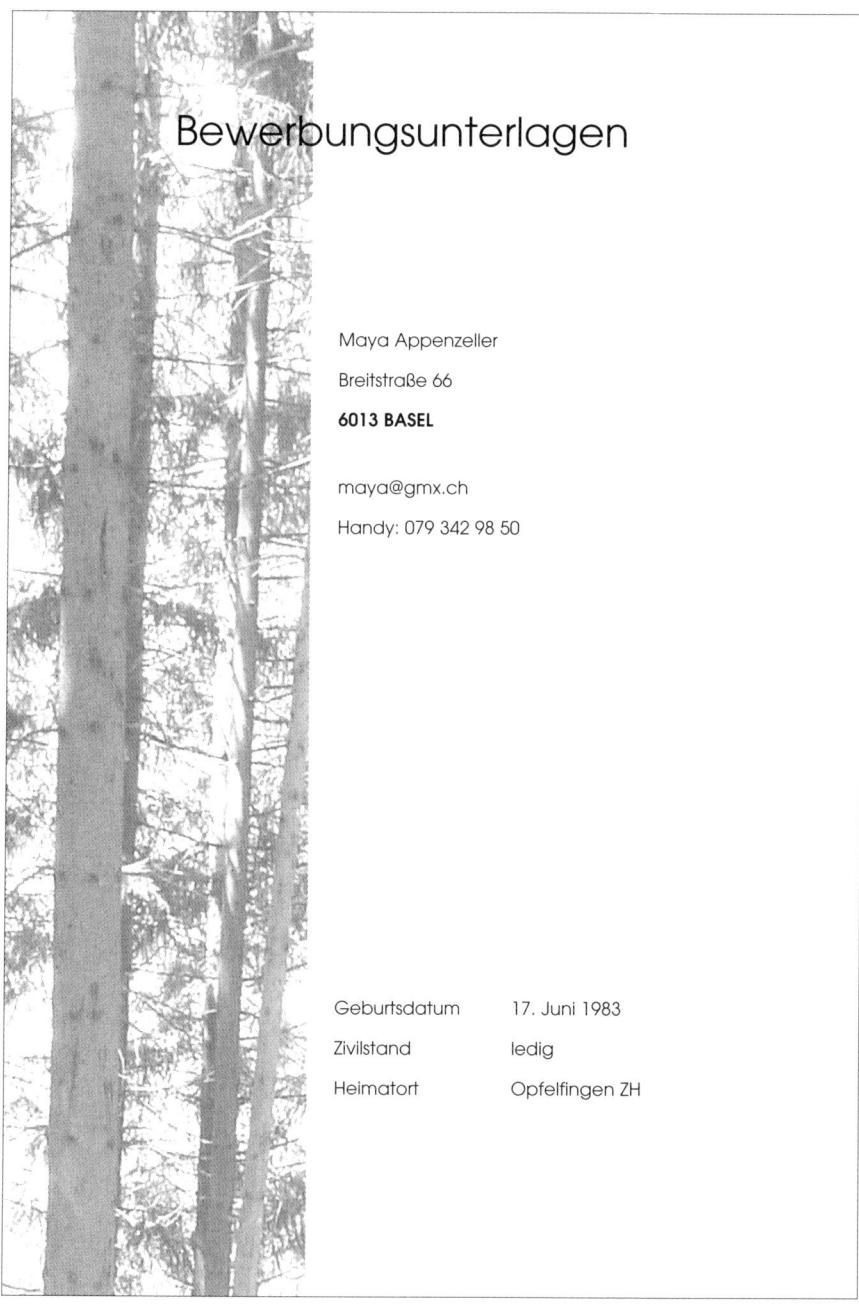

Bewerbungsunterlagen

Maya Appenzeller

Breitstraße 66

6013 BASEL

maya@gmx.ch

Handy: 079 342 98 50

Geburtsdatum   17. Juni 1983

Zivilstand   ledig

Heimatort   Opfelfingen ZH

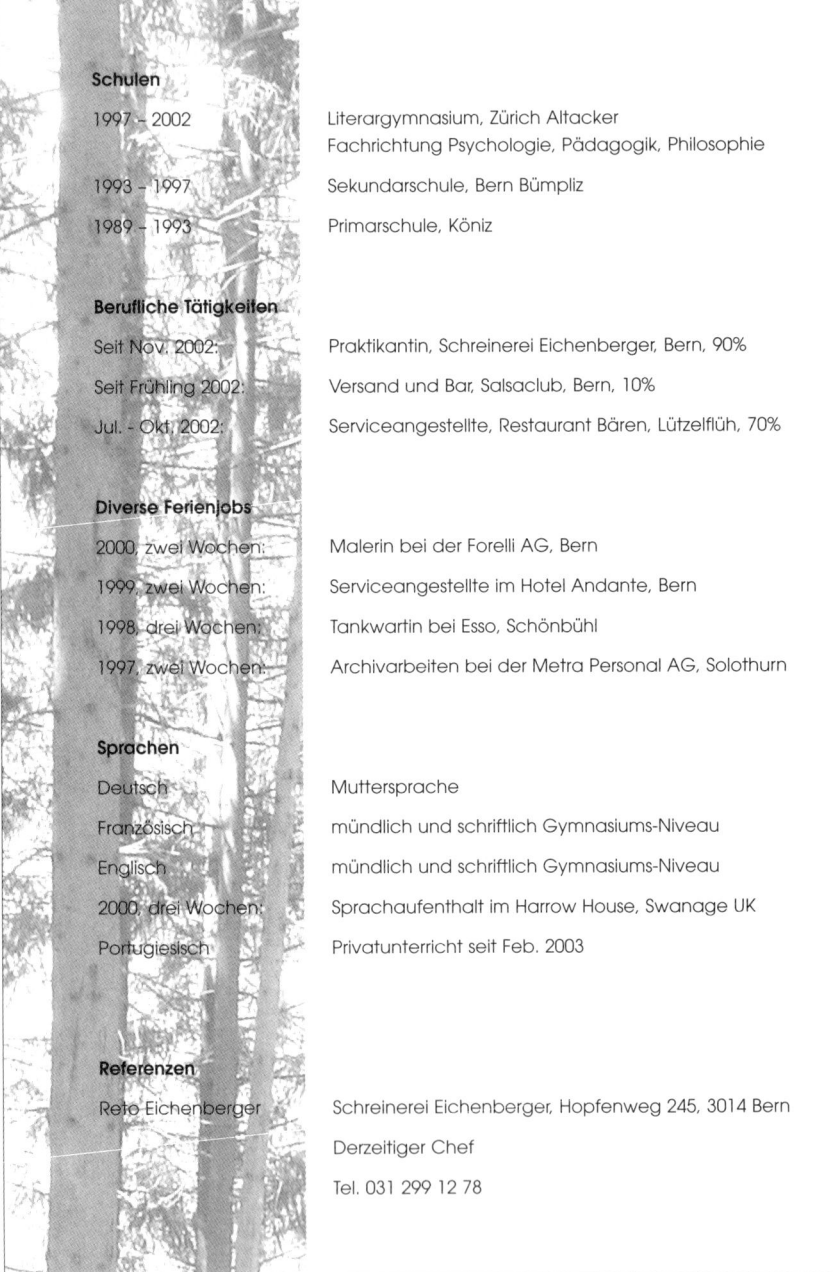

Schulen

1997 – 2002	Literargymnasium, Zürich Altacker
	Fachrichtung Psychologie, Pädagogik, Philosophie
1993 – 1997	Sekundarschule, Bern Bümpliz
1989 – 1993	Primarschule, Köniz

Berufliche Tätigkeiten

Seit Nov. 2002:	Praktikantin, Schreinerei Eichenberger, Bern, 90%
Seit Frühling 2002:	Versand und Bar, Salsaclub, Bern, 10%
Jul. - Okt. 2002:	Serviceangestellte, Restaurant Bären, Lützelflüh, 70%

Diverse Ferienjobs

2000, zwei Wochen:	Malerin bei der Forelli AG, Bern
1999, zwei Wochen:	Serviceangestellte im Hotel Andante, Bern
1998, drei Wochen:	Tankwartin bei Esso, Schönbühl
1997, zwei Wochen:	Archivarbeiten bei der Metra Personal AG, Solothurn

Sprachen

Deutsch	Muttersprache
Französisch	mündlich und schriftlich Gymnasiums-Niveau
Englisch	mündlich und schriftlich Gymnasiums-Niveau
2000, drei Wochen:	Sprachaufenthalt im Harrow House, Swanage UK
Portugiesisch	Privatunterricht seit Feb. 2003

Referenzen

Reto Eichenberger	Schreinerei Eichenberger, Hopfenweg 245, 3014 Bern
	Derzeitiger Chef
	Tel. 031 299 12 78

Profil von Freddy Müller

Programmiersprachen
(alphabetisch sortiert)

Großrechner	Jahre	1	2	3	4	Client / Server	Jahre	1	2	3	4
ANSI COBOL	10			X		Borland C					
HP SPL						Borland C++					
IBM Assembler						Clipper					
IBM CSP						IDEAL PC					
IBM FORTRAN						Java					
IBM IDEAL						MS Visual Basic					
IBM JCL	10			X		PowerBuilder	3			X	
NCR Neat/3						dmbasic	1		X		
NCR Neat/VS						DQL	2		X		
						ABAP/4		X			
						UNIX-Shell	2		X		
						PL/SQL	1		X		

Legende: Jahre=gearbeitet mit Produkt / 1=Ausbildung / 2=praktische Erfahrung / 3=fundierte Kenntnisse / 4=Experte

Datenbanken
(alphabetisch sortiert)

Großrechner	Jahre	1	2	3	4	Client / Server	Jahre	1	2	3	4
DL/1						DBase					
DB/2	6				X	MS Access	2		X		
Total						Oracle	4				X
						RDB					
						Sybase	3		X		

Legende: Jahre=gearbeitet mit Produkt / 1=Ausbildung / 2=praktische Erfahrung / 3=fundierte Kenntnisse / 4=Experte

Profil von Freddy Müller

Betriebssysteme
(alphabetisch sortiert)

Großrechner	Jahre	1	2	3	4	Client / Server	Jahre	1	2	3	4
CICS	8			X		DOS	2	X			
IMS	8			X		UNIX	3			X	
JES						MS Access	2		X		
MVS	10			X		Novell NW 2/3/4					
RJE						Oracle	2		X		
Tranpro						RDB					
TSO	10			X		Sybase					
VRX						Wind. NT Server	1		X		
VSE						Windows 3/95/NT	4			X	
UNIX	4			X		LINUX	1		X		

Legende: Jahre=gearbeitet mit Produkt / 1=Ausbildung / 2=praktische Erfahrung / 3=fundierte Kenntnisse / 4=Experte

Netzwerk Topologien, Protokolle und Produkte
(alphabetisch sortiert)

WAN	Jahre	1	2	3	4	LAN	Jahre	1	2	3	4
ATM						Ethernet					
Frame Relay						HUB					
ISDN						IPX/SPX					
Multipoint						NetBEUI					
Router						NetBIOS					
TCP/IP	4		X			Switch					
Telepac x.25						Tokenring					

Legende: Jahre=gearbeitet mit Produkt / 1=Ausbildung / 2=praktische Erfahrung / 3=fundierte Kenntnisse / 4=Experte

Methoden Tools
(alphabetisch sortiert)

Planung	Jahre	1	2	3	4	Tools	Jahre	1	2	3	4
Entscheidungst						ISPF	10				X
Hermes						MS Office	6				X
HI-PO						MS Projekt					
Jackson	8			X		Time-Line					
Merise											
N-Phasen											
Top-Down											

Websites & Adressen

Kommentare und Kritiken:

Wir freuen uns über jedes Feedback und jede Anregung zu diesem Buch. Das geht am leichtesten via Mail:

- bewerbenistwerben@navigas.ch

Websites:

Da sich das Internet atemberaubend schnell verändert, ist eine Auflistung guter Jobdatenbanken schneller veraltet, als sie gedruckt ist. Deshalb verweise ich gerne auf die ständig aktualisierte Übersicht über alle deutschsprachigen und die wichtigsten internationalen Websites bei Google:

http://www.google.de/Top/World/Deutsch/Wirtschaft/Beschäftigung /Stellenmärkte/Regional/

Eine Liste von Jobsuchmaschinenen finden Sie unter:

http://www.google.de/Top/World/Deutsch/Wirtschaft/Beschäftigung /Jobsuchmaschinen/

Sie können natürlich auch bei Google Schlagwörter wie »Jobbörse«, »Jobdatenbank« oder etwas Ähnliches eingeben und sich dann selber durcharbeiten, was allerdings eine Heidenarbeit ist.

Zusammenfassende Tipps und Tricks unter:

- http://www.navigas.ch oder
- http://www.kuehnhanss.com

Radikale Revolution
der Arbeitswelt

Timothy Ferriss · **Die 4-Stunden-Woche**
Mehr Zeit, mehr Geld, mehr Leben
352 Seiten, Klappenbroschur
€ [D] 16,90 · € [A] 17,40
ISBN 978-3-430-20051-6

Mit viel Humor, provokativen Denkanstößen und einem Sack voll erprobter Tipps
weist Ferriss den Weg in die 4-Stunden-Woche: Lesen Sie Ihre E-Mails nur noch
einmal die Woche und machen Sie eine Informationsdiät! Auch Outsourcing,
Delegieren und das konsequente Aussitzen von Problemen sind der erste Schritt
in die persönliche Freiheit. Ferriss öffnet den Blick für einen völlig neuen Lifestyle –
ein Dasein mit mehr Zeit, mehr Geld, mehr Leben.

»Ferriss' flotte Schreibe und seine plastischen Beispiele lesen sich, als hätte
ein Surfer mit einem Managementkurs gekämpft – und gewonnen.«
Manager Magazin

Die dirty Tricks
der Kommunikation

Günther Beyer · **Der Ferkel Faktor®**
Die schmutzigen Tricks der Kommunikation
ca. 260 Seiten, Klappenbroschur
€ [D] 16,90 · € [A] 17,40
ISBN 978-3-430-20054-7

Provokationen, Fangfragen, Bluffs – jeder von uns war schon einmal in der
unangenehmen Situation, sich von seinem Gegner manipuliert zu fühlen.
Hinterlistige Tricks sind in der Kommunikation zunehmend an der Tagesordnung.
Mehr und mehr Menschen fühlen sich von Vorgesetzten oder Geschäftspartnern
verbal in die Enge getrieben oder bloßgestellt; was bleibt, sind Ärger, Wut und Ohnmacht.
Dabei können selbst die schmutzigsten Tricks erkannt und gekontert werden.

»Günther Beyer bringt Managern bei, dass sie noch lange nicht ausgelernt haben.«
Süddeutsche Zeitung

Frustfaktor Nummer 1

Martin Wehrle · **Der Feind in meinem Büro**
Die großen und kleinen Irrtümer zwischen Chef und Mitarbeiter
224 Seiten · gebunden mit Schutzumschlag
€ (D) 19,95 · € (A) 20,60
ISBN 3-430-19543-8

88 Prozent aller Mitarbeiter sagen, ihr Chef sei schwierig. Dabei wollen Arbeitnehmer
und Arbeitgeber oft dasselbe. Aber sie reden aneinander vorbei, denn beide sprechen
ihre eigene Sprache. Dieses Buch leistet Pionierarbeit und öffnet den Streitpartnern
den Blick für die jeweils andere Seite.
Martin Wehrle, Autor des Longsellers *Geheime Tricks für mehr Gehalt*, kennt
die Sichtweisen von Chefs und Mitarbeitern aus seinen zahlreichen Coachings
und entschärft den Sprengstoff des Alltags mit pfiffigen Tipps.

Econ

Die Mitarbeiter
schlagen zurück!

Susanne Reinker · **Rache am Chef**
Die unterschätzte Macht der Mitarbeiter
208 Seiten, Klappenbroschur
€ [D] 16,95 · € [A] 17,50
ISBN 978-3-430-20013-4

Immer mehr Mitarbeiter wehren sich gegen unfaire und unfähige Vorgesetzte. Fantasievoll sorgen sie für ausgleichende Gerechtigkeit. Innere Kündigung und stiller Boykott sind noch die harmloseren Varianten. Katastrophenchefs müssen auch mit gezielter Indiskretion und Sabotage rechnen. Mit unglaublichen Beispielen und viel Sinn für Realsatire berichtet Susanne Reinker vom Guerillakrieg im Büro.

»Entsprechende Bücher nennt man Pageturner, also Bücher, die man buchstäblich verschlingt. Nicht ohne Grund ist das Buch in Bestsellerlisten zu finden.«
Hamburger Abendblatt

Econ

Rede gut, alles gut!

Harry Holzheu · **Das ultimative Rhetorik-Brevier**
Die 120 besten Erfolgsprinzipien für Redner
160 Seiten · gebunden mit Schutzumschlag
€ (D) 18,00 · € (A) 18,50
ISBN 3-430-14704-2

Natürliche Rhetorik ist der Schlüssel zum Kommunikationserfolg – und
Harry Holzheu der erklärte Experte auf diesem Gebiet. Sein Credo: Je natürlicher
und spontaner ein Redner auftritt, desto größer ist der Eindruck, den er bei seinen Zuhörern
hinterlässt. Wie Sie den Stoff strukturieren, Lampenfieber in den Griff
bekommen und Ihre Persönlichkeit in der Rede entfalten, steht in Holzheus
ultimativem Rhetorik-Brevier.

Econ

Strategisch zum Erfolg

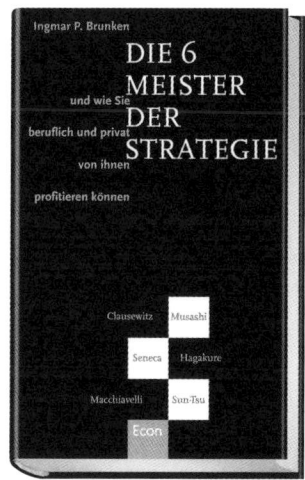

Ingmar P. Brunken · **Die 6 Meister der Strategie**
und wie Sie beruflich und privat von ihnen profitieren können
260 Seiten · gebunden mit Schutzumschlag
€ [D] 19,95 · € [A] 20,60
ISBN 978-3-430-11573-5

Die Klassiker der Erfolgsstrategien sind auch heute noch ein wertvoller Schatz.
Doch wer hat die Zeit, sie im Original zu lesen? Erstmals stellt Ingmar P. Brunken
die wichtigsten »Lebensstrategen« aus Ost und West in einem Band vor:
ihre Stärken und Schwächen, anschaulich mit lebendigen Beispielen, für jedermann anwendbar.
Clausewitz, Hagakure, Macchiavelli, Musahi, Seneca und Sun-Tsu:
ein Muss für alle, die wissen wollen, welches der für sie passende
Weg zum beruflichen und privaten Erfolg ist.

Econ